$$E = mc^2$$

$E = mc^2$

세상에서
가장 유명한
방정식의
일생

데이비드 보더니스 지음 **김희봉** 옮김

웅진 지식하우스

차례 --

● 서문 나는 E=mc²의 전기를 쓰기로 했다 ------------------------------- 006

① 탄생
01 베른 특허청, 1905년 ------------------------------- 013

② E=mc²의 조상들
02 에너지 E ------------------------------- 021
03 등호 = ------------------------------- 034
04 질량 m ------------------------------- 039
05 빛의 속도 c ------------------------------- 052
06 제곱 ² ------------------------------- 073

③ 유년 시절
07 아인슈타인과 방정식 ------------------------------- 093
08 원자의 중심 ------------------------------- 116
09 눈 덮인 길 위에서 비밀을 풀다 ------------------------------- 123

4 성년 시절

10 독일에서 원자폭탄 움트다 -- 143
11 노르웨이 습격 -- 162
12 미국의 반격 -- 172
13 오전 8시 16분, 일본 상공 --- 194

5 영원한 삶

14 태양의 불꽃 -- 205
15 지구 창조하기 --- 218
16 블랙홀의 어둠을 본 브라만 소년 ----------------------------------- 231

●에필로그 아인슈타인의 다른 업적들 --- 241
●부록 다른 주요 배역들의 뒷이야기 -- 258

●주 --- 278
●더 읽을거리 -- 341
●감사의 말 --- 366
●옮긴이의 말 -- 370

●찾아보기 -- 374

나는 E=mc²의
전기를 쓰기로 했다

얼마 전 한 영화 잡지에서 여배우 캐머런 디아즈의 인터뷰를 읽었다. 기사의 말미에 질문자는 디아즈에게 뭔가 궁금한 게 있느냐고 물었고, 그녀는 E=mc²이 무슨 뜻인지 정말로 궁금하다고 대답했다. 두 사람은 함께 웃었고, 디아즈는 농담이 아니라면서 말을 얼버무렸다. 인터뷰는 그렇게 끝났다.

사람들에게 이 구절을 읽어주었더니 한 친구가 물었다. "그녀는 정말로 궁금했을까?" 나는 "에이 설마 그럴까" 하고 말했지만 그 자리에 있던 건축가 몇 사람과 프로그래머 두 사람은 물론 심지어 역사가(내 아내이다!)까지 모두들 한목소리로 나를 타박했다. 그들은 디아즈가 무슨 뜻으로 그렇게 말했는지 확실히 알고 있었다. 다들 머리가 좀 복잡해지더라도 이 유명한 방정식이 무슨 뜻인지 꼭 알고 싶었던 것이다.

그래서 나는 골똘히 생각해보았다. E=mc²이 중요하다는 것은 누구나 알지만, 이 방정식이 무슨 뜻인지 제대로 아는 사람은 거의 없다. 당혹스럽기 짝이 없는 상황이다. 몇 글자도 되지 않는 이 방정식은 별로 어려워 보이지도 않는데 말이다.

E=mc²에 대해 설명하는 책은 많이 있다. 하지만 이런 책들을 읽고 이해했다고 정직하게 말할 수 있는 사람이 얼마나 될까? 대부분의 독자들은 열차나 로켓이나 섬광 따위의 이상한 그림을 들여다보면서 이게 도대체 무슨 뜻이지 하며 황당해할 것이다. 아인슈타인의 설명을 직접 들어봐도 도움이 안 되기는 마찬가지다. 하임 바이츠만(1874~1952, 화학자, 시오니즘 운동의 지도자로 이스라엘 초대 대통령이 되었다.—옮긴이)은 1921년에 아인슈타인과 함께 배를 타고 여러 날이 걸려서 대서양을 건넜다. 바이츠만은 이렇게 말했다. "아인슈타인은 매일 자기 이론을 설명해주었어요. 나는 그 사람이 자기 이론을 확실히 이해하고 있다는 것을 금방 깨달았지요."[1]

나는 다른 방법을 생각해냈다. 상대성 이론을 전반적으로 설명하는 책들은 글이 형편없어서가 아니라 너무 많은 것을 알려주려다 실패하고 만다. 상대성 이론을 자세히 설명하는 책을 한 권 더 쓰거나, 아인슈타인 전기를 한 편 더 쓰는 것도 답은 아니다. 이런 일도 매우 흥미롭지만, 이미 세상에는 그런 책들이 차고 넘친다. 그래서 나는 단순히 E=mc²에 대해서 쓰려고 한다. 이것은 가능한 일이다. 이 방정식은 아인슈타인의 방대한 연구의 일부이지만, 하나의 독립된 주제이기도 하다.

이렇게 실마리를 잡고 나니, 그다음에는 어떻게 해야 할지 금방 떠올랐다. 나는 로켓과 섬광 따위를 늘어놓는 대신에 $E=mc^2$의 전기를 쓰기로 했다. 전기는 한 사람의 조상, 아동기, 청소년기, 성년기 등을 다룬다. 방정식의 전기도 마찬가지이다.

따라서 이 책의 첫머리에서는 방정식에 나오는 요소들인 E, m, c, $=$, ^{2}의 역사를 살펴볼 것이다. 말하자면 방정식 $E=mc^2$의 '조상'에 대해 알아보는 것이다. 여기에서는 이 기호들을 오늘날과 같은 방식으로 이해하는 데에 기여한 사람들에 대해 살펴보겠다.

이 기호들을 이해한 다음에는 방정식의 '탄생'에 대해 알아볼 차례이다. 이때 아인슈타인이 등장한다. 1905년 특허청에 근무하던 시절, 그때 생각한 것들, 그때 읽은 책들, 위에 나온 모든 기호들을 엮어서 하나의 방정식으로 만드는 데에 영향을 준 것들에 대해 알아본다.

아인슈타인이 $E=mc^2$에 관련된 연구를 계속 주도했다면 이 책은 단순히 1905년 이후의 아인슈타인의 삶을 살펴보는 것으로 끝났을 것이다. 하지만 그는 이 위대한 발견을 한 뒤에 곧바로 다른 분야로 넘어갔다. 따라서 그의 이야기는 잠시 접어두고 다른 물리학자들을 살펴보아야 한다. 이들은 주로 실험을 했던 사람들로, 럭비 선수로 활동하기도 했던 떠들썩한 성격의 어니스트 러더퍼드와 전쟁 포로였으며 과묵했던 제임스 채드윅이 힘을 합쳐 원자의 내부 구조를 밝혀냈다. 그 결과로 $E=mc^2$의 엄청난 힘을 이론상 끄집어낼 수 있다는 것이 알려졌다.

다른 시대였다면 이 이론적 발견을 실제로 이용하는 데 상당히 오래 걸렸을 것이다. 하지만 아인슈타인의 방정식을 어떻게 이용할 수 있는지 자세하게 밝혀진 1939년은 20세기의 가장 큰 전쟁이 발발한 해이다. 이 책의 중간 부분에서는 방정식 $E=mc^2$이 지배하는 시대가 도래한 이야기를 조금 길게 다룬다. 미국과 나치 독일은 지구를 지배하는 죽음의 폭탄을 먼저 만들기 위해 격렬하게 경쟁했다. 역사는 대개 처음부터 미국의 승리가 당연했다는 식으로 서술되지만, 사실은 독일이 이길 가능성도 아주 컸다. 1944년 6월의 D-데이(제2차 세계대전의 전세를 결정적으로 뒤집은 노르망디 상륙 작전 개시일의 암호명 — 옮긴이)가 다가올 때까지도 나치의 방사능 무기에 대해 마음을 놓을 수 없었던 조지 마셜 미국 육군 참모총장은 프랑스에 상륙할 미군 부대에 가이거 계수기를 지급할 정도였다.[2]

책의 마지막 부분에서는 전쟁에서 벗어나서 방정식 $E=mc^2$의 '성년기'를 살펴본다. 이 방정식은 암을 찾아내는 PET(양전자 방출 단층촬영) 스캔을 비롯해서 수많은 의료 장비에 적용되고, 텔레비전과 화재경보기 같은 일상적인 기구에도 널리 이용된다. 무엇보다도 중요한 것은 이 방정식의 힘이 우주에까지 닿아서 별이 어떻게 빛을 내며, 우리의 행성이 어떻게 따뜻하게 유지되는지, 블랙홀이 어떻게 생겨나는지, 세계가 어떻게 끝나는지도 설명한다는 것이다. 끝부분에는 수학이나 역사에 더 깊은 흥미를 가진 독자들을 위해 상세한 주석을 달았다.

이 이야기에는 멋진 과학적 발견과 함께 열정, 사랑, 복수가 뒤섞여 있다. 여기에는 런던의 가난한 가정에서 자라나서 자신을 더 나은 삶으로 이끌어줄 스승에게 필사적으로 매달렸던 마이클 패러데이, 잘못된 시대에 태어났지만 비난당하지 않고도 지적인 재능을 발휘할 공간을 찾아낸 에밀리 뒤 샤틀레가 있다. 나치의 거대한 악을 물리치기 위해 어쩔 수 없이 동족을 공격한 크누트 헤우켈리드와 노르웨이의 젊은이들, 60억 년 뒤의 태양의 운명을 예견한 대가로 앞길이 막혀버린 영국 여인 세실리아 페인, 한여름 아라비아해의 열기 속에서 훨씬 더 무서운 것을 발견한 19세의 브라만 소년 수브라마니안 찬드라세카르가 있다. 더불어 아이작 뉴턴, 베르너 하이젠베르크와 같은 연구자들의 이야기는 $E=mc^2$의 각 부분의 의미를 명료하게 알려준다.

1

탄생

E=mc²

"너는 아무것도 되지 못할 거야."

"네가 교실에 있으면 다른 학생들까지 물든다."

고등학생 알베르트 아인슈타인은 선생에게 이런 말을 듣곤 했다. 대학 졸업 후 스스로 일자리를 얻지 못하고 친구의 도움으로 특허청의 공무원이 된 아인슈타인은 일하는 짬짬이 책상 서랍 속에 있던 종이에 아이디어를 끼적이곤 했다. 사실 거의 연구를 할 수 없었고, 근무 시간이 끝나면 도서관도 닫혔다. 그렇게 살아가던 1905년의 어느 화창한 봄날, 번뜩이는 영감이 아인슈타인을 사로잡았다.

베른 특허청, 1905년

1901년 4월 13일

빌헬름 오스트발트 교수님께

독일 라이프치히

라이프치히 대학교

존경하는 교수님!

자식을 위해 존경하는 교수님께 감히 편지를 올리는 아버지의 무례를 용서하십시오.

22세인 저의 아들 알베르트는 지금 일자리를 찾지 못해 크게 상심하고 있으며, 정상적인 길에서 벗어나 고립되어 있다는 불안감이 날로 심해져 가고 있습니다. 게다가 가난한 가족에게 자기가 짐이 된다는 생각에 억눌려 있습니다.……

그래서 저는 감히 존경하는 교수님께 부탁을 드립니다. 가능하다면 용기를 북돋는 편지를 보내주셔서 아들이 일과 삶의 즐거움을 되찾게 해주시면 감사하겠습니다.

그리고 올가을에 아들을 조교로 써주신다면 저의 기쁨은 한이 없을 것입니다.……

제가 이렇게 편지를 올리는 것을 저희 자식은 모르고 있다는 것을 덧붙입니다.

최고로 존경하는 교수님께

헤르만 아인슈타인 올림

—아인슈타인 서간집 1권에서[1]

교수에게서는 끝내 답장이 없었다.

1905년의 세상은 우리에게 아주 멀게 느껴지지만, 살아가는 것은 지금과 별 차이가 없었다. 유럽의 신문들은 미국 관광객들이 너무 많다고 투덜댔고, 미국에서는 이민자들이 너무 많다고 불평했다. 기성세대들은 어디서나 젊은이들이 버릇없다고 투덜댔고, 유럽과 미국의 정치가들은 러시아의 혼란을 걱정했다. '에어로빅' 교실이 새롭게 유행하고 있었고, 채식주의의 물결이 한창이었으며, 성 개방의 목소리가 드높았다(보수적인 사람들은 가족의 가치를 수호해야 한다고 받아쳤다).

1905년은 아인슈타인이 우리의 우주관을 영원히 바꿔놓은 논문 몇 편을 쓴 해이기도 하다. 겉보기에 그는 그때까지 평온하고 즐겁게 살았다. 어릴 때 물리학의 수수께끼에 관심이 많았던 그는 대학을 졸업한 지 얼마 안 되었는데 성격이 느긋해서 친구도 많았다. 그는 똑똑한 동료 학생 밀레바와 결혼했다. 특허청의 공무원으로 받는 봉급은 저녁때와 일요일에 술집에 다닐 정도는 되었다. 그는 오래 산책을 할 때가 많았다. 무엇보다도 아인슈타인에게는 생각할 시간이 아주 많았다.

아버지의 편지는 효과가 없었지만, 대학 시절의 친구 마르셀 그로스만의 도움으로 아인슈타인은 1902년에 특허청에 취직했다. 일자리를 얻는 데 친구의 도움이 필요했던 이유는 아인슈타인의 성적이 특별히 나빠서가 아니었다. 물론 그의 대학 졸업 성적은 그리 뛰어나지 않았다. 그는 언제나 도움이 되는 그로스만의 노트를 빌려서 벼락치기 공부로 6점 만점에 간신히 4.91점을 얻었는데, 평균에 가까운 성적이었다. 그가 자기 힘으로 취직하지 못한 것은 농담이나 하고 수업을 빼먹는 아인슈타인에게 격노한 한 교수가 그에게 불리한 추천서를 썼기 때문이다. 오래전부터 교사들은 권위에 복종하지 않는 그의 태도를 못마땅하게 여겼다. 특히 고교 때 그리스어 문법 교사였던 요제프 데겐하르트는 "너는 아무것도 되지 못할 거야"[2]라고 말해서 역사책에 불멸의 이름을 남겼다. 나중에 아인슈타인이 학교를 떠나는 것이 최상이라는 말이 나왔을 때 데겐하르트는 이렇게 말했다. "네가 교실에 있으면 다른 학생들까지 물든다."[3]

겉으로 보기에 아인슈타인은 자신만만했고, 권위를 가진 사람들이 이런저런 방식으로 자기를 깔아뭉개면서 좋아한다고 친구들과 농담을 했다. 한 해 전인 1904년에 그는 특허청의 3급 기사에서 2급 기사로 승진을 신청했다. 그러나 그의 상관인 할러 박사는 "아인슈타인이 꽤 좋은 성과를 얻었지만, 기계공학을 완전히 익힐 때까지"[4] 기다려야 한다고 평가하고 승진을 시켜주지 않았다.

현실에서 아인슈타인의 사정은 점점 나빠지고 있었다. 아인슈타인 부부는 결혼 전에 낳은 첫딸을 남에게 맡겼고, 지금은 특허청에서 받는 봉급으로 둘째를 키우고 있었다. 아인슈타인은 26세였다. 그는 아내가 다시 공부를 시작할 수 있도록 시간제로 보모를 둘 돈도 없었다. 오빠를 지극히 사랑하는 마야가 그에게 말해주었던 것만큼 그는 진정으로 현명했을까?

I 스위스 아라우 주의 고등학교를 졸업할 때의 알베르트 아인슈타인

그는 물리학 논문 몇 편을 발표했지만 특별히 강한 인상을 남기지는 못했다. 그는 언제나 거대한 연관성을 찾았다. 첫 논문은 1901년에 발표한 것으로, 빨대 속에서 액체의 움직임을 조절하는 힘은 근본적으로 뉴턴의 중력 법칙과 비슷하다는 것을 보여주려는 시도였다. 그러나 그는 이러한 거대한 연관성을 밝히는 데 성공하지 못했고, 다른 물리학자들의

반응은 거의 없었다. 그는 여동생에게 보낸 편지에서 자기가 잘 해낼 수 있을지 의심스럽다고 썼다.

특허청의 근무 시간조차 그에게 도움이 되지 않았다. 아인슈타인의 일과가 끝날 때면 베른의 모든 과학 도서관은 문을 닫았다. 최신 소식을 알지 못하고서 어떻게 연구를 해나갈 수 있겠는가? 근무 시간 중에 잠시 짬이 나면 그는 책상 서랍에 둔 종이에다 뭔가를 끼적였다. 그는 이 서랍이 자기의 이론물리학과라고 우스갯소리를 했다.[5] 그러나 할러는 그를 엄격하게 감시했고, 그 서랍은 거의 언제나 닫혀 있었다. 아인슈타인은 대학 동창들에 비해 상당히 뒤떨어져 있었다. 그는 특허청을 관두고 고등학교 교사 자리를 찾으면 어떨까 하고 아내와 의논했다. 그러나 교사로 취직이 된다는 보장은 없었다. 4년 전에도 교사가 되려고 했지만 정규직을 얻지 못했다.

그러다가 1905년의 어느 화창한 봄날에, 그는 가장 친한 친구 미셸 베소(아인슈타인은 이렇게 썼다. "날카로운 정신과 단순성이 있었기 때문에, 나는 그를 무척 좋아했다.")[6]를 만났고, 두 친구는 오랫동안 도시 변두리를 거닐었다. 그들은 특허청에 관련된 일이나 음악에 대해 잡담을 나누기도 했지만, 그날따라 아인슈타인은 왠지 마음이 답답했다. 지난 몇 달 동안 해왔던 많은 생각들이 드디어 하나로 간추려지기 시작했다. 목표에 가까이 다가서기는 했는데 아직 분명하게 보이지 않았다. 그 날 밤에도 완전히 알아내지 못했지만, 다음 날 잠에서 깨어난 아인슈타인은 갑자기 '위대한 흥분'에 휩싸였다.[7]

30여 쪽에 달하는 논문 초고를 다 쓰는 데 5~6주가 걸렸다. 상대성 이론의 역사는 이렇게 시작되었다. 그는 이 논문을 《물리학 연보 (Annalen der Physik)》에 투고했고, 몇 주일 뒤에 뭔가 빠진 부분이 있음을 깨달았다. 그는 곧바로 같은 학술지에 3쪽의 보충 논문을 보냈고, 한 친구에게 이것의 정확성에 대해서는 조금 자신이 없다고 털어놓았다. "아이디어는 재미있고 매혹적이지만, 신이 나를 비웃으면서 덫을 놓은 게 아닌지 알 수 없다."[8] 그러나 논문 자체는 자신만만한 어조로 시작했다. "본인이 최근에 이 학술지에 발표한 전기동역학 연구에서 매우 흥미로운 결과가 나오는데, 이것을 여기에서 유도하겠다." 그런 다음 이 부록의 마지막에서 네 번째 문단에 그는 이 방정식을 써 넣었다.

$E=mc^2$은 이렇게 해서 세상에 태어났다.[9]

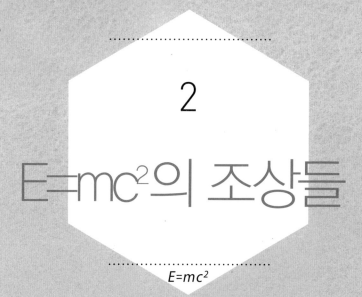

2

E=mc²의 조상들

E=mc²

세계를 바꾼 방정식은 다섯 개의 기호로 이루어져 있다. E, =, m, c, ^{2} 이 다섯 기호, 즉 다섯 가지의 개념이 있기까지 분투했던 과학자들이 있었다. $E=mc^2$의 조상들에서부터 이 이야기는 시작된다.

에너지 개념의 발상자가 된 마이클 패러데이의 지하 실험실에서부터, 시대를 앞서간 여성 과학자 에밀리 뒤 샤틀레의 연구소 시레이 성까지, 다양한 시간과 장소에서 $E=mc^2$의 태동이 시작되고 있었다.

02

|

에너지 E

에너지라는 용어는 놀랍도록 새롭다. 이 말이 요즘과 같은 의미로 쓰인 때는 19세기 중반이 지나서였다. 이전의 사람들도 치직거리는 정전기, 돛을 때리는 바람 따위로 여러 가지 힘이 있다는 정도는 알고 있었다. 그러나 이 힘들이 서로 무관하다고 생각했고, 이 모든 다양한 사건들을 아우르는 '에너지'라는 개념은 없었다.

이런 상황을 바꾸는 데 주도적인 역할을 한 마이클 패러데이는 탁월한 견습 제책공이었다.[1] 하지만 그는 한평생 책을 제본하면서 살고 싶지는 않았다. 1810년대의 런던에서 빈곤의 탈출구였던 이 직업에는 특이한 장점이 하나 있었으니 몇 년 뒤에 친구에게 한 말에서도 드러난다. "책이 아주 많았고, 나는 그 책들을 읽었지." 하지만 그것은 단편적인 독서였고, 패러데이도 잘 알고 있었듯이 제본을 위해 맡겨진 원고를 급하게 훑어보는 정도였다. 때때로 그는 저녁에 혼자 남아서 촛불을 밝히고 16쪽이나 32쪽으로 제본된 묶음을 읽었다.

그는 제책공으로 남을 수도 있었다. 조지 왕 시대의 런던에서 신분 상승은 매우 어려웠지만 완전히 불가능하지는 않았다. 패러데이가 20세이던 어느 날 가게에 온 손님이 로열 인스티튜션(응용과학의 보급을 목적으로 1799년 런던에 설립된 연구소 — 옮긴이)의 강연 표를 주었다. 이 강연에서 험프리 데이비 경은 전기에 대해서 말했고, 눈에 보이는 우주 뒤에는 반드시 숨겨진 힘이 있다고 했다. 패러데이는 이 강연을 들었고, 제본소에서 일하는 것보다 더 나은 삶을 보았다고 생각했다. 그러나 어떻게 그 삶으로 들어갈 것인가? 그는 옥스퍼드나 케임브리지 출신도 아니고, 심지어 중학교에도 가보지 못했으며, 대장장이인 아버지는 빈털터리였고, 아버지의 친구들도 마찬가지였다.

그러나 그에게는 훌륭한 제본 솜씨가 있었다. 언제나 메모하는 습관이 있었던 패러데이는 데이비의 강연에서도 메모를 했다. 그는 이 메모를 정리했고, 데이비의 시범 실험 장비 몇 가지를 그려 넣었다. 그런 다음에 그는 원고를 다시 옮겨 썼고(이 원고는 오늘날까지 성스러운 유물로 런던 로열 인스티튜션의 지하 수장고에 보존되어 있다.) 가죽, 송곳, 조각도 등으로 정성스럽게 책을 엮어서 험프리 데이비 경에게 보냈다.

| 제책공으로 일했으나 과학에 재능이 있어 험프리 데이비의 조수가 된 마이클 패러데이.

데이비는 패러데이에게 만나고 싶다고 답신을 보냈다. 그는 패러데이를 좋아했고, 우여곡절 끝에 결국 이 제책공을 연구실 조수로 뽑았다.

패러데이의 옛 동료들은 부러워했겠지만, 새로운 직장은 생각만큼 좋지 않았다. 때때로 데이비는 따뜻한 스승이기도 했지만, 패러데이가 편지로 친구에게 하소연했듯이 화가 나서 패러데이를 멀리하기도 했다. 데이비의 달콤한 말에 과학에 입문한 패러데이였기에 이럴 때의 당혹감은 특히 더 컸다. 이제까지 숨겨져 있던 것들을 들여다볼 재주만 있다면 우리가 경험하는 모든 것은 실제로 연결되어 있다고 데이비가 암시를 주지 않았던가.

데이비가 패러데이를 완전히 받아들이는 데는 여러 해가 걸렸다. 그 뒤에 패러데이는 덴마크에서 발견된 이상한 현상을 연구하라는 과제를 받았다. 그때까지 전기와 자기는 완전히 별개의 힘으로 알려져 있었다. 전기는 전지에서 나오는 치직거리고 쉿쉿거리는 것이다. 자기(磁氣)는 이와 달라서, 나침반 바늘을 움직이거나 쇳조각을 끌어당기는 것이다. 자기는 전지와 회로의 일부가 아니다. 그런데 코펜하겐에서 어떤 강사가 전선에 전류를 흘리면 그 위에 놓인 나침반 바늘이 옆으로 살짝 돌아간다는 것을 발견했다.[2]

아무도 이것을 설명할 수 없었다. 전기의 힘이 어떻게 전선 밖으로 튀어나와 나침반의 자석 바늘을 돌리는가? 20대 후반의 패러데이가 이 연구를 맡게 되자 그의 편지에도 금방 활기가 넘쳤다.

그는 한 여자에게 청혼을 했다. (그는 편지에 이렇게 썼다. "당신은 나를 나 자신보다 더 잘 압니다. 당신은 나의 예전의 편견을 알고, 내가 지금 무슨 생각을 하는지도 압니다. 나의 약점, 나의 허영심, 나의 마음을 당신은 모두 알고 있습니다.")[3] 그녀는 청혼을 받아들였고, 두 사람은 패러데이가 29세이던 1821년에 결혼했다. 그는 가족이 오래전부터 다니던 교회의 공식 구성원이 되었다. 이 교회는 온건한 직해주의(성서를 문자 그대로 해석해야 한다는 입장 — 옮긴이)를 따르는 교파로, 영국에 교리를 전한 로버트 샌디먼의 이름을 따라 샌디먼 교파라고 불렸다. 무엇보다도, 패러데이는 이제 험프리 경을 감동시킬 기회를 얻었다. 교육받지 못한 제책공을 받아준 신뢰에 보답하고, 더 나아가 데이비가 둘 사이에 쳐 놓은 알 수 없는 장벽을 허물어야 했다.

패러데이가 공식 교육을 받지 못했다는 단점은 이상하게도 굉장한 장점이 되었다. 이런 일은 흔치 않은데, 과학이 크게 발전하고 나면 교육을 받지 못한 문외한은 대개 이 분야에 입문하기가 불가능해지기 때문이다. 문은 닫히고, 관련된 자료를 읽을 수 없다. 그러나 에너지를 이해하는 초기 단계에는 사정이 달랐다. 대부분의 과학도들은 복잡한 운동을 직선으로 작용하는 밀고 당김으로 나타내도록 훈련을 받았다. 따라서 그들은 대개 자기와 전기 사이에 직선적으로 끌어당기는 힘이 있는지 살펴보았다. 그러나 이런 방식으로는 전기의 힘이 어떻게 공간을 지나 자기에 영향을 주는지 밝혀낼 수 없었다.

직선으로 생각한다는 선입관에 물들지 않은 패러데이는 성서에서 영감을 얻으려고 했다. 그가 속한 샌디먼 교파는 다른 기하학적 형태인 원을 믿었다. 인간은 성스럽고, 우리는 모두 성스러운 본성에 따라 서로에 대해 의무가 있다. 나는 너를 돕고, 너는 다음 사람을 돕고, 그 사람은 그다음 사람을 돕고, 이렇게 해서 원이 완성될 때까지 계속한다. 이 원은 단순한 추상적 개념이 아니었다. 패러데이는 여러 해 동안 교회에서 원형의 관계에 대해 토론했고, 자선을 베풀고 서로 돕는 일에 힘썼다.

I 험프리 데이비는 패러데이를 조수로 받아들여 가르치지만 훗날 그의 성과를 질투하게 된다.

그는 1821년 늦여름부터 전기와 자기의 관계를 연구하기 시작했다. 이때는 전화를 발명한 알렉산더 그레이엄 벨이 태어나기 20년 전이었고, 아인슈타인이 태어나려면 50년도 더 기다려야 했다. 패러데이는 자석을 수직으로 고정시켰다. 그는 자신이 속한 교파의 교리에서 영감을 얻어, 자석 주위에 보이지 않는 원형의 선들이 소용돌이치고 있다고 생각했다.[4] 그가 옳다면 느슨하게 매달린 전선들은 마치 소용돌이 속에서 맴도는 조각배처럼 끌려다닐 것이다. 그는 여기에 전지를 연결했다.

그리고 그는 곧 100년에 한 번 나올까 말까 한 엄청난 발견을 했다.

떠들썩한 발표가 끝난 뒤에 패러데이는 왕립학회 회원이 되었다. 출처가 불분명한 이야기에 따르면, 영국 총리가 패러데이에게 이 발명이 무슨 소용이 있느냐고 물었다. 패러데이는 이렇게 대답했다. "예, 총리님. 언젠가 여기에다 세금을 매기시게 될걸요."[5]

그가 지하 실험실에서 한 발명은 전동기의 기초가 되었다. 늘어뜨린 전선 한 가닥이 수직으로 세운 자석 주위를 빙글빙글 도는 것은 그리 대단해 보이지 않는다. 게다가 이 실험에서 패러데이는 아주 작은 자석을 썼고, 전력도 아주 조금만 썼다. 이 전선에 전류를 더 많이 흘리면 전선은 텅 빈 공간에 패러데이가 그린 원형의 패턴을 완강하게 따라간다. 비슷한 전선에 무거운 물체를 매달면 전선은 무거운 물체를 끌고 회전할 수 있다. 이것이 바로 전동기의 원리이다. 깃털처럼 가벼운 컴퓨터 드라이브부터 제트 엔진에 엄청난 연료를 쏟아붓는 펌프까지 모두 이런 방식으로 회전시킬 수 있다.

패러데이의 처남 조지 바너드는 패러데이의 발견의 순간을 기억했다. "전선이 돌기 시작하자, 갑자기 그는 이렇게 외쳤다. '봤어, 봤어, 봤어, 조지?' 나는 희열에 들뜬 그의 표정과 빛나는 눈동자를 결코 잊을 수 없을 것이다!"[6]

패러데이가 그렇게 열광했던 이유는 그가 당시 29세였고 엄청난 발견을 했으며, 자기의 신앙의 핵심이 진정으로 옳다는 암시를 얻었기 때문이다. 치직거리는 전기와 공간에 조용히 뻗어 있는 자석의 힘은(이제 빠르게 회전하는 전선의 운동까지) 서로 연결된 것으로 보였다. 전기가 늘어나면 자기가 줄어든다. 패러데이의 보이지 않는 소용돌이는 자기와 전기가 서로 왔다 갔다 하는 터널이었다.[7] '에너지'의 개념이 아직 완전히 형성되지는 않았지만,

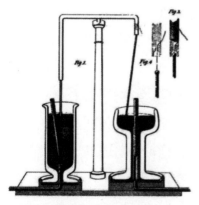

l 패러데이가 실험한 전동기의 원리.

서로 다른 종류의 에너지가 하나로 연결되어 있다는 패러데이의 발견은 이 개념의 형성에 기여했다.

이것이 패러데이의 삶의 절정이었다. 그런데 이때 험프리 데이비 경은 패러데이가 자신의 아이디어를 몽땅 훔쳤다고 비난했다.[8]

데이비는 자기가 이 주제에 대해 다른 (적절히 교육받은) 연구자와 개인적으로 토의하는 것을 패러데이가 어깨 너머로 들은 것 같다는 소문을 퍼뜨렸다.

물론 이 이야기는 틀렸고, 패러데이는 옛정을 봐서라도 해명할 기회를 달라고 애원해보았지만 데이비는 들은 척도 하지 않았다. 데이비가 직접 말하지는 않았겠지만, 다른 사람을 통해 흘러나온 더 야비한 소문도 있었다. 미천한 하류층의 아이에게 무엇을 기대할 수 있는가? 견습공에서 벗어나려고 안달했지만 깊이 있는 교육을 감당할 수 없는 사람에게 말이다. 몇 달 뒤에 데이비는 물러섰지만 결코 사과하지 않았고, 비난이 떠돌아다니도록 내버려두었다.

데이비는 노트와 사적인 일기에서 젊은이의 용기를 북돋아주는 일이 얼마나 중요한지를 자주 언급했다. 그러나 몸소 실천하지는 않았다. 문제는 젊은이 대 노인이라는 단순한 구도가 아니었다. 데이비는 패러데이보다 10년 남짓 연상이었을 뿐이다. 그러나 데이비는 영국 과학의 지도자로 대우받기를 좋아했고, 높은 지위를 탐하는 아내와 함께 런던의 상류 사회에서 칭찬을 받으면서 세월을 보냈다. 이것은 그 칭찬이 점점 더 거짓이 되어갔다는 뜻이다. 그는 진정으로 최신 연구의 정점에 서 있지 않았다. 데이비는 대륙의 연구자들과 편지를 주고받을 때 상대방이 로열 인스티튜션의 저명인사와 교류한다는 사실에 우쭐해한다는 것을 알고 있었지만, 그들에게 신선한 아이디어를 제안하지는 않았다.

거의 모든 사람들이 이런 사정을 몰랐지만, 패러데이는 알고 있었다. 그는 누구보다도 데이비와 비슷했다. 둘 다 동시대 런던 과학계 인사들보다 훨씬 낮은 계층에서 출발했다. 패러데이는 여기에 대해 어떤 변명도 하지 않았지만 데이비는 될 수 있는 한 과거를 숨기려고 했다. 패러데이가 아무리 조용히 처신해도, 그가 옆에 있다는 사실만으로 자기도 똑같이 밑바닥 출신임을 고통스럽게 상기하지 않을 수 없었다.

패러데이는 절대로 데이비에게 맞서지 않았고, 표절을 둘러싼 공방을 주고받은 뒤부터는 신중하게 연구 일선에서 벗어나 있었다.[9] 1829년에 데이비가 죽고 난 뒤에 비로소 패러데이는 연구를 다시 시작했다.

패러데이는 오래 살았고, 때가 되자 로열 인스티튜션의 저명인사가 되었다. 그는 신사의 과학에서 전문 과학으로 옮겨간 전형이었다. 데이비가 그를 깎아내렸던 일은 오래전에 잊혔고, 그는 계속해서 많은 발견을 했다. 그는 아주 유명해져서 여러 곳에서 초청을 받았고, 다음과 같은 편지도 받았다.

1850년 5월 28일
친애하는 선생님,

제 생각에 지난번 조찬에서 강의하셨던 내용을 많은 대중들 앞에서 강의하시면 대단히 큰 도움이 될 것 같습니다. 저의 새로운 사업체에서 책으로 출판할 수 있다면 더할 나위 없이 기쁘겠습니다.

커다란 존경으로
당신의 충실한 종
찰스 디킨스[10]

그러나 노년의 마지막 10년 동안은 패러데이도 (데이비처럼) 최신의 성과를 따라갈 수 없었다. 한편 에너지 개념은 생명을 얻었다. 별개로 보이던 힘들이 점점 연결되어 빅토리아 시대의 장대한 걸작이 되었다. 이것은 에너지의 거대한 통일이었다. 패러데이가 (한때 완전히 다른 것이라고 생각했던) 전기와 자기가 연결되어 있다는 것을 보이자, 과학계는 형태가 다른 에너지들도 이와 유사하게 서로 깊이 연결되어 있다고 확신하게 되었다. 화약이 폭발하면 화학 에너지가 나오고, 신발을 문지를 때는 마찰열의 에너지가 나오는데, 이것들도 서로 연결되어 있다. 폭약이 터질 때, 공기를 진동시키고 바위를 날려버리는 에너지 양은 폭약 내부에 있던 에너지와 같다.

이러한 에너지 개념의 통찰이 얼마나 비범한지는 쉽게 알아채지 못할 수도 있다. 이것은 신이 우주를 창조하면서 이렇게 말한 것과 같다. 나는 우주에 X 양만큼의 에너지를 주겠다. 우주가 성장해서 폭발하게 하고, 행성이 궤도를 돌게 하고, 사람들이 거대한 도시를 만들게 하고, 그런 다음에는 전쟁으로 그 도시들을 파괴하게 하고, 그 런 다음에 생존자들이 새로운 문명을 건설하게 할 것이다. 말과 소가 끄는 수레가 있을 것이고, 석탄과 증기기관과 공장과 힘센 기관차도 있을 것이다. 이 모든 과정에서 사람들이 보는 에너지의 형태는 다를 것이다. 이 에너지는 사람의 열이나 동물의 근육이라는 형태로 나타나고, 폭포에서 떨어지는 물과 화산의 폭발로도 나타날 것이다. 하지만 이 모든 변이에도 불구하고 에너지의 총량은 변하지 않을 것이다. 태초에 내가 창조한 에너지의 양은 그대로 유지될 것이다. 그것은 시작할 때 존재한 양의 백만분의 일도 줄어들지 않을 것이다.

이런 설명은 어쩌면 종잡을 수 없는 횡설수설로 들릴 수도 있다. 어쨌든, 하나의 힘이 우주 전체에 퍼져 있다는 것이 패러데이의 종교적 신조였다. 이것은 영화 〈스타워즈〉에 나오는 오비완 케노비의 대사를 연상시킨다. "포스(force)는 살아 있는 것들이 만들어내는 에너지 장이다. 이것은 우주 전체를 하나로 묶는다."

하지만 이것은 옳다! 한밤중에 주방 찬장의 문을 닫는다고 하자. 문이 미끄러지는 운동에서 에너지가 나타나고, 똑같은 양의 에너지가 팔 근육에서 빠져나간다. 문이 완전히 닫히면 운동의 에너지는 사라지지만, 그 에너지는 문이 부딪히고 돌쩌귀가 문질러질 때 생기는 열로 형태만 바꿀 뿐이다. 문을 닫을 때 미끄러지지 않도록 발을 바닥에 세게 디디면, 지구는 여기에 균형을 맞추기 위해 궤도를 위쪽으로 아주 조금 이동시킨다.

이러한 균형은 모든 곳에서 일어난다. 타지 않은 석탄 더미의 화학적 에너지를 재고, 열차의 보일러에서 이 석탄을 태우면서 내뿜는 불과 달리는 기관차의 에너지를 측정하자. 에너지는 분명히 형태를 바꿨다. 구체적인 상황은 다르지만, 전체 값은 똑같다.

패러데이의 연구는 19세기에 이루어진 가장 성공적인 프로그램의 일부였다. 패러데이를 비롯한 여러 연구자들이 밝혀낸 에너지 변환에서는 모든 양을 계산하고 측정할 수 있었다. 측정과 계산의 결과를 보면 언제나, 전체의 합은 결코 변하지 않는다는 것이 확인되었다. 즉 에너지는 '보존'된다. 이것이 바로 에너지 보존 법칙이다.

모든 것이 연결되어 있다. 모든 것은 깔끔하게 균형 잡혀 있다. 패러데이의 말년에 다윈이 내놓은 이론은 지구에서 생명을 창조하는 데 신이 개입할 필요가 없다고 말하는 것 같다. 그러나 에너지의 총량이 변하지 않는다는 패러데이의 통찰이 이에 대한 만족스러운 대안으로 여겨질 때가 많다.[11] 이것은 신이 진정으로 우리의 세계에 개입했고, 여전히 우리 곁에서 활동하고 있다는 한 증거이다.

이러한 에너지 개념은 패러데이가 죽은 지 28년 뒤에 아인슈타인이 다니던 스위스 북부의 주립 고등학교 과학 교사들이 가르치던 것이다. 아인슈타인은 이 학교가 좋아서 다니지는 않았다(그는 이미 충분히 배웠다면서 독일의 훌륭한 고등학교를 중퇴했다). 그는 고교 중퇴자를 받아주는 유일한 대학교인 스위스연방공과대학의 입학시험에 떨어졌다. 아인슈타인에게서 약간의 가능성을 알아본 친절한 학교 관계자가 그를 완전히 떨어뜨리지 않았고, 북쪽 골짜기에 있는 이 조용한 학교[12](격식을 차리지 않고 학생들을 배려하는 곳이었다)에 다니도록 했던 것이다.

아인슈타인이 (아라우에서 머물던 집의 18세 난 딸과 달콤한 첫사랑을 한 뒤에) 마침내 스위스연방공과대학에 입학했을 때, 그곳의 물리학 교수들은 여전히 빅토리아 시대의 복음인 에너지의 장대한 연결에 대해 가르치고 있었다. 그러나 아인슈타인은 교수들이 핵심을 놓치고 있다고 생각했다. 그들은 이것을 살아 있는 주제로 다루지 않았고, 이것이 진정으로 무엇을 의미하는지, 패러데이를 비롯한 여러 사람들이 수행한 연구의 배경에 어떤 종교적인 암시가 들어 있는지에 대해서는 전혀 언급하지 않았다. 그들에게 에너지 보존 법칙은 형식적이고 딱딱한 또 하나의 규칙일 뿐이었다. 당시에 서유럽은 굉장한 자기만족에 빠져 있었다. 유럽의 사상은 '명확히' 다른 문명의 사상보다 우월했다. 유럽 최고의 전문가들이 에너지가 보존된다고 말하면, 여기에 이의를 달 이유가 없었다.

아인슈타인은 대부분은 느긋했지만, 자기만족에 대해서는 참을 수 없었다. 그는 강의를 숱하게 빼먹었고, 자기만족에 빠진 교수들은 그에게 가르칠 게 없었다. 그는 뭔가 더 깊고 더 넓은 것을 찾고 있었다. 패러데이를 비롯한 빅토리아 시대 사람들은 가능한 모든 힘이 다 들어갔다고 느낄 때까지 에너지 개념을 확장했다.

그러나 그들은 틀렸다.

아인슈타인은 아직 확신하지는 못했지만 이미 자기 길을 가고 있었다. 취리히에는 수많은 커피숍이 있었고, 그는 커피숍에서 냉커피를 마시고 신문을 읽으면서 친구들과 오후 시간을 보냈다. 하지만 그러다가도 물리학과 에너지 같은 주제들에 대해 조용히 생각했고, 자기가 배운 것들이 어디에서 잘못되어 있는지에 대한 암시를 얻기 시작했다. 빅토리아 시대 사람들은 화학물질, 불, 전기 불꽃 등 온갖 에너지가 모두 서로 연결되어 있다고 증명했다. 하지만 이것들은 극히 일부에 불과했다. 19세기에 에너지 영역은 매우 크다고 알려졌지만, 몇 년 뒤에 아인슈타인은 빅토리아 시대의 과학자들이 발견한 가장 넓은 영역마저 초라하게 만드는 에너지의 원천을 발견한다.

그는 아무도 생각하지 못한 곳에서 방대한 에너지를 숨길 곳을 찾아냈다. 이전의 방정식은 이제 균형이 맞아야 할 필요가 없다. 신이 우주에 풀어놓은 에너지는 이제 더 이상 고정되어 있지 않다. 여기에는 더 많은 것이 있다.

등호 =

요즘 사용하는 대부분의 문장 기호들은 중세 말에 자리를 잡았다. 그래서 문장 기호가 없었던 14세기의 성서는 마치 전보처럼 보였다.

IN THE BEGINNING GOD CREATED THE HEAVEN AND THE EARTH AND THE EARTH WAS WITHOUT FORM AND VOID AND DARKNESS WAS UPON THE FACE OF THE DEEP

(태초에 신이 하늘과 땅을 만들었다. 땅은 아직 형태가 없고 비어 있었으며 어둠이 깊음 위에 덮여 있었다.)

여러 번에 걸쳐 일어난 변화 중의 하나는 대부분의 글자를 소문자로 바꾼 것이었다.

In the beginning God created the heaven and the earth and the earth was without form and void and darkness was upon the face of the deep

또 다른 변화는 멈춰서 숨을 쉬어야 할 곳에 작은 동그라미로 표시되는 마침표를 넣은 것이다.

In the beginning God created the heaven and the earth. And the earth was without form and void and darkness was upon the face of the deep.

짧게 쉬어야 할 곳에는 작은 곡선으로 된 쉼표도 넣었다.

In the beginning, God created the heaven and the earth

15세기 말에 인쇄가 시작되자 주요 기호들이 빠르게 자리를 잡았다. 문장은 오래된 '?' 기호와 새로운 '!' 기호로 채워지기 시작했다. 이것은 윈도우즈 운영체제가 다른 운영체제를 몰아내는 것과 비슷했다.

다른 기호들은 더 오래 걸렸다. 지금까지 우리는 이런 것들을 당연하게 여겨서, 예를 들면 사람들은 문장 끝에서 마침표를 보면 언제나 눈을 깜빡인다. (다른 사람이 책을 읽을 때 유심히 보면 금방 알 수 있다.) 그러나 이것은 완전히 학습에 따른 반응이다.

　천 년도 넘게, 세계의 주요 인구 집중 지역의 한 곳에서 덧셈을 나타내기 위해 △ 기호를 사용해왔는데, 이것은 누군가가 자기를 향해 걸어오는 모습이기 때문이다. 비슷하게 뺄셈에 대해서는 ▽를 사용했다. 이 이집트 기호들은 중동에서 나온 다른 기호들과 마찬가지로 쉽게 받아들여졌다. 예를 들어 페니키아의 기호들은 헤브루의 א, ב(알렙, 베스)와 그리스의 α, β(알파, 베타)의 기원이 되었으며, 알파벳이라는 단어도 여기에서 나왔다.

　16세기 중반까지도 인쇄업자들은 자주 쓰이지 않는 기호 자리에 자신만의 표식을 집어넣을 수 있었다. 1543년에 영국의 열정적인 교과서 저술가 로버트 레코드는 대륙에서 약간의 인기를 얻은 '+' 기호를 정착시키려고 했다. 그가 쓴 책은 별로 성공하지 못했고, 10년 뒤에 그는 다시 시도했다. 이때 그가 자신 있게 내놓은 기호는 분명히 옛날의 논리학 문헌에서 온 것이었다. 그는 광고를 위한 과장을 잔뜩 섞어서, 이것을 독특한 판촉 전략으로 부각시켰다. "나는 '……같다'라는 말을 지루하게 반복하는 것을 피하기 위해서 한 쌍의 평행선 즉 ═══ 을 사용할 것이다. 그 어떤 두 가지도 이것보다 더 같을 수는 없기 때문에……."

　레코드는 이 혁신으로도 돈을 많이 벌지는 못한 것 같다. 이것은 똑같이 적절한 기호 //와, 심지어 독일의 강력한 인쇄업자가 들고 나온 이상한 기호 [;와도 치열하게 경쟁했다. 곳곳에서 제안한 기호들로 우리의 방정식을 써보면 다음과 같다.

e || mc^2

e ———→ mc^2

e .æqus. mc^2

e] [mc^2

e ══════ mc^2

그중에서 내가 가장 좋아하는 것은 다음과 같다.

e ══════ mc^2

    레코드의 승리가 최종적으로 확실해진 것은 한 세대 뒤인 셰익스피어 시대의 일이다. 학자와 교사들은 그때 이후로 이미 알려진 것을 요약하기 위해 이 기호를 사용해왔다. 하지만 어떤 사람들은 더 나은 생각을 했다. 예를 들어 15+20=35라는 식은 별로 흥미롭지 않다. 하지만 다음과 같은 말을 생각해보자.

(서쪽으로 15도 가다가)

+

(그다음에 남쪽으로 20도 가면)

=

(무역풍을 만나 대서양을 건너 신대륙까지 35일이면 갈 수 있다).

이것은 뭔가 새로운 것을 말하고 있다. 좋은 방정식은 계산을 위한 단순한 공식 이상이다. 또한 방정식은 거의 같다고 여겨지는 두 가지가 진짜로 똑같다는 것을 확인해주는 양팔저울이라고만 할 수도 없다. 이와는 다르게 과학자들은 '=' 기호를 새로운 아이디어의 망원경으로 사용하기 시작했다. 이것은 의심하지 않았던 신선한 영역에 주의를 기울이게 하는 장치가 되었다. 방정식이란 단지 말 대신에 기호를 사용한다는 것뿐이다.

아인슈타인도 1905년에 이러한 방식으로 '=' 기호를 사용했다. 빅토리아 시대 사람들은 화학 에너지, 열에너지, 자기 에너지 등을 포함해서 존재하는 모든 에너지를 발견했다고 생각했다. 그러나 1905년에 아인슈타인은 '아니야, 더 많은 것을 찾아낼 수 있는 곳이 또 있어'라고 말할 수 있게 되었다. 그의 방정식은 그곳으로 이끄는 망원경과 같았다. 하지만 그곳은 우주 바깥처럼 저 멀리 있지 않았다. 이것은 바로 여기에 있었고, 그의 교수가 있는 바로 그곳에 있었다.

그는 이 방대한 에너지원을 아무도 생각하지 못한 곳에서 찾아냈다. 이것은 물질 자체에 숨어 있었다.

04

질량 m

오랫동안 '질량'의 개념은 패러데이를 비롯한 19세기의 여러 과학자들이 연구하기 이전의 에너지 개념과 같았다. 우리 주변에는 얼음, 바위, 녹슨 쇠붙이 등 여러 가지 물질이 있지만, 서로 어떻게 관련되어 있는지, 서로 관계가 있기는 한 건지조차 불분명했다.

연구자들이 물질들 사이에 어떤 거대한 연결이 있다고 믿게 된 것은 17세기에 아이작 뉴턴이 우리가 보는 모든 행성과 달과 혜성들이 신이 창조한 거대한 기계 장치 속에서 서로 맞물려 있는 것처럼 돌아간다는 것을 보였기 때문이다. 유일한 문제는 이 장대한 통찰이 이 먼지투성이 지구에서 너무 멀어 보인다는 것이었다.

뉴턴의 통찰이 지구에서도 적용되는지 알아내려면, 다시 말해 겉보기에 아무 관련이 없는 물질들이 사실은 치밀하게 서로 맞물려 있다는 것을 확인하려면, 정밀도에 대단히 민감한 사람이 필요했다. 그 사람은 무게 또는 크기의 미세한 변화를 측정하기 위해 기꺼이 많은 시간을 보낼 수 있어야 했다. 또한 뉴턴의 위대한 통찰에 가슴이 뛸 만큼 낭만적이어야 했다. 그렇지 않고서야 어떻게 모든 물질들이 연결되어 있다는 흐릿한 추측을 확인하겠다고 성가신 일에 뛰어들겠는가?

이 이상한 조합(높이 날아오를 수 있는 영혼을 가진 회계사)을 한 몸에 가진 사람이 바로 앙투안 로랑 라부아지에였다. 그는 나무와 바위와 쇠처럼 완전히 달라 보여도 '질량'을 가진 물질이라면 모두 하나로 연결된 전체의 일부라는 것을 최초로 밝혀냈다.

라부아지에는 1771년에 친구 자크 폴즈의 13세 난 딸을 구해주면서 낭만성을 뽐냈다. 이 여자아이는 엄청난 부자이지만 음울하고 무서운 늙은이와 결혼해야 하는 난처한 상황에 빠져 있었다. 폴즈는 라부아지에의 직장 상사이기도 했기 때문에, 라부아지에는 그의 딸 마리 안을 도와줄 만한 사이였다. 라부아지에는 그녀를 내키지 않는 결혼에서 구하기 위해, 자기가 직접 그녀와 결혼했다.

나이 차이가 많았지만 두 사람에게는 좋은 결혼이었다. 28세의 잘생긴 라부아지에는 마리 안을 구원한 직후에도 폴즈를 위해 하던 엄청나게 따분한 회계 업무에 다시 몰두했다. 그는 '공동 농장'이라는 조직에서 일하고 있었다.

이것은 진짜 농장이 아니라, 루이 16세 정부를 위해 거의 독점적으로 세금을 걷어들이는 기관이었다. 세금을 내고 남는 것은 농장 주인이 가질 수 있었다. 이것은 수익이 엄청난 사업이었고, 게다가 엄청나게 부패해 있었다. 여러 해 동안 부유한 노인들은 이 사업에 뛰어들었지만, 그들은 세밀한 회계나 관리를 감당하지 못했다. 방대한 세금 징수 업무가 잘 돌아가도록 관리하는 것이 라부아지에의 일이었다.

그는 20년 동안 일주일에 평균 6일, 하루에도 오랜 시간 동안 고개를 숙인 채 이 일을 했다. 아침에 한두 시간과 일주일에 하루 있는 여가 시간에 그는 과학에 몰두했다. 그는 이 하루를 '행복의 날'이라고 불렀다.

이 일이 왜 그렇게 '행복'했는지 다른 사람들은 이해하기 어려울 수도 있다. 실험은 라부아지에가 매일 하는 회계 업무와 비슷했고, 다만 훨씬 더 오래 끌었다. 하지만 라부아지에는 깨가 쏟아지는 신혼 시절에 젊은 신부와 함께 이 실험을 했던 것이다. 그는 금속 조각을 서서히 태우려고 했다. 다시 말해 녹슬게 하는 것이다. 그는 금속에 녹이 슬면 무게가 어떻게 변하는지 알고 싶었다.

(독자들도 추측해보기 바란다. 금속 조각을 녹슬게 하자. 예를 들어, 자동차의 범퍼나 바닥 철판이 녹슬면 무게는 처음에 비해 a) 가벼워진다. b) 변하지 않는다. c) 무거워진다. 이제 자기가 추측한 답을 기억하자.)

대부분의 사람들은 오늘날까지도, 대개 무게가 가벼워진다고 말한다. 그러나 라부아지에는 냉철한 회계사였고, 아무것도 신뢰하지 않았다. 그는 완전히 밀폐된 장치를 만들었고, 이것을 자기 집에 특별히 꾸민 실험실에 설치했다. 어린 아내가 그를 도왔다. 그녀는 남편

| 라부아지에와 아내 마리 안의 초상화. 라부아지에보다 나이가 한참 어렸던 마리 안은 남편을 내조하는 아내인 동시에 연구의 조수 역할도 할 수 있는 지적인 여성이었다.

보다 기계 제도를 더 잘했고, 영어는 훨씬 더 잘했다. (그녀의 영어 실력은 나중에 영국과 분란이 일어났을 때도 큰 도움이 되었다.)

그들은 이 장치에 여러 가지 물질을 넣었고, 단단히 밀봉한 다음에 열을 가하거나 실제로 태워서 빨리 녹슬게 했다. 그런 다음에 장치를 완전히 식히고, 엉망이 되었거나 녹이 슬었거나 타버린 금속의 무게를 측정했고, 공기가 얼마나 줄었는지도 세심하게 측정했다. 그때마다 똑같은 결과를 얻었다. 그들의 발견에 따르면 녹슨 금속은 가벼워지지 않았다. 그렇다고 무게가 녹슬기 전과 똑같지도 않았다. 녹이 슨 금속은 처음보다 더 **무거워졌다**.

예상하지 못한 결과였다. 저울에 먼지나 불순물이 붙어서 무거워진 것은 아니었다. 부부는 극도로 세심했다. 해답은, 공기가 여러 성분으로 이루어져 있다는 것이다. 우리가 숨 쉬는 공기에는 여러 가지 기체가 들어 있다. 이 기체들 중 어떤 것이 금속에 달라붙은 것이다. 이것 때문에 녹슨 금속이 처음보다 더 무거워지는 것이다.

도대체 무슨 일이 일어났는가? 전체적으로 물질의 양은 같은데, 기체 속의 산소가 더 이상 공기 속에 들어 있지 않다. 그러나 산소는 사라지지 **않았다**. 산소는 단순히 금속에 달라붙은 것이다. 공기를 측정해보면 무게가 줄었다는 것을 알 수 있다. 금속 덩어리를 측정해보면 무게가 늘어났음을 알 수 있다. 정확하게 줄어든 공기의 무게만큼 금속 덩어리가 더 무거워진 것이다.

라부아지에는 정교한 무게 측정 장치로 물질이 한 곳에서 다른 곳으로 옮겨갈 수 있으며, 물질이 사라지지는 않는다는 것을 보여주었다.[2] 이것은 18세기의 주요 발견 중 하나였고, 반세기 전에 패러데이가 로열 인스티튜션의 지하 실험실에서 에너지에 대해 알아낸 것과 같은 수준의 발견이었다. 여기에서도, 신이 우주를 창조하면서 다음과 같이 말한 것과 같다. 정해진 양의 질량을 주어서, 별이 빛나고 폭발할 것이며, 산이 만들어져서 서로 부딪치고, 바람과 얼음에 깎여나갈 것이며, 금속이 녹슬고 부서질 것이다. 하지만 어떤 일이 일어나도 우주의 전체 질량은 결코 변하지 않을 것이다. 영원히 기다려도 백만분의 1그램조차 변하지 않을 것이다. 도시의 무게를 재고, 파괴한다고 하자. 건물을 불에 태우고, 연기와 부서진 성벽과 벽돌을 모두 모아서 무게를 달면, 원래의 무게는 변함이 없을 것이다. 진정으로 사라지는 것은 아무것도 없으며, 가장 작은 티끌 하나의 무게도 사라지지 않는다.

모든 물체는 '질량'이라는 성질을 가지며, 질량은 물체의 움직임에 영향을 준다. 17세기 후반에 이것을 정리한 뉴턴의 업적은 대단히 인상적이었다. 하지만 물체의 부분들이 결합하고 분리되는 방식을 세밀하고 정확하게 밝혀낸 것은? 이것이 바로 라부아지에가 이룬 업적이다.

프랑스의 과학자들은 이런 정도의 업적을 이루고 나면 정부에 더 가까워졌다. 라부아지에도 마찬가지였다. 라부아지에가 밝혀낸 산소의 존재가 용광로의 성능을 높이는 데 도움이 될까? 이제 과학학술원의 회원이 된 라부아지에는 이러한 연구를 위한 자금을 받고 있었다. 라부아지에가 세심한 측정을 통해 공기에서 추출해낸 수소를 이용해서 기구를 띄우면 공중에서 영국을 압도할 수 있을까? 그는 이 연구로도 자금을 받고 계약을 맺었다.

다른 시대 같았으면 라부아지에는 편안한 삶을 보장받았을 것이다. 그러나 이 모든 특권과 영예와 상들은 루이 16세 왕이 하사한 것이고, 몇 년 뒤에 왕은 왕비, 각료, 부유한 지지자들과 함께 처형당한다.

라부아지에는 다른 희생자들과 달리 살아남을 수도 있었다. 혁명 중에도 극도로 위험한 기간은 몇 달뿐이었고, 왕의 측근들 중에서도 조용히 살면서 이 기간을 무사히 넘긴 사람이 많았다. 그러나 라부아지에는 세심한 측정의 태도를 결코 버리지 않았다. 회계사로서 이것은 그의 개성의 일부였고, 그의 과학적인 발견의 핵심이었다.

그러나 이제 그러한 태도 때문에 그는 죽음을 맞게 된다.

최초의 실수는 참으로 공교로운 일이었다. 과학학술원 회원은 언제나 문외한들에게 시달렸다. 혁명이 일어나기 아주 오래전에 스위스 태생의 의사 한 사람이 유명한 라부아지에만이 자기의 새로운 발명품을 이해하고 평가할 수 있다고 주장했다. 그 발명품은 초보적인 적외선 분광기였는데, 촛불 위나 대포 같은 곳에서 어른거리는 열의 파동을 감지하는 것이었다. 이 의사는 미국 외교 사절들을 자기 방으로 데려와서, 벤저민 프랭클린의 대머리에서 나오는 열의 파동을 보여주는 쾌거를 이루기도 했다. 그러나 라부아지에와 학술원은 그를 거부했다. 이 의사가 보여준 열의 형태는 정밀하게 측정할 수 없었는데, 라부아지에는 이것을 싫어했다. 그러나 스위스 태생의 전도유망한 의사 장 폴 마라는 결코 이 일을 잊지 않았다.

두 번째 실수는 측정에 집착한 그의 성격과 더 깊이 얽혀 있다. 루이 16세는 영국에 대항하는 미국의 독립 전쟁에 자금을 대고 있었고, 그 동맹에는 벤저민 프랭클린이 핵심적인 역할을 하고 있었다. 당시에는 채권 시장이 없었기 때문에 루이 16세는 공동 농장으로 눈을 돌렸다. 그러나 사람들은 이미 세금을 아주 많이 내고 있었다. 세금을 더 받으려면 어떻게 해야 할까?

프랑스에서는 무능한 정부가 지배할 때마다, 거의 언제나 전문가 출신의 소규모 관료 집단이 등장해서 국정을 운영했다. 공식적으로 권력을 가진 사람들이 책임지려 하지 않기 때문에 이런 집단이 직접 나선 것이다. 라부아지에에게는 생각이 있었다. 그의 실험실에 있었던 측정 장치를 생각해보자. 라부아지에 부부는 드나드는 모든 것을 정확하게 알아낼 수 있었다. 범위를 넓혀서 파리 전체를 둘러싸면 어떨까? 도시에서 드나드는 것들을 모두 알 수 있으면, 여기에 세금을 물릴 수 있다.

한때 파리에는 성벽이 있었지만 중세 때 건설된 것으로, 오래전부터 세금을 매기는 목적으로는 거의 쓸모가 없었다. 통행료를 징수하는 관문들은 부서졌고, 무너진 곳이 많아서 아무나 그냥 걸어서 통과할 수 있었다.

라부아지에는 새로운 성벽을 건설하기로 결정했다. 육중한 성벽으로 모든 사람을 정지시키고 검색해서 강제로 세금을 매길 수 있게 될 것이다. 이 공사는 오늘날의 기준으로 수억 달러가 들었다. 이것은 당시의 베를린 장벽이었다. 무거운 돌로 쌓은 이 성벽은 높이가 180센티미터쯤이었고, 10개가 넘는 통행료 징수 관문과 무장 경비병의 순찰 도로가 있었다.

파리 사람들은 이 성벽을 싫어했다. 혁명이 시작되자 거대한 건축물 중에서 가장 먼저 공격당한 곳이 이 성벽이었다. 바스티유 감옥이 습격되기 이틀 전에, 사람들은 횃불과 도끼와 맨손으로 성벽이 거의 완전히 무너질 때까지 때려 부쉈다. 죄인이 누군지는 알려져 있었다. 반왕당파 선전문에는 이렇게 적혀 있었다. "과학학술원의 라부아지에가 프랑스의 수도를 감금하는 발명품을 제안한 '인정 많은 애국자'라는 것을 누구나 알고 있다."[3]

이런 일이 있었지만 그는 살아남을 수도 있었다. 폭도들의 열정은 오래가지 않았고, 라부아지에는 서둘러 자기가 같은 편임을 보여주려고 했다. 그는 개인적으로 운영하던 화약 공장으로 혁명군을 지원했고, 과학학술원의 루브르 사무소에 있던 거대한 태피스트리를 제거해서 새로운 개혁가들의 환심을 사려 했다. 그는 거의 성공할 뻔했지만, 그의 과거를 절대로 용서하지 않는 사람이 나타났다.

1793년에 장 폴 마라는 의회를 장악한 파벌의 우두머리였다. 그는 라부아지에의 거절 때문에 가난한 시절을 보냈다. 병을 치료하지 못해 피부가 거칠었고, 면도하지 않은 뺨에, 머리카락도 다듬지 못해 헝클어져 있었다. 반면에 라부아지에는 여전히 미남이었고, 피부는 부드러웠으며, 몸도 건장했다.

마라는 그를 바로 죽이지 않았고, 파리 시민들에게 성벽을 끊임없이 상기시켰다. 성벽은 계급 우월주의에 빠진 과학학술원에 대해 마라가 증오하는 모든 것을 요약해서 보여주는 거대한 상징이었다. 마라는 같은 시대의 당통, 후대의 피에르 망데스 프랑스와 함께 프랑스가 낳은 최고의 웅변가였다. ("나는 분노다. 바로 민중의 분노다. 그렇기 때문에 사람들은 내게 귀 기울이고 나를 믿는다.")[4] 그는 오른손을 엉덩이에 대고, 왼팔을 앞으로 뻗어 자연스럽게 단상을 짚고 연설했다. 신경질적으로 발을 조금씩 구르는 것이 그가 긴장하고 있음을 보여주는 유일한 징후였지만, 마라의 당당한 자세에 압도된 청중들에게는 거의 보이지 않았다. 마라가 라부아지에를 규탄한 것은 라부아지에가 보여준 원칙을 구현한 것이다. 모든 것은 균형을 이룬다고 하지 않았는가? 한 곳에서 무언가를 파괴해도, 이것은 진정으로 파괴된 것이 아니다. 이것은 어디에선가 다시 나타난다.

1793년에 라부아지에에게 체포령이 떨어졌다. 그는 루브르 궁전에서 폐허가 되어 버려진 구역에 숨으려고 했고, 학술원의 텅 빈 사무소를 배회했지만, 나흘 뒤에 포기했다. 그는 마리 안의 아버지와 함께 포르 리브르 감옥으로 걸어 들어갔다.

그가 포르 리브르의 창문 밖을 내다보았다면("우리의 주소는 1층 23호실, 끝방"이다)[5], 천문대의 거대한 고전적인 돔을 보았을 것이다. 한 세기 동안 그 지역의 이정표였던 천문대는 이제 혁명 세력의 명령으로 폐쇄되어 있었다. 밤중에 간수들이 감옥에 촛불을 끄라고 명령한 다음에는 돔 위로 별이 보였을 것이다.

그들은 다른 감옥으로 옮겨졌고, 재판은 5월 8일에 있었다.[6] 죄수들 중 몇 사람이 발언을 하려고 했지만 재판관들의 비웃음을 살 뿐이었다. 선반 위에 놓인 마라의 흉상이 피고들을 굽어보고 있었다. 그날 오후에 한때 공동 농장을 운영하던 백만장자 28명이 지금의 콩코르드 광장에 세워졌다. 그들의 손은 등 뒤로 묶여 있었다. 기요탱 박사가 만든 단두대가 작동하는 곳까지 가려면 가파른 계단을 올라가야 했다. 대부분의 사람들이 조용했고, 늙은이 한 사람이 "측은하게 계단 위로 끌려 올라갔다." 폴즈가 세 번째였고, 라부아지에는 네 번째였다. 처형은 1분 간격으로 진행되었다. 칼날에 묻은 피를 닦기 위해서가 아니라 목 없는 시체를 치우기 위해서였다.

l 프랑스 혁명 과정의 급진적인 저널리스트이자 정치가로 잘 알려졌으나 과학자이기도 했던 장 폴 마라.

라부아지에의 노력으로 질량 보존 법칙이 탄생했다. 그는 우리 주위의 방대한 물리적 대상들이 서로 연결되어 있음을 보여주었다. 우주를 채우는 물질들은 타고, 찌그러지고, 부서지고, 조각날 수 있지만, 결코 사라지지 않는다. 서로 다른 종류의 물질들이 떠돌면서 결합하고 재결합하는 것이다. 그러나 전체 질량은 똑같다. 이것은 나중에 패러데이가 발견하게 될 것과 완벽하게 어울린다. 에너지도 똑같이 보존되는 것이다. 라부아지에의 정밀한 무게 측정과 화학 분석에 의해, 보존 법칙이 실제로 어떻게 되어가는지 추적할 수 있게 되었다. 그는 이러한 맥락에서 공기 중의 산소가 철에 달라붙는 것도 보여주었다. 우리가 숨을 쉬는 것도 이와 비슷하다.[8] 호흡은 공기 중의 산소를 몸속으로 이동시키는 수단일 뿐이다.

19세기 중반에 과학자들은 에너지와 질량이 돔으로 덮여 완전히 분리된 두 도시와 같다는 결론에 도달했다. 한 도시는 불, 치직거리는 전지와 전선, 섬광으로 이루어져 있다. 이것은 에너지의 영역이다. 또 한 도시는 나무, 바위, 사람, 행성으로 이루어져 있다. 이것은 질량의 영역이다.

이 두 영역은 마법적으로 균형을 이루고 있는 놀라운 세계다. 각각의 영역은 어떤 알 수 없는 섭리에 의해 형태가 아무리 크게 변해도 총량은 절대로 변하지 않는다. 이 영역에서 뭔가를 제거하려고 하면, 동일한 영역의 어딘가에서 다른 무엇인가가 튀어나와서 그 자리를 채운다.

그러나 이 두 영역은 서로 연결되어 있지 않았다. 두 돔 사이에 서로 통하는 터널은 없다. 아인슈타인은 1890년대에 이렇게 배웠다. 에너지와 질량은 완전히 별개이며, 둘은 아무 관련이 없다.[9]

아인슈타인은 나중에 자신을 가르친 교사들이 틀렸다고 증명하는데, 보통 사람들과는 아주 다른 방식으로 증명했다. 대개 과학은 과거의 것들을 기초로 점진적으로 구축해나간다. 전신이 발명된 다음에 전화가 나왔고, 프로펠러 비행기가 발명된 다음에 더 개선된 비행기가 나왔다. 그러나 심오한 문제에서는 점진적인 방식이 통하지 않는다. 아인슈타인은 두 영역 사이의 연결을 발견했지만, 질량을 재면서 뭔가가 조금 없어지지 않았나 하고 관찰하고, 이것이 에너지로 바뀌지 않았나 의심하는 방식으로 하지 않았다. 그는 얼핏 보기에 엄청나게 둘러 가는 길을 갔다. 그는 질량과 에너지를 완전히 포기하고, 연관성이 없는 주제에 집중했다.

그가 주목한 것은 빛의 속도였다.

빛의 속도 c

c는 이제까지 살펴본 것들과 다르다. E는 에너지의 광대한 영역이고, m은 우주의 물질적 재료들이다. 그러나 c는 그냥 빛의 속도일 뿐이다.

글자 c에는 의심할 바 없이 이탈리아가 과학의 중심이던 17세기 중엽 이전 시대에 대한 공경의 의미가 담겨 있다. c는 '빠르다'는 뜻의 라틴어 단어인 '셀레리타스(Celeritas)'의 첫 글자이다(같은 뜻을 가진 영어 celerity도 이 단어에서 나왔다).

이 장에서는 c가 E=mc²에서 중요한 역할을 맡게 된 경위를 살펴보자. 임의의 숫자인 이 특정한 속도가 어떻게 우주의 모든 질량과 에너지의 연결에 개입하게 되었는가?

오랫동안 빛의 속도를 재는 것은 불가능하다고 여겨졌다. 대부분의 사람들은 빛이 무한히 빠르게 달린다고 생각했다. 그러나 실제로 그렇다면, 이 숫자는 결코 실용적인 방정식에 사용될 수 없었을 것이다. 아인슈타인이 c를 써야겠다고 생각할 수 있으려면 누군가가 빛의 속도가 무한하지 않음을 확인해야 했다. 하지만 이것도 쉬운 일은 아니었다.

*　*　*

갈릴레오는 빛의 속도를 측정한다는 생각을 한 최초의 인물이었다. 그는 노년에 거의 눈이 먼 상태로 가택연금이 되기 오래 전부터 빛의 속도를 측정한다는 아이디어를 가지고 있었다. 그러나 그가 이것을 발표했을 때는 손수 실험하기에는 너무 늙었고, 게다가 종교재판소는 그의 여행을 엄격하게 제한하고 있었다. 이런 상황에서 갈릴레오가 직접 실험하는 것은 대단히 힘겨운 일이었다. 그가 죽고 몇 년 뒤에 피렌체 학술원의 실험 분과 회원들이 갈릴레오의 연구를 전해 들었고, 그들은 갈릴레오가 제안한 실험을 해보겠다고 발표했다.[1]

이 실험의 아이디어는 갈릴레오의 모든 연구가 그렇듯이 매우 단순했다. 두 실험자가 여름날 밤에 1마일쯤 떨어진 골짜기 양쪽에 등불을 들고 선다. 두 사람은 차례로 등불의 가리개를 열고, 빛이 골짜기를 건너오는 데 걸리는 시간을 측정한다.

아이디어는 좋았지만, 당시의 기술 수준으로는 명확한 결과를 얻을 수 없었다. 갈릴레오는 생전에 실험을 할 때 자기의 맥박을 이용해서 짧은 시간 간격을 측정했다. 그는 숨을 매우 고르게 쉬어서 실험이 진행되는 동안 맥박을 일정하게 유지해야 했다. 그러나 그날 밤에 피렌체 근교에서 수행되었을 이 실험에서 실험자들은 빛이 너무 빠르다는 것을 알았을 뿐이다. 그들이 보기에 불빛은 거의 순간적으로 골짜기를 건너오는 것 같았다. 이 실험은 실패였다고 할 수 있고, 사람들은 대개 빛의 속도가 무한하다는 것이 또다시 증명되었다고 생각했다. 그러나 피렌체 학술원은 이런 생각을 받아들이지 않았다. 갈릴레오의 생각이 틀렸다기보다는, 이 무지막지하게 빠른 섬광을 측정하는 방법을 찾아낼 미래의 세대에게 증명이 넘겨졌다는 것이다.

1642년에 갈릴레이가 죽고 몇십 년이 지난 1670년에, 장 도미니크 카시니는 새로 생긴 파리 천문대의 대장으로 파리에 부임했다. 그는 때때로 거리에서(이곳은 다음 세기에 라부아지에가 죽음을 기다리던 포르 리브르 감옥과 멀지 않았다) 천문대 신축 공사를 감독했지만, 중요한 임무는 프랑스 과학에 활력을 불어넣는 것이었다. 그는 개인적으로도 이 새로운 천문대를 성공시켜야 할 이유가 있었다. 그는 이탈리아 사람이었고, 원래 이름은 장 도미니크가 아니라 조반니 도메니코였다. 왕이 그의 편이었고 자금 지원을 보장한다고 약속했지만, 상황이 언제 어떻게 변할지는 아무도 알 수 없었다.

카시니는 전설적인 우라니보르크 천문대로 사절단을 파견했다. 그들의 임무는 항해 시의 거리 측정에 필요한 우라니보르크의 좌표를 확정하고, 다른 천문대에서 숙련된 연구자를 찾아내서 데려오는 것이었다. 우라니보르크를 설립한 튀코 브라헤는 방대한 관측 자료를

ORTHOGRAPHIA PRÆCIPVÆ DOMVS ARCIS VRANIBVRGI
in Infula Porthmi Danici Venufis, *Vulgo* Huenna, Aftronomiæ inftaurandæ gratia, circa annum MDLXXX.
à TYCHONE BRAHE exædificatæ.

| 1576년 덴마크의 천문학자 튀코 브라헤가 세운 우라니보르크 천문대는 망원경이 발명되기 전에 세워진 최후의 천문대다.

남겼는데, 케플러뿐만 아니라 뉴턴의 업적도 브라헤의 관측을 바탕으로 이루어졌다. 브라헤는 상상도 하지 못할 사치품들을 만들었다. 그의 성에는 이국적인 나무들이 있었고, 성을 둘러싸는 정원에 조성된 인공운하와 연못에는 물고기가 뛰어놀고 있었다. 인상적인 인터폰 같은 통신 설비도 있었고, 자동인형이 빙빙 돌면서 근처의 농부들을 깜짝 놀라게 했다고 한다. 심지어 자동 수세식 변기까지 갖추었다는 소문도 있었다.

이 천문대는 덴마크 해협의 섬에 있었고, 멀지 않은 곳에 엘시노어

성(햄릿의 배경이 된 곳—옮긴이)이 있었다. 카시니의 오른팔인 장 피카르는 1671년에 코펜하겐을 떠나 안개 낀 바다를 지나 우라니보르크에 도착했다. 그는 마침내 전설의 성에 도착했다고 흥분했지만, 완전히 폐허가 된 모습에 크게 실망했다.

케플러에게 깊은 인상을 주었던 정교한 발견들은 이미 백 년 전의 일이었다. 천문대의 설립자는 개성이 강한 인물이었지만, 그가 죽자 아무도 이 천문대를 제대로 이어받지 못했다. 피카르가 갔을 때 모든 것은 퇴락하고 부서져 있었다. 물고기가 놀던 연못은 메워졌고, 사분의와 천구의는 오래전에 사라졌다. 알아볼 수 있는 것은 본채의 주춧돌 몇 개뿐이었다.

하지만 피카르는 우라니보르크의 좌표를 읽어냈고, 21세의 영특한 덴마크 젊은이 올레 뢰머를 파리로 데리고 왔다. 다른 사람들이 카시니를 만나면 주눅이 들었을 것이다. 카시니는 목성에 대한 세계적인 권위자였고, 특히 이 행성을 회전하는 위성의 궤도에 정통한 사람이었다. 오늘날 덴마크는 작은 나라로 알려져 있지만, 당시에는 북유럽에서 상당한 영토를 가진 제국이었다. 뢰머는 수탉처럼 자존심이 드높아서 스스로 명성을 얻으려고 했다.

카시니가 이 건방진 젊은이를 특별히 반가워했는지는 알 수 없다. 그는 조반니 도메니코에서 장 도미니크로 바꾸는 데 긴 시간이 걸렸다. 그는 목성의 위성을 세밀하게 관측했고, 분명히 이 자료를 이용해서 세계적인 명성을 유지하려고 했다. 그러나 뢰머가 카시니의 결론이 틀렸다고 증명해서 그의 발견에 재를 뿌렸다면 어땠을까?

이것이 가능했던 이유는 목성의 위성 중 가장 안쪽에 있는 이오에 문제가 있었기 때문이다. 이오는 목성을 $42\frac{1}{2}$ 시간에 한 번씩 도는데, 이상하게도 이 시간을 지키는 일은 한 번도 없었다. 어떨 때는 조금 빨리 돌았고, 어떨 때는 조금 느렸다. 이 변이에서 식별 가능한 패턴을 찾아낸 사람은 아무도 없었다.

왜 그럴까? 이 문제를 풀기 위해 카시니는 측정과 계산을 더 많이 해야 한다고 주장했다. 이러한 노력은 천문대장으로서 힘든 일이었다. 인력과 자금, 후원이 더 필요하고, 당혹스러운 공개 논쟁도 있겠지만 필요하다면 해낼 수 있는 일이었다.[2] 그러나 뢰머는 중년의 관리자만이 해낼 수 있는 복잡한 측정은 필요하지 않다고 보았다. 필요한 것은 번득임과 영감이었고, 젊은 아웃사이더가 할 수 있는 일이었다.

뢰머는 바로 이런 일을 했다. 다른 모든 사람들처럼 카시니조차도 문제는 이오의 운행에 있다고 보았다. 어쩌면 이오가 궤도에서 전진하지 못하고 흔들릴 수도 있다. 또는 목성에 구름이나 다른 장애물이 있어서 목성이 일정하게 돌지 못할 수도 있다. 뢰머는 문제를 뒤집었다. 카시니는 이오를 관측했고, 이 관측에 따르면 이오의 궤도에서 뭔가 매끄럽지 않은 것이 있었다. 그러나 왜 이 결함이 멀리 목성에 있다고 생각하는가? 문제는 이오의 운행이 아니라고 뢰머는 생각했다.

문제는 지구의 운행에 있었다.

카시니에게 이것은 문제가 될 수 없었다. 그도 한때 다른 가능성을 고려한 적이 있었다. 거의 모든 다른 사람들과 마찬가지로, 그는

| 당시 목성 관측의 권위자였던 장 도미니크 카시니의 초상.

빛이 순간적으로 날아온다고 보았다. 바보라도 이것을 알 수 있다. 갈릴레오의 실험도 이것을 반박하는 증거를 내놓지 못하지 않았는가?

뢰머는 이 모든 것을 무시했다. 단지 가정으로, 아주 멀리 있는 목성에서 지구까지 빛이 오는 데 얼마간의 시간이 걸린다고 하자. 이것은 무슨 뜻인가? 뢰머는 태양계에 걸터앉아서 목성 뒤에 있는 이오에서 지구로 향하는 빛을 본다고 상상했다. 예를 들어 여름에 지구가 목성에 더 가까이 있다면, 빛의 여행이 더 짧아져서 이오의 영상이 금방 도달한다. 그러나 겨울이 되면 지구는 태양의 반대편에 가 있고, 이때는 이오의 신호가 지구까지 오는 데 더 많은 시간이 걸릴 것이다.

뢰머는 여러 해에 걸친 카시니의 관측 자료를 뒤져 보았고, 1676년 늦여름에 해답을 찾아냈다. 단지 육감이 아니라, 지구가 목성에서 멀리 떨어져 있을 때 빛이 몇 분이나 더 늦게 도달하는지 정확한 숫자를 알아낸 것이다.

이것을 발견한 뢰머는 어떻게 해야 했을까? 관례에 따라, 그는 카시니에게 영예를 돌려 그것이 카시니의 연구인 것처럼 발표하게 하고, 천문대장이 발표를 잠시 멈추고 이 촉망받는 젊은이의 도움이 아니었으면 이 연구를 해낼 수 없었을 거라고 말할 때 겸손하게 고개를 끄덕였어야 했다.

뢰머는 이렇게 하지 않았다. 그는 8월에, 모든 진지한 천문학자들이 읽는 저명한 학술지에서 도전을 감행했다. 천문학은 정밀과학이고, 17세기의 기술로도 11월 9일의 늦은 오후에 목성 뒤에서 위성 이오가 언제 모습을 나타내는지 충분히 알아낼 수 있었다. 카시니의 추론에 따르면, 이것은 그날 오후 5시 27분이었다. 이것은 8월에 마지막으로 이오를 명확하게 관측한 자료를 바탕으로 계산한 값이었다.

뢰머는 카시니가 틀렸다고 주장했다. 그의 설명은 다음과 같았다. 8월에 지구는 목성에 가까이 있고, 11월에는 더 멀어진다. 5시 27분에는 아무것도 보이지 않을 것이다. 빛이 아무리 빨라도 아직 오는 중이고, 멀어진 거리를 지나와야 하기 때문이다. 5시 30분이나 5시 35분에도 빛은 아직 도착하지 않는다. 정확히 5시 37분이 되어야 11월 9일의 첫 번째 관측이 가능할 것이다.

천문학자들이 좋아하는 것에는 여러 가지가 있다. 새로운 초신성은 좋다. 정부의 지원금이 연장되는 것도 좋다. 종신 재직권은 최고다. 그러나, 유명한 두 동료가 결투를 벌여서 둘 중 하나가 쓰러져야 한다면? 이것은 천국이다. 뢰머가 도전장을 내민 것은 자신감 때문이기도 했지만, 카시니가 정치적으로 훨씬 더 강력하다는 것을 알고 있었

l 빛의 속도 연구로 천문학계에 도전장을 던진 올레 뢰머.

기 때문이다. 뢰머는 자신의 예측이 아주 명확해서 카시니와 그의 앞잡이들이 빠져나갈 구멍이 없어야 인정받을 수 있었다.

예측은 8월에 발표되었다. 11월 9일에, 프랑스와 온 유럽의 천문대들은 망원경을 대기시켰다. 5시 27분이 되었고, 이오는 보이지 않았다.

5시 30분에도 여전히 이오는 보이지 않았다.

5시 35분이 되었다.

그리고 정확히 5시 37분 49초에 이오가 나타났다.

그리고 카시니는 자신이 틀리지 않았음이 증명되었다고 주장했다! (사실 왜곡은 텔레비전 시대에 발명된 것이 아니었다.) 카시니의 수많은 지지자들이 들고일어났다. 5시 25분에 이오가 나타난다고 누가 말했는가? 그들은 뢰머가 그렇게 말했다고 떠들어댔다. 게다가 그들은 이오가 나타나는 시간이 확실하지 않은 것은 당연하다고 주장했다. 이오는 너무 멀리 있어서 정확히 관측하기 어렵다. 어쩌면 목성의 상층 대기에 아지랑이가 일어나서 관측이 왜곡되거나, 목성 궤도의 각도가 너무 높아서 정확한 관측이 어려울 수도 있다. 누가 알겠는가?

정상적인 과학의 역사라면 일이 이렇게 되어가지 않았을 것이다. 뢰머는 완벽한 실험을 했고, 명확한 예측을 했지만, 유럽의 천문학자들은 여전히 빛의 속도가 유한하다는 것을 받아들이지 않았다. 카시니의 지지자들이 이겼다. 공식적으로 빛의 속도는 측정 불가능한 숫자로 남았다. 빛의 속도는 천문 관측에 영향을 미칠 수 없다는 것이다.

뢰머는 포기하고 덴마크로 돌아가서 코펜하겐 항구의 책임자로 여러 해를 보냈다. 50년이 지난 뒤에야, 그러니까 여러 세대가 지나가고 장 도미니크 카시니가 죽고 나서야, 더 많은 실험을 해본 천문학자들은 뢰머가 옳다고 인정하게 되었다. 그가 추정한 빛의 속도는 현재의 가장 정밀한 측정값과 매우 비슷한데, 그 값은 대략 1,080,000,000km/h이다. (사실 정확한 속도는 이 값보다 아주 조금 작지만 편의상 10억 8천만 km/h로 한다)

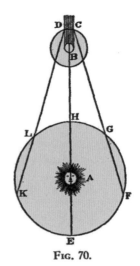

FIG. 70.

| 뢰머의 빛의 속도 측정을 설명한 도해.

이 값이 얼마나 큰지 알아보자. 1,080,000,000km/h로 달리면 1/20초 안에 서울에서 런던까지 갈 수 있다. 갈릴레오의 실험에서 빛이 피렌체 근교의 골짜기를 지나가는 시간을 탐지하지 못했던 이유를 이제 알 수 있다. 거리가 너무 가까웠던 것이다.

또 다른 비교를 해보자. 소리의 속도인 마하 1은 대략 1,200km/h이다. 747 제트 여객기는 마하 1보다 조금 느리게 달린다. 우주왕복선은 최고 속도를 냈을 때 마하 20이 넘는다. 바다 밑바닥에 구멍을 내고 공룡을 멸종시킨 소행성이나 혜성은 마하 70으로 지구에 충돌했다.

숫자 c는 마하 900,000이다.

이 엄청난 속도 때문에 여러 가지 흥미로운 효과가 나타난다. 누군가가 카페에서 휴대폰에 대고 시끄럽게 떠든다면, 사람들은 그의 말이 입을 떠나자마자 귀에 들린다고 여길 것이다. 그러나 공기는 마하

1이라는 느린 속도로 소리를 전달한다. 하지만 휴대폰이 쏘아 올린 전파 신호는 빛의 속도로 날아간다. 따라서 카페에서 몇 미터 떨어져 있는 사람보다 수백 킬로미터 밖에서 전화를 받는 사람이 먼저 그의 말을 듣게 된다.

아인슈타인이 왜 자신의 방정식에 이 특정한 숫자를 넣었는지 알아보려면, 빛의 성질을 자세히 살펴보아야 한다. 이야기는 카시니와 뢰머의 시대를 한참 지나서 미국의 남북전쟁이 일어나기 직전인 1850년대 후반으로 넘어와서, 이제 연로한 마이클 패러데이가 20대의 날씬한 스코틀랜드 청년인 제임스 클러크 맥스웰과 편지를 교환하던 때로 간다.

패러데이에게는 어려운 시절이었다. 그는 기억력이 점점 나빠져서 일정을 자세히 적은 쪽지 없이는 오전 일과를 제대로 해내기도 힘들 지경이었다. 게다가 우수한 대학교에 몸담고 있는 세계적인 물리학자들이 아직도 자신을 무시한다는 것을 알고 있었다. 그들은 패러데이가 실제로 실험실에서 발견한 사실들을 받아들였지만, 그 이상은 아니었다. 정규 교육을 받은 물리학자들은 전기가 전선 속에서 흐르는 것은 관 속에서 물이 흐르는 것과 기본적으로 같다고 보았다. 배후에 있는 수학을 찾아내기만 하면, 이것은 뉴턴과 수학에 통달한 그 후예들이 기술할 수 있는 범위에서 크게 벗어나지 않을 것이라고 그들은 생각했다.[3]

그러나 패러데이는 여전히 자신의 종교적인 배경에서 온 이상한 원과 구불구불한 선을 사용했다. 그의 견해로는, 전자기적 사건이 일어나는 주위는 수수께끼의 '장(field)'으로 채워져 있고, 장 안의 스트레스가 전류와 그 비슷한 것들을 일으킨다는 것이다. 자석 주위에 쇳가루를 뿌렸을 때처럼 때때로 장의 모습을 직접 볼 수도 있다고 그는 주장했다. 그러나 그의 말을 믿는 사람은 딱 한 사람뿐이었다. 그가 바로 스코틀랜드 젊은이 맥스웰이었다.

| 전기 및 자기 현상에 대한 기초 이론을 마련한 제임스 클러크 맥스웰.

얼핏 보기에 두 사람은 크게 달랐다. 패러데이는 여러 해 동안 꾸준히 실험을 하여 날짜가 적힌 기록을 3,000건 넘게 가지고 있었고, 그의 실험은 매일 이른 아침부터 시작되었다. 그러나 맥스웰은 시간에 맞춰 하루를 시작할 능력이 전혀 없었다. (그는 케임브리지 대학교의 정기 예배가 오전 6시에 있다는 말을 듣자 크게 한숨을 내쉬며 이렇게 말했다고 한다. "아, 그때까지 깨어 있어야 한다니.")[4] 맥스웰은 19세기의 어떤 이론물리학자보다 수학에 능통했지만, 패러데이는 덧셈과 뺄셈을 훨씬 뛰어넘는 복잡한 수학은 잘 해내지 못했다.

그러나 깊은 수준에서의 접촉은 긴밀했다. 스코틀랜드 시골의 거대한 영지에서 자라난 맥스웰은 처음에는 성이 그냥 클러크였고, 더 유명한 맥스웰이 덧붙은 것은 최근의 일이었다. 젊은 맥스웰이 에든

버러의 기숙학교에 갔을 때, 다른 아이들(체구도 건장하고 자기들이 사는 대도시에 대해 건방진 자존심을 가진 아이들)이 그를 표적으로 삼아 짧게는 몇 주일씩, 길게는 몇 년씩이나 괴롭혔다. 맥스웰은 이런 일에 결코 화를 내지 않았다. 하지만 단 한 번, 지나가는 말로 이렇게 말했다. "그들은 나를 전혀 이해하지 못하지만, 나는 그들을 이해해." [5] 패러데이는 1820년대에 험프리 데이비에게 받은 상처를 끝내 떨쳐내지 못했다. 그는 로열 인스티튜션의 야간 대중 강연에서 열정적인 강연을 끝낸 직후에도 조용히 고독에 잠겨서 나머지 행사를 바라보고만 있었다.

스코틀랜드의 젊은이와 런던의 노인이 만났을 때, 그들은 신중하게 다른 사람들이 공유할 수 없는 종류의 접촉을 맺었다. 성격의 유사함을 넘어서, 맥스웰은 패러데이의 그림에서 표면적인 단순함 너머를 볼 수 있는 위대한 수학자였다. 재능이 떨어지는 다른 연구자들은 패러데이의 착상이 어린애 같다고 비웃었다. ("패러데이의 연구를 살펴보면, 그의 방법도…… 역시 수학적이고, 다만 표준적인 수학 기호를 쓰지 않은 것뿐이었다.") [6] 맥스웰은 보이지 않는 역선을 그린 조악한 그림들을 진지하게 받아들였다. 두 사람 다 신앙심이 깊었다. 그들은 세계에 신이 깃들어 있다고 생각했다.

1821년에 돌파구를 찾은 패러데이는 그 뒤로 수많은 연구로, 전기가 자기로 바뀌고 자기가 전기로 바뀌는 것을 보여주었다. 1850년대 말에 맥스웰은 이 아이디어를 확장해서, 갈릴레오와 뢰머가 결코 이해하지 못했던 것을 처음으로 완전하게 설명했다.

맥스웰이 보기에 빛의 내부에서도 이러한 앞뒤로의 변환이 끊임없이 일어나고 있었다. 빛이 앞으로 나갈 때 전기 한 조각이 생긴다고 생각할 수 있다. 그런 다음에 전기는 앞으로 나가면서 한 조각의 자기를 만들고, 그 자기장은 나가면서 다시 전기를 만든다.[7] 이렇게 계속해서 꽈배기처럼 진행한다. 전기와 자기가 서로를 재빨리 타넘으면서 나아가는 것이다(맥스웰은 이것을 '서로 껴안기'라고 표현했다).[8] 뢰머가 본 태양계를 가로지르는 빛과, 맥스웰이 본 케임브리지 대학교의 석탑에 비친 빛은 전기와 자기가 서로를 재빨리 타넘으며 진행하는 것이다.

이것은 19세기 과학의 절정이었다. 이 통찰을 요약한 맥스웰의 방정식[9]은 모든 시대를 통틀어 가장 위대한 이론적 업적의 하나로 알려져 있다. 그러나 맥스웰은 자기가 만든 것에 대해 항상 조금은 만족하지 못했다. 왜 이 이상하게 서로 얽혀서 진행하는 파동이 생기는가? 그는 알지 못했고, 패러데이도 알지 못했다. 아무도 이것을 확실하게 설명할 수 없었다.

아인슈타인의 천재성은 날아가는 광파가 무엇을 뜻하는지에 대해 주목한 점에 있다. 그것도 거의 혼자서 말이다. 그는 이런 일을 해낼 정도로 자신감이 있었다. 언제나 권위에 의심을 품도록 권장하는 가정에서 자라난 아인슈타인은 아라우의 고등학교에서 최고의 교육을 받았다. 아인슈타인이 학생이던 1890년대에는 맥스웰의 이론이 거의 진리로 받아들여진 상태였다. 그러나 취리히 공과대학에서 아인슈타인을 담당한 교수는 이론물리학을 탐탁지 않게 여겨서, 학부생들에게는 맥스웰을 아예 가르치지도 않았다. (아인슈타인은 이런 처사가 못마땅해서 그를 베버 교수님이라고 부르지 않고 베버 씨라고 불렀다. 모욕을 당한 교수는 아인슈타인에게 적절한 추천서를 써주지 않았고 그는 결국 특허청에서 고립된 시절을 보내야 했다.)

아인슈타인이 수업을 빼먹고 취리히의 커피숍에 갈 때는 자주 맥스웰의 책을 가져가곤 했다. 그는 맥스웰이 처음으로 밝혀낸 빛의 서로 타넘기에 대해 공부했다. 아인슈타인은 이런 의문을 품었다. 다른 파동들과 똑같이 빛도 파동이라면, 빛을 뒤따라가면 따라잡을 수 있을까?

파도타기를 생각하면 상황을 더 잘 이해할 수 있다. 처음에 바다에 서면, 파도가 철썩대면서 나를 지나친다. 그러나 일단 파도타기를 시작하면 파도는 나와 함께 달린다. 대담하게 하와이 해변의 높은 파도를 탈 수 있다면, 둥글게 말리는 파도가 내 옆에, 위에, 아래에 정지해 있는 것을 볼 수 있다.

1905년이 되어서야 아인슈타인은 완전한 통찰을 얻었다. 빛의 파동은 다른 모든 것들과 다르다. 파도를 타는 사람에게는 바다의 파도가 정지해 있는 것처럼 보인다. 파도의 모든 부분이 상대적으로 일정한 위치에 있기 때문이다. 그러므로 서핑 보드 위에서 파도를 타면서 주위를 보면, 물로 이루어진 얇은 판이 둥글게 말린 채 나와 함께 이동한다. 하지만 빛은 그렇지 않다. 빛의 파동은 한 부분이 앞으로 나가면서 다음 부분을 일으키기 때문에 유지된다. (빛의 파동에서는 전기 부분이 앞으로 나가면서 자기 부분을 일으키고, 다시 자기 부분이 나가면서 전기 부분을 일으킨다. 이렇게 순환이 계속된다.) 빛을 따라잡을 정도로 빠르게 달리면서 관찰할 수 있다고 해도, 여전히 빛의 한 부분이 그다음 부분을 만들면서 관찰자에게서 멀어져 갈 것이다.

빛을 따라잡아서 정지해 있는 모습을 보려고 하는 것은 이렇게 말하는 것과 비슷하다. "저글링을 할 때처럼 공이 흐릿하게 번지는 모습을 보고 싶은데, 다만 공이 움직이지 않고 가만히 있을 때 그런 모습을 보고 싶다." 이렇게 되지는 않는다. 저글링을 하면서 공이 흐릿하게 번지는 모습을 보는 유일한 방법은 공이 빠르게 움직일 때 보는 것뿐이다.

빛은 움직일 때만 존재한다. 이것이 아인슈타인이 내린 결론이다. 이 통찰은 맥스웰의 이론 속에 숨어 있었지만, 40년이 넘도록 아무도 알아보지 못했던 것이다.

빛에 대한 이 새로운 깨달음은 모든 것을 바꿔놓았다. 이제 빛의 속도는 우주의 근본적인 속도 제한이 되었다. 아무것도 이보다 빠를 수 없다.[10]

이것은 잘못 이해하기 쉽다. 1,079,999,999km/h로 달리고 있으면, 엔진에 연료를 더 많이 공급해서 속도를 조금만 더 높여 1,080,000,000에 도달하고, 그다음에는 1,080,000,001에 도달해서 빛의 속도를 뛰어넘을 수 없는가? 그럴 수 없다. 이것은 인간의 기술적 한계 때문이 아니다.

이것을 이해하기 위해서는 빛이 단지 숫자가 아니라 물리적 현상임을 알아야 한다. 여기에는 큰 차이가 있다. 예를 들어 가장 낮은 숫자가 −273(마이너스 273)이라고 하면, 여러분은 내가 틀렸다고 바르게 지적할 수 있다. −274가 더 낮고, −275는 더 낮으며, 이렇게 영원히 계속된다. 그러나 지금 다루고 있는 것이 온도라면 이야기가 달라진다. 온도는 물질의 부분들이 얼마나 활발하게 움직이는지 알려주며, 어떤 점에서 물질은 완전히 진동을 멈춘다. 섭씨 −273도에서 이런 일이 일어나며, 그래서 온도에 대해 말할 때 −273도를 '절대영도'라고 부른다. 순수한 숫자는 더 아래로 내려갈 수 있지만, 물리적인 것들은 그렇지 않다. 동전이나 스노모빌이나 산은 전혀 진동하지 않는 것보다 진동이 더 줄어들 수 없다.

빛도 마찬가지이다. 뢰머가 목성에서 지구까지 오는 빛의 속도를 측정해서 얻은 1,080,000,000km/h라는 숫자는 빛의 성질에 대한 진술이다. 이것은 물리적인 '것'이다. 빛은 언제나 전기와 자기가 서로를 타넘으면서 빠르게 전진하며, 따라잡으려는 어떤 것보다 앞서 나간다. 이것이 빛의 속도가 모든 속도의 상한이 되는 이유이다.

* * *

이것은 아주 흥미로운 관찰이지만, 냉소적인 사람은 궁극적인 속도 제한이 있으면 어떻게 되는지 물을 것이다. 우주에 있는 모든 물체들은 여기에 어떤 영향을 받는가? 물론 교통량이 많은 도로에 다음과 같은 표지판을 세울 수 있다. '경고: 1,080,000,000km/h가 넘는 속도에는 도달할 수 없음'. 하지만 휙휙 지나가버리는 물체들은 아무런 영향을 받지 않는다.

아니면 영향을 줄 수 있을까? 이것이 바로 아인슈타인의 모든 논의의 핵심이다. 빛의 이상한 성질(빛은 본질적으로 나에게서 멀어지며, 궁극의 속도 제한이다)이 여기서 에너지와 질량의 본질에 개입한다. 아인슈타인이 직접 사용했던 예를 조금 바꿔서 살펴보면 어느 정도 이해할 수 있다.

강력한 우주선이 거의 빛에 가까운 속도로 나아가고 있다고 하자. 우주선이 천천히 나아갈 때는, 엔진에 공급하는 연료가 늘어남에 따라 속도가 올라갈 것이다. 그러나 우주선이 거의 빛의 속도로 나아가고 있으면 사정이 달라진다. 우주선은 더 빨리 달릴 수 없다.

조종사는 이것을 받아들이려고 하지 않고, 더 빨리 가려고 신경질적으로 가속 페달을 조작한다. 그러나 조종사는 빛이 여전히 똑같은 속도 c로 자기 앞을 지나가는 것을 볼 것이다. 어떤 관찰자에게나 빛은 그렇게 보인다. 조종사가 아무리 노력해도 우주선은 빛을 따라잡지 못한다. 그러면 어떤 일이 일어나는가?

장난꾸러기 아이가 공중전화 박스의 유리창에 얼굴을 세게 밀착하고 있는 모습을 생각하자. 광고용 풍선에 공기 펌프로 바람을 넣고 있는데, 펌프를 멈출 수 없는 상황을 생각하자. 풍선은 점점 부풀어 올라서 의도했던 것보다 훨씬 더 커질 것이다. 우주선에도 비슷한 일이 일어난다. 엔진이 아무리 에너지를 뿜어대도 우주선은 더 빨라지지 않는다. 빛보다 빠르게 달릴 수 있는 것은 없기 때문이다. 그렇다고 에너지가 그냥 사라지지는 않는다.

뿜어진 에너지는 질량으로 바뀐다. 바깥에서 봤을 때, 우주선의 질량이 점점 커지기 시작한다.[11] 처음에는 조금 커지지만, 에너지를 계속해서 뿜으면 질량이 계속 늘어난다. 우주선은 계속 부풀어 오른다.

터무니없는 일 같지만, 실제로 이렇게 된다는 증거가 있다. 작은 양성자를 가속시킨다고 하자. 양성자는 정지해 있을 때 1 '단위'의 질량을 가진다. 처음에 양성자는 생각했던 대로 점점 빨라진다. 하지만 양성자가 빛에 가까울 정도로 빨라지면, 양성자가 실제로 변하는 것이 관찰된다. 시카고 근교나 제네바 근처의 CERN(유럽원자핵연구소, European center for nuclear research)에 있는 입자 가속기 또는 물리학자들의 연구소에서 이런 일이 매일 일어난다. 에너지가 투입됨에 따라 양성자는 먼저 질량이 처음의 두 배가 될 때까지 부풀어 오르고, 그다음에는 세 배, 이렇게 계속 부풀어 오른다. 속도가 c의 99.9998퍼센트에 이르렀을 때 양성자는 원래보다 500배 더 무거워진다. (이런 실험은 근처의 발전소에서 엄청난 전력을 끌어와야 하기 때문에 대개 심야에 실시한다. 그렇지 않으면 근처 주민들이 조명이 어두워진다고 불평하게 된다.)

무슨 일이 일어났나 하면, 양성자나 상상의 우주선에 가해진 에너지가 질량으로 변한 것이다.[12] 방정식이 말하는 대로 E는 m으로 변할 수 있고 m은 E로 변할 수 있다.

이것이 방정식에 나오는 c에 대한 설명이다. 이 예에서, 빛의 속도에 가까이 다가갈 때 에너지와 질량의 연결이 더 확실해진다. 숫자 c는 이 연결이 어떻게 작동하는지 알려주는 변환 인자일 뿐이다.

별개로 발전한 두 체계를 연결할 때는, 약간의 변환 인자가 필요하다. 화씨를 섭씨로 바꿀 때는 화씨에서 32를 뺀 다음에 5/9를 곱해야 한다. 인치를 센티미터로 바꾸려면 인치에 2.54를 곱해야 한다.

변환 인자는 임의적으로 보이지만, 그것은 측정 체계가 별도로 발전했기 때문이다. 예를 들어 인치는 중세 영국에서 시작되었고, 사람의 엄지손가락을 기준으로 삼는다. 엄지손가락은 뛰어난 휴대용 측정 도구여서, 가장 가난한 사람도 시장에 갔을 때 측정에 사용할 수 있다. 몇백 년 뒤에 프랑스 혁명 때 나온 센티미터는 북극에서 파리를 통과해서 적도까지 가는 자오선의 10억등분으로 정의된다. 이 두 체계가 매끈하게 연결되지 않는 것은 당연하다.

에너지와 질량도 수백 년 동안 완전히 분리된 것으로 여겨졌다. 이 것들은 서로 접촉 없이 별개로 발전했다. 에너지는 마력이나 킬로와트시로 나타내고, 질량은 파운드나 킬로그램으로 나타낸다. 아무도 이 단위들을 연결할 생각을 하지 않았다. 아무도 아인슈타인이 본 것을 보지 못했다. 앞에 나온 우주선의 예에서 보았듯이 에너지와 질량이 자연적으로 변환된다는 것, 또 c가 이 둘을 연결하는 변환 인자임을 알아보지 못했다.

독자들은 우리가 언제 상대성에 대해 알아볼지 궁금할 것이다. 사실 우리는 이미 이것을 살펴보았다! 가속하는 우주선과 늘어나는 질량이 바로 아인슈타인이 1905년에 발표한 논문의 핵심이다.

아인슈타인의 연구는 19세기의 산물인 보존 법칙에서 나온 두 가지 통찰을 바꿔놓았다. 에너지는 보존되지 않으며, 질량도 보존되지 않는다. 그렇다고 모든 것이 엉망이 되지는 않는다. 실제로 여기에는 심오한 통일성이 있어서, 완전히 동떨어진 것으로 보였던 에너지 영역과 질량의 영역이 연결되어 있다는 것이다. 질량이 늘어나면 어디에선가 그만큼의 에너지가 사라진다.

라부아지에와 패러데이는 진리의 일부만을 보았다. 에너지는 홀로 있지 않으며, 질량도 마찬가지이다. 그러나 질량과 에너지의 합은 언제나 일정하다.

이것은 18세기와 19세기의 과학자들이 한때 완전하다고 보았던 별개의 두 보존 법칙을 확장한 것이다. 이 효과가 숨어 있으면서 의심받지 않은 이유는, 아인슈타인 이전 시대까지 사람들이 평소에 경험하는 속도가 빛에 비해 훨씬 느렸기 때문이다. 사람이 걸어가는 정도의 속도에서 이 효과는 거의 나타나지 않고 기관차나 제트기 정도의 속도에서도 마찬가지이지만, 여전히 거기에 있기는 하다. 앞으로 살펴볼 것처럼, 우리의 평범한 세계에도 이 연결은 한결같이 적용된다. 가장 평범한 물질 속에도 막대한 에너지가 숨어 있다.

빛의 속도를 통해 에너지와 질량을 연결한 것은 엄청난 통찰이지만, 명확하게 해야 할 것이 하나 더 있다. 어느 유명한 만화에서는 아인슈타인이 칠판 앞에서 여러 가지 가능성을 시도하는 장면을 보여준다. $E=mc^1$, $E=mc^2$, $E=mc^3$…… . 물론 그는 이런 방식으로 우연히 c의 제곱을 선택하지 않았다.

그러면 왜 변환 인자가 c^2으로 밝혀졌는가?

제곱 2

'제곱'을 해서 숫자를 키우는 일은 옛날부터 있었다. 정원에 바닥판이 가로로 네 개, 세로로 네 개가 깔려 있으면, 그 안에 있는 바닥판은 8개가 아니라 16개이다.

제곱(같은 숫자를 한 번 더 곱하는 것)을 표시하는 기호는 서구의 인쇄술에서 등호와 비슷한 정도의 변천을 겪었다. 그런데 왜 이 기호가 물리 방정식에 나오는가? 움직이는 입자의 에너지를 표현하는 여러 가지 가능성 중에서 '제곱'이 방정식에 나오게 된 이야기는 다시 프랑스(18세기 초)로 돌아가며, 뢰머와 라부아지에의 중간쯤 세대로 간다.

1726년 2월에, 31세의 극작가 프랑수아 마리 아루에는 자기가 프랑스 상류 사회에 성공적으로 진입했다고 생각했다. 시골에서 자란 그는 왕의 하사금을 받았고, 귀족 가문이 그를 받아들였다. 어느 날 저녁 그는 귀족인 뒤크 드 쉴리의 저택에서 식사를 하고 있었다. 식사 중에 하인이 들어와서, 밖에 어떤 신사가 아루에를 찾아왔다고 전했다.

그는 밖으로 나갔고, 귀족 드 로앙의 마차를 보았다. 그는 불쾌한 인간이지만 대단한 부자였다. 최근에 코메디 프랑세즈에서 상연한 연극을 보러 온 드 로앙을 아루에가 사람들 앞에서 모욕한 일이 있었다. 드 로앙의 경호원들이 아루에를 때리기 시작했고, 드 로앙은 마차 안에서 (본인의 표현에 따르면) '일꾼들을 감독하면서' 이 광경을 즐겁게 바라보았다. 아루에는 겨우 몸을 피해 쉴리의 저택으로 들어왔다. 그러나 드 쉴리와 친구들은 그를 동정하거나 부당한 처사에 분개하기는커녕 재미있다고 웃어대기만 했다. 자기가 상류 사회에 안착했다는 생각은 이 어리석은 문장가의 착각이었다. 아루에는 복수를 다짐했고, 드 로앙에게 결투를 신청해서 죽여버리겠다고 작정했다.

이것은 아주 심각한 일이었다. 드 로앙의 가족들은 권력에 기댔고, 경찰이 나섰다. 아루에는 체포되어 바스티유 감옥에 갇혔다.

결국 감옥에서 풀려난 아루에는 영불해협을 건너갔고, 영국을 사랑하게 되었다. (부동산 관리인의 기록에 따르면) 그는 지저분하고 복잡한 도시에서 멀리 떨어져서 목가적인 풍광이 빼어난 원즈워스를 특히 좋아했다. 그는 새로운 사상적 분위기를 접하고 원기를 회복했다. 뉴턴의 연구는 프랑스에서 겪었던 폐쇄적인 귀족정에 반대되는 것이었다.[2]

뉴턴은 우주의 모든 부분들이 어떻게 움직이는지를 정확하게 알려주는 법칙 체계를 창조했다.[3] 행성들은 뉴턴의 법칙에 따라 돌고 있고, 공중으로 쏜 포탄은 뉴턴이 계산한 궤도에 따라 정확한 위치에 떨어진다.

이것은 진정으로 우리가 거대한 태엽 시계 속에 살고 있는 것과 같고, 뉴턴이 찾아낸 법칙들은 이 시계를 돌아가게 하는 톱니바퀴일 뿐이다. 아루에는 이렇게 생각했다. 지구 너머에 있는 거대한 우주의 운행을 합리적으로 설명할 수 있다면, 지구에서 일어나는 일에 대해서도 똑같이 할 수 있지 않을까? 프랑스에서는 복종을 요구하는 왕이 있어서, 자기가 신의 대리인이라고 주장한다. 귀족들은 왕에게서 권위를 얻으며, 여기에 의문을 가지면 신성모독이 된다. 그러나 뉴턴이 과학에 사용한 분석 방법을 정치 세계에 그대로 적용해서 돈이나 허영이나 다른 숨겨진 힘의 역할을 밝혀낼 수 있으면 어떨까?

아루에는 3년 뒤에 파리로 돌아갔고, 사적인 서신과 공식적으로 출판하는 에세이를 통해 새로운 사상을 전파하기 시작했다. 진정한 힘에 대한 명확하고 정연한 분석의 세계에서는 드 쉴리의 저택에서 당한 굴욕은 없을 것이다. 아루에는 평생에 걸쳐 뉴턴의 새로운 통찰을 지지하게 된다. 그는 진정으로 훌륭한 지지자였다. 아루에는 그의 본명이고, 필명이 더 널리 알려졌는데, 그 이름은 볼테르였다.

그러나 탁월한 문장가가 특정한 사상을 전파하려고 해도, 온 나라를 혼자 힘으로 움직일 수는 없었다. 볼테르에게는 자기의 재능을 몇 배로 키워줄 근거지가 필요했다. 왕립 과학학술원은 너무 뒤처져 보였고, 낡고 방어적인 생각에 사로잡혀 있었다. 파리의 살롱도 마찬가지였다. 대개 여주인들은 전속 시인을 한둘쯤 거느릴 정도로 부유했지만(볼테르는 이렇게 말했다. "스스로 매춘부 클럽에 가입하지 않는 사람은⋯⋯ 뭉개져 버린다."), 진정한 사상가를 위한 자리는 없었다. 그에게는 도움이 필요했고, 그는 그것을 찾아냈다.

＊　＊　＊

그는 사실 의식하지 못한 채 그녀를 만난 적이 있다. 그녀가 아직 아이였던 15년 전에 그녀의 아버지를 방문했던 것이다. 에밀리 드 브르퇴유의 가족은 파리의 튈르리 정원이 내려다보이는, 방이 30개나 되는 저택에서 17명의 하인을 거느리고 살았다. 언니와 오빠들은 평범했지만 에밀리는 달랐다. 아버지는 이렇게 썼다. "막내딸은 총기가 넘쳐서 구혼자들을 놀라게 한다.⋯⋯ 우리는 이 아이를 어떻게 해야 할지 모르겠다."[4]

16세가 되던 해에 베르사유 궁전에 들어갔으나, 여기에서도 그녀는 여전히 돋보였다. 멘사 회원이고 한때 액션 스타였던 여배우 지나 데이비스가 18세기에 있다고 생각해보라. 검은 머리채를 길게 늘어뜨린 에밀리의 모습은 놀랍도록 순진했다. 사교계에 갓 나온 상류 사회 아가씨들은 미모를 이용해서 남편감을 구하는 데 몰두하지만, 에밀리는 데카르트의 해석기하학을 읽으면서 잠재적인 구혼자들을 멀리했다.

그녀는 어릴 때 나무에 즐겨 오르는 말괄량이였고, 보통 아이들보다 키가 컸다. 게다가 자세가 어색해질 것을 염려한 부모가 여러 해동안 펜싱 교습을 받게 했다. 그녀는 왕의 근위대장 격인 자크 드 브룅에게 대중 앞에서의 시범 결투를 신청했다. 커다란 연무관의 질 좋은 나무 마루 위에서 벌어진 결투에서 날렵하면서도 강하게 찌르고 막는 그녀의 모습을 지켜본 잠재적인 구혼자들은 그녀를 건드리지 않는 게 좋겠다고 생각했다.

그녀는 너무나 영특했던 탓에 베르사유에서도 고립되었고, 데카르트 등의 저작에서 놀라운 통찰을 접할 때 느끼는 희열을 함께할 사람이 없었다. 수학에 푹 빠져 있었던 것이 도움이 되기도 해서, 그녀는 블랙잭을 할 때 카드를 쉽게 기억했다.[5]

19세가 된 에밀리는 구혼자들 중에 가장 덜 싫은 남자를 골라서 결혼했다. 그는 뒤 샤틀레라는 이름의 부유한 군인이었는데, 멀리 원정을 떠나 있는 날이 많았다. 당시의 관습대로 그녀의 남편은 집을 비우는 동안 그녀가 연애하는 것을 묵인했다. 그녀는 여러 명의 애인을 두었고, 가장 가까운 사람은 한때 근위대 장교였던 피에르 루이 모페르튀였다. 그는 근위대를 그만두고, 최고의 물리학자가 되는 길을 가고 있었다. 두 사람은 미분적분학을 비롯해서 깊이 있는 저작들을 함께 연구하면서 연애를 시작했지만, 나중에 모페르튀가 북극 탐험을 떠나게 되었다. 1730년대의 프랑스에서는 20대의 젊은 여인이(아무리 영특하고 강건해도) 탐험에 함께 가는 것이 용인되지 않았다.

에밀리는 마음 둘 곳이 없었다. 이제 누구와 따뜻한 정을 나눌까?

모페르튀가 탐험에 가져갈 물품들을 준비하는 동안 가끔씩 만나기는 했지만, 이제 프랑스에서 누가 모페르튀의 자리를 채울 것인가? 이 때 볼테르가 등장했다.

볼테르는 나중에 이렇게 회상했다. "나는 툭하면 입씨름이나 해대는 파리의 게으른 생활에 지쳐 있었다.…… 왕과 파벌들의 특권, 지식인들 사이의 암투…… 1733년에 나는 나와 거의 비슷한 생각을 하는 젊은 여자를 만났다."[6]

그녀는 오페라에서 볼테르를 만났다. 한동안 그녀는 모페르튀와 볼테르 사이에 양다리를 걸쳤지만 아무 문제도 없었다. 볼테르는 과학을 위해 머나먼 북극으로 탐험을 떠나는 모페르튀가 당대의 아르고호 선원이라고 칭찬하는 시를 지었다. 그런 다음에 그는 에밀리에게 낭만적인 시를 써서 그녀가 별과 같다고 하면서, 적어도 자기는 북극 탐험과 그녀를 맞바꿀 정도로 불성실하지 않다고 했다. 모페르튀에게는 공정한 일이 아니었지만 에밀리는 신경 쓰지 않았다. 어쨌든, 사랑에 빠진 볼테르가 무슨 짓이든 마다했겠는가?

결국 그녀도 사랑에 빠졌는데, 이번에는 잠시 스쳐 지나가는 바람이 아니었다. 그녀와 볼테르는 깊은 관심사를 공유했다. 정치 개혁, 빠른 대화의 즐거움("그녀는 매우 빠르게 말했다." 그녀의 초기 연인 중 한 사람이 이렇게 말했다. "……그녀의 말은 천사와

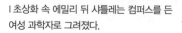
ㅣ초상화 속 에밀리 뒤 샤틀레는 컴퍼스를 든 여성 과학자로 그려졌다.

같았다."), 무엇보다도 그들은 과학을 최대한으로 발전 시키려는 욕구를 공유했다. 그녀의 남편은 프랑스 북부의 시레이에 성을 가지고 있었다. 콜럼버스가 아메리카로 가기 전부터 가족의 소유였던 이 성 은 오래도록 방치되어 폐허가 되어 있었다. 이곳 을 진정한 과학 연구의 기지로 사용하지 않을 이유 는 없었다. 그들은 일을 시작했고, 볼테르는 친 구에게 보낸 편지에 이렇게 썼다.

| 작가이자 사상가로 유명한 볼테르는 뒤 샤틀레의 연인이자 학문적인 동반자였다.

마담 샤틀레는 굴뚝을 계단으로 바꾸고 계단을 굴뚝으로 바꿨다. 일꾼들 에게 내가 서재를 만들라고 한 곳에 그녀는 살롱을 만들라고 지시했다. 내 가 느릅나무를 심으려고 한 곳에 그녀는 보리수를 심었고, 내가 약초와 채 소를 심으려 한 곳에 그녀는 꽃밭을 꾸몄다. [7]

공사는 2년 만에 끝났다. 파리 과학학술원에 버금가는 도서관이 있 었고, 런던에서 들여온 최신 실험 장비도 있었다. 객실과 세미나실 도 있어서 얼마 지나지 않아서 유럽 최고의 연구자들이 방문했다. 뒤 샤틀레는 자신만의 전문적인 실험실을 가지고 있었고, 독서하는 방 의 벽은 장 앙투안 바토의 진품 그림들로 장식되어 있었다. 볼테르 를 위한 사적인 구역이 있었고, 두 사람의 침실을 연결하는 통로가 있었다. (한번은 볼테르가 불시에 뒤 샤틀레에게 갔더니, 그녀는 다른 애인과 함 께 있었다. [8] 그녀는 그날따라 몸이 좋지 않은 볼테르의 휴식을 방해하고 싶지 않았을 뿐이라고 변명했다.)

베르사유에서 가끔 와서 궁정의 소식을 전해주던 방문객 한 사람은 최신 과학 장비가 쌓여 있는 거대한 홀에서 아름다운 여인이 촛불 열 두 개를 밝힌 책상에 앉아서 밤늦도록 계산과 번역에 몰두하는 모습을 보았다.' 볼테르는 가끔씩 와서 궁정에 대한 잡담을 했을 뿐만 아니라(물론 볼테르였기 때문에 완전히 거부하지는 못했다) 뉴턴의 라틴어 문장과 최근의 네덜란드어 주석을 비교했다.

그녀는 미래에 발견될 것을 먼저 시도하기도 했다. 그녀는 나중에 라부아지에가 녹을 관찰한 것과 비슷한 실험도 수행했다. 그녀가 의뢰해서 제작된 저울이 조금만 더 정밀했다면, 그녀는 라부아지에가 태어나기도 전에 질량 보존 법칙을 발견했을 것이다.

시레이 팀은 새로운 스타일의 연구자들과 연락을 유지하면서 지원했고, 그들에게 필요한 모든 증거, 도해, 계산을 제공했다. 쾨니히와 베르누이 같은 과학자들은 한 번 오면 몇 주에서 몇 달씩 머물기도 했다. 볼테르는 명쾌한 뉴턴 과학이 자신들의 노력으로 뿌리를 내리는 것을 기뻐했다. 그러나 볼테르가 뒤 샤틀레와 서로 비난하거나 논쟁할 때 이 세계적인 대사상가가 적당한 선에서 젊은 애인에게 져주었다고 생각하면 오산이다. 물리적인 세계에 대한 진정한 탐구자였던 뒤 샤틀레는 당시에 밝혀야 할 핵심적인 질문이 한 가지 있다고 판단했다. 그것은 다음과 같았다. 에너지란 무엇인가?

그녀는 대부분의 사람들이 에너지는 이미 충분히 이해되었다고 느낀다는 것을 알고 있었다.[10] 볼테르는 자기 방식으로 뉴턴을 대중화한 이론을 내놓았다. 여기에 따르면, 물체들의 접촉을 분석하기 위해서는 물체의 질량 곱하기 속도, 즉 mv^1을 살펴보아야 한다. 3킬로그램의 공이 10km/h의 속도로 날아간다면, 이 공은 30단위의 에너지를 가진다.

그러나 뒤 샤틀레는 뉴턴과 경쟁하는 또 하나의 유명한 관점이 있다는 것을 알고 있었다. 이것은 독일의 외교관이자 자연철학자인 고트프리트 라이프니츠의 관점으로, 그는 mv^2이 더 중요한 인자라고 보았다. 3킬로그램의 공이 10km/h로 간다면, 이것은 3 곱하기 10^2, 즉 300단위의 에너지를 가진다.

어떤 관점이 옳은가? 어쩌면 이것은 단순히 정의를 둘러싼 다툼일 수도 있지만, 배후에는 더 깊은 것이 있었다. 오늘날의 과학은 종교와 분리되어 있지만, 17세기와 18세기에는 그렇지 않았다.

뉴턴은 mv^1을 강조하면 신의 존재가 증명된다고 보았다. 똑같은 수레 두 대가 정면충돌하면, 엄청나게 큰 소리가 나면서 충돌한 부분에서 가루가 떨어져 나올 수 있지만, 그다음에는 고요해질 것이다. 둘이 충돌하기 직전에 우주에는 mv^1이 아주 많았다. 속도를 낸 두 수레는 각각 짐을 싣고 있다. 예를 들어 한 수레는 전속력으로 동쪽을 향하고 있고, 또 한 수레는 전속력으로 서쪽을 향하고 있다. 하지만 두 수레가 부딪힌 다음에는 한 덩어리가 되어 멈춰 서고, 원래의 분리된 두 수레의 v^1은 사라진다. '동쪽으로 가는 것'과 '서쪽으로 가는 것'이 정확히 상쇄된다.

뉴턴의 관점에서 보면, 이것은 충돌하기 전에 두 수레가 가지고 있던 모든 에너지가 사라진다는 뜻이다. 우주에 어떤 구멍이 생겨서 에너지가 빠져나가는 것이다. 이런 충돌은 언제나 일어나기 때문에, 우리가 톱니바퀴 시계 속에 살고 있다면 그러한 시계는 자주 태엽을 감아줘야 한다. 그러나 주위를 돌아보라. 세월이 지나면서 물체들의 움직임이 점점 줄어드는 일은 없다. 이것이 바로 증거이다. 뉴턴의 관점에서 보면, 우주가 계속 유지된다는 사실 자체가 신이 손을 뻗어 우리를 돌봐준다는 표시이다. 신이 모든 기동력을 제공하고 있으며, 그렇지 않으면 우리는 삶을 유지할 수 없다.

볼테르가 보기에는 이걸로 충분했다. 뉴턴이 말했고, 볼테르도 뉴턴 쪽에 섰으며, 어쨌든 이렇게 장대한 전망은(게다가 이것은 머리가 어지러운 기하학과 미분적분학으로 뒷받침되고 있다) 그냥 고개를 끄덕이면서 받아들여야 마땅하다. 그러나 뒤 샤틀레는 자신의 방에서 오랜 시간을 바토의 그림과 함께 보냈고, 촛불을 밝힌 책상에 앉아 라이프니츠의 이론을 직접 연구했다.

라이프니츠는 뉴턴의 여러 가지 기하학 논증이 너무 추상적이라는 점과 함께, 뉴턴의 접근이 세계에 틈을 남긴다는 점을 집중적으로 공격했다.[11] 그는 외교관 특유의 빈정대는 어조로 이렇게 썼다. "(뉴턴의) 관점에 따르면, 전능한 신은 때때로 자신의 시계에 태엽을 감기를 원한다. 그렇지 않으면 이 시계는 멈출 것이다. 신은 영구 운동을 가능하게 할 만큼 미래를 내다볼 능력이 없었던 것 같다."[12]

에너지를 mv^2으로 하면 이런 문제가 없어진다. 예를 들어 서쪽으

| 저술하는 볼테르와 그의 뮤즈 뒤 샤틀레. 볼테르가 뉴턴의 철학에 대해 쓴 책에 삽입된 도판
으로, 뮤즈로 표현된 왼쪽 위의 뒤 샤틀레가 뉴턴에게서 비치는 영감의 빛을 거울로 반사해 볼
테르에게 비추고 있다.

로 가고 있는 수레의 mv^2이 100단위라고 하고, 동쪽으로 가는 또 다른 수레도 100단위의 에너지를 가진다고 하자. 뉴턴의 관점에서는 두 수레가 충돌하면 에너지가 상쇄되지만, 라이프니츠의 관점에서는 둘이 합해진다. 두 수레가 부딪혀도 수레의 모든 에너지는 그대로 남아서 수레를 진동시키고, 바퀴를 뜨겁게 달구며, 시끄러운 소리를 낸다.

라이프니츠의 관점에서는 아무것도 사라지지 않는다. 세계는 그 자체로 돌아간다. 인과성과 에너지가 빠져나가는 구멍은 없고, 따라서 신이 다시 채워줄 필요도 없다. 우리는 홀로 남겨져 있다. 신은 태초에 필요했겠지만, 그다음부터는 아니다.

뒤 샤틀레는 이 분석에 매력을 느꼈지만, 라이프니츠가 제안한 뒤로 왜 몇십 년 동안 빛을 보지 못했는지도 깨달았다. 이 관점은 아주 모호했고, 라이프니츠의 개인적인 성향과 잘 어울리지만 객관적으로 충분히 증명되지는 않았다. 또한 볼테르가 자신의 소설 《캉디드》에서 득의만만하게 지적했듯이, 여기에는 이상한 수동적인 관점이 있었다. 이 관점에 따르면 우리의 상황은 어떤 근본적인 개선도 불가능하다는 것이다.

뒤 샤틀레는 폭발하듯이 빠른 대화로 유명했지만, 베르사유에서는 바보들에게 둘러싸여 있어서 그랬고, 시레이에서는 볼테르의 말에 끼어들 수 있는 방법이 그것뿐이었기 때문이다. 자기의 연구에 대해 말할 때 그녀는 훨씬 더 또박또박 조리 있게 말했다. 라이프니츠의 최초의 논증을 검토하고, 그에 대한 표준적인 비판을 살펴보고 나서, 그녀(그리고 그녀가 조력자로 선택한 여러 전문가들)는 이것을 그대로 두지 않고 더 넓게 검토하면서, 자신의 선택을 도와줄 구체적인 증거를 찾아보았다.[13] 볼테르가 보기에 그녀는 명백히 시간을 '낭비'하고 있었지만, 뒤 샤틀레에게는 이것이 인생의 정점이었다. 그녀가 시레이에 설치한 연구 장비들은 마침내 모든 능력을 발휘했다.

그녀와 동료들은 네덜란드의 빌렘 스흐라베산더가 최근에 수행한 실험에서 결정적인 증거를 찾아냈다. 그는 무거운 추를 무른 진흙에 떨어뜨리는 실험을 했다. 단순한 $E=mv^1$이 옳다면, 추를 두 배로 빠르게 떨어뜨리면 진흙이 두 배 더 깊이 파여야 한다. 그러나 스흐라베산더의 결과는 그렇지 않았다. 작은 놋쇠 공을 두 배 더 빠르게 떨어뜨리면, 진흙은 네 배 더 깊이 파였다. 추를 세 배 빠르게 떨어뜨리면, 진흙이 아홉 배 더 깊이 파였다.[14]

이것은 $E=mv^2$일 때의 예측과 일치한다. 2의 제곱은 4이다. 3의 제곱은 9이다. 이 방정식은 이상하게도 자연의 어떤 근본적인 얼개를 보여주는 듯하다.

스흐라베산더는 확실한 결과를 얻었지만 이것을 좋은 이론으로 다듬을 능력이 없었다. 라이프니츠는 최고의 이론가였지만 세밀한 실험적 발견이 부족했다. 그가 mv^2을 내세운 것은 얼마간 추측에 의한 것이었다. 뒤 샤틀레의 연구가 이 틈을 메워주었다. 그녀는 라이프니츠의 이론을 심화했고, 여기에 네덜란드의 결과를 끼워 넣었다. 이렇게 해서 마침내 mv^2이 더 효과적인 에너지의 정의라고 주장할 수 있

| 뒤 샤틀레와 볼테르가 주거공간이자 연구실로 삼았던 시레이 성 전경. 당시 프랑스 과학 아카데미에 견줄만한 장서와 실험 장비들을 갖춘 과학의 산실이었다.

는 확고한 바탕이 마련되었다.

그녀의 발표는 엄청난 반향을 일으켰다. 뒤 샤틀레의 글은 언제나 명료했고, 시레이가 어느 편으로도 치우치지 않는 독립적인 연구 센터로 인정받고 있었다는 점이 도움이 되었다. 당시에 영어권의 과학자들은 자동으로 뉴턴 편을 들고, 독일어권의 과학자들은 라이프니츠를 편드는 경향이 있었다. 프랑스는 언제나 중간에 서서 결정권을 행사했고, 뒤 샤틀레의 목소리는 마침내 논쟁이 기우는 데 핵심 역할을 했다.

그녀는 연구 결과를 출판한 뒤에 잠시 멈췄다. 그녀는 집안의 재정을 돌보고, 다음에 연구할 주제를 탐색했다.

그녀는 볼테르와 함께 여행을 했고, 베르사유 궁전의 새로운 인물들이 그녀가 유럽에서 현대 물리학의 주도적인 해석자라는 사실이나 여가 시간에 아리스토텔레스와 베르길리우스를 번역했다는 사실을 전혀 모르는 것을 보고 재미있어 했다. 때때로 그녀가 도박판에서 확률을 폭발적으로 계산해내면, 주위에서 그녀가 그런 대단한 인물이라고 수군대기도 했다.

시간이 지나, 그들은 시레이로 돌아왔다. (그녀의 글에 따르면 '우리의 즐거운 은신처에')[15] 보리수가 자랐고, 그녀는 볼테르에게 채소밭을 가꾸도록 허락했다. 그런 다음에, 한 친구에게 서둘러 편지를 보냈다.

1749년 4월 3일
시레이 성
당신이 생각한 대로 나는 임신했어요.
건강은 둘째 치고 살아남을 수 있을지조차 모르니 너무나 두려워요.
나이 마흔에 출산을 하다니.[16]

이것은 그녀가 어찌할 수 없는 일이었다. 그녀는 결혼하고 나서 바로 아이들을 낳았지만, 그때는 20살이나 어렸고, 그때조차도 위험했다. 훨씬 더 나이가 든 지금은 살아남을 수 있을 것 같지 않았다. 당시의 의사들은 손과 의료 도구들을 잘 씻어야 한다는 것을 몰랐다. 감염을 막을 항생제도 없었고, 자궁 출혈을 통제할 옥시토신 같은 것도 없었다. 그녀는 당시의 의사들의 무능함에 분노하지 않았고, 준비되기 전에 떠나는 것이 슬프다고 볼테르에게 말했을 뿐이다. 그녀에게 남은 시간은 짧았다. 출산 예정은 9월이었고, 그녀는 매일 긴 시간 동안 연구했다. 속도를 내어 작업에 열중했고, 책상 옆의 촛불은 가끔씩 동틀 녘까지 밝혀져 있었다.

1749년 9월 1일에 그녀는 왕립도서관장에게 편지를 보내서, 뉴턴에 대한 주석의 완결된 원고를 함께 보낸다고 적었다. 사흘 뒤에 출산이 시작되었다. 그녀는 살아남았지만, 감염 때문에 일주일을 못 넘기고 죽고 말았다.

볼테르는 넋을 잃었다. "나의 반쪽을 잃어버렸다. 그녀의 영혼은 내 영혼의 존재 의미였다."[17]

에너지가 mv^2에 비례한다는 생각은 곧 물리학자들에게 당연하게 받아들여졌다. 볼테르의 수사학적 재주는 연인의 유산에도 스며들어서, 이 유산에 더 강력한 힘을 불어넣었다. 다음 세기에 패러데이를 비롯한 연구자들이 에너지 보존 법칙을 확립할 때 mv^2(이 양은 다른 형태로 변환될 수 있지만 결코 사라지지 않는다)을 사용했다. 에너지 보존 법칙의 성립에서 뒤 샤틀레의 분석과 저작은 꼭 필요한 단계였지만, 그녀의 역할은 얼마 지나지 않아서 잊혀졌다. 새로운 세대의 과학자들은 대개 과거를 잘 무시하기 때문이기도 하고, 여성이 그런 대규모 연구를 지휘해서 학문에 큰 영향을 남겼다는 사실을 사람들이 외면하고 싶었기 때문이기도 하다.

하지만 큰 질문은 '왜'이다. 왜 정밀하게 측정한 속도의 제곱이 자연에서 일어나는 일을 잘 설명하는가?

한 가지 이유는 세계의 기하학적 구조 자체에서 제곱수가 자주 나온다는 것이다. 등불에 두 배 더 가까이 가면, 종이에 닿는 빛은 단순히 두 배 강해지는 것이 아니다. 마치 스흐라베산더의 실험처럼, 빛의 세기는 네 배로 늘어난다.

등불에서 멀리 있으면, 불빛이 넓은 영역에 퍼진다. 가까이 다가가면, 같은 양의 빛이 훨씬 더 좁은 영역에 비친다.

흥미로운 점은, 일정하게 축적되는 것들은 대개 제곱에 따라 증가한다는 것이다. 도로에서 30km/h로 달리다가 120km/h로 달리면, 속도가 네 배로 늘어난다. 그러나 이때 브레이크를 잡으면 단순히 네 배 멀리 가서 멈추지 않는다. 축적되는 에너지는 4의 제곱인 16배가 된다. 정지할 때 도로에 생기는 타이어 자국은 16배 길어진다.

이 타이어 자국이 어떤 종류의 에너지 측정기에 연결되어 있다고 상상하자. 다른 자동차보다 네 배 빠른 자동차는 16배의 에너지를 내게 된다.[18] 에너지를 mv^1로 하면 이 모든 것을 놓치게 된다. mv^2을 사용해야 이러한 중요한 면이 드러난다.[19]

시간이 지나면서 물리학자들은 물체의 질량 곱하기 속도의 제곱(mv^2)을 에너지의 지표로 사용하기 시작했다. 공이나 바위의 속도가 100km/h이면, 에너지는 질량 곱하기 100의 제곱에 비례한다는 것이다. 속도를 계속 높여서 빛과 같은 속도인 1,080,000,000km/h가 되면 이 물체는 최대의 에너지를 가질 것이고, 이때의 에너지 값은 mc^2이 된다. 물론 이것은 증명이 아니지만 자연스럽게 잘 맞다. 그래서 아인슈타인의 세밀한 계산에서 갑자기 mc^2이 나오고 여기에서 에너지와 질량이라는 이질적인 두 양이 c를 통해 연결된다는 결론이 나와도 어느 정도 이해가 된다.

이 연결에는 c^2이 결정적인 역할을 한다. 우주가 다르게 창조되어 c^2의 값이 작았으면, 작은 질량이 변환되어 생기는 에너지는 그리 크지 않을 것이다. 그러나 우리의 우주에서 c^2은 엄청나게 큰 수이다. km/h의 단위로 보면 c는 1,080,000,000이고, c^2은 1,166,400,000,000,000,000이다. 방정식의 등호는 터널이나 다리와 같은 역할을 한다. 아주 작은 질량이 방정식을 건너서 반대편의 에너지 쪽으로 가면 엄청난 양의 에너지가 되어서 나온다.

이것은 질량이 단순히 압축된 에너지라는 뜻이다. 에너지는 그 반대이다. 적절한 상황에서 에너지는 질량의 다른 형태로서 굽이쳐 나온다. 작은 나뭇가지가 불에 타면 엄청난 부피의 연기를 내는 것을 생각하자. 불을 한 번도 본 적이 없는 사람이 있다면, 그는 작은 나뭇가지 속에 그렇게 많은 연기가 숨어 있다는 것에 놀랄 것이다. 이 방정식은 적어도 이론적으로는, 어떤 형태의 질량이든 에너지로 바뀔 수 있음을 보여준다. 또한 이 방정식에 따르면 이 과정은 단순한 화학적 연소보다 훨씬 강력하다. 이것은 어마어마한 '팽창'이다. 엄청난 변환 인자 1,166,400,000,000,000,000는 질량이 방정식의 '='을 건너가면 얼마나 크게 확대되는지 알려준다.[20]

3

유년 시절

E=mc²

E=mc²은 변화의 시작이지만, 아인슈타인의 상대성 이론과 수많은 과학자들의 연구의 작은 일부이기도 했다. 그렇다. 물질은 에너지로 바뀔 수 있다. 그러나 현실에서 어떻게 이런 일을 일으킬지에 대해서는 아직 아무도 몰랐다. 그 에너지를 끌어내기 위해, 원자의 구조를 파고들기 위해 수많은 과학자가 분투하기 시작했다.

아인슈타인과 방정식

아인슈타인은 1905년에 E=mc²을 발표했지만, 한동안 이 방정식은 완전히 외면당했다. 이것은 대부분의 과학자들이 하던 연구와 크게 달랐기 때문이다. 패러데이와 라부아지에를 비롯한 여러 사람들의 통찰은 익히 알려져 있었다. 하지만 누구도 이것들을 이런 방식으로 통합하지 않았고, 이런 시도를 할 수 있다고 어렴풋이 생각한 사람조차 거의 없었다.

당시에는 철강, 철도, 염료, 농업과 같은 산업이 세계를 주도하고 있었고, 보통의 연구자들은 이런 주제에 집중했다. 몇몇 대학들은 좀 더 이론적인 연구를 위한 특수한 연구실을 갖추고 있었지만, 대부분의 연구실들은 두 세기 전의 뉴턴이 보아도 별로 놀라지 않을 정도의 주제만을 다루었다. 일반적인 빛, 소리, 탄성에 관한 논문들이 발표되고 있었고, 새롭고 신비로운 전파와 방사능에 관한 신선한 연구도 조금 있었다. 그러나 아인슈타인은 거의 홀로 연구했다.

우리는 아인슈타인이 E는 mc²과 같다는 것을 처음으로 알아낸 시기를 한 달 정도의 범위 안에서 알 수 있다. 그는 1905년 6월 말에 상대성에 대한 최초의 논문을 완성했고, 9월에 인쇄할 때 이 방정식을 추가했다. 따라서 그는 7월이나 8월의 어느 때에 이 방정식을 생각해냈다. 아마 산책을 할 때나, 특허청 일을 끝내고 집에 있을 때일 것이다. 아들 한스 알베르트는 당시 아기였는데 그가 연구할 때 자주 옆에 있었지만 방해가 되지는 않았다. 그를 방문했던 사람은 아인슈타인이 거실에서 한 살짜리 아기의 침대를 흔들며 필요하면 콧노래를 흥얼대거나 노래를 불러주면서 연구 또한 만족스럽게 진행하던 모습을 회상했다.[1]

20대 중반에 접어든 아인슈타인은 알려지지 않은 것에 대한 호기심에 이끌렸다. 그는 신이 우주를 만들 때 의도한 것이 무엇인지 꼭 알고 싶었다.[2]

아인슈타인은 나중에 이렇게 말했다. "우리는 거대한 도서관에 들어선 아이와 같다. 이 도서관의 벽은 천장까지 책으로 가득하고, 이 책들은 여러 가지 언어로 쓰여 있다. 아이는 누군가가 이 책들을 썼다는 것을 알고 있다. 하지만 누가 어떻게 썼는지는 모른다. 아이는 그 책에 쓰여 있는 언어도 이해하지 못한다. 이 아이는 책의 배열에 확고한 계획이 있다는 것을 알아챈다. 이 신비로운 질서를 아이는 이해하지 못하지만 어렴풋이 짐작한다."[3]

어둠 속에서 방정식 $E=mc^2$이 쓰여 있는 신의 책을 뽑아들 기회가 왔을 때, 아인슈타인은 기꺼이 이 책을 뽑아들었다.

질량과 에너지는 하나라는 아인슈타인의 놀라운 결론은 그 무엇도 빛을 따라잡을 수 없다는 관찰에서 나왔다. 이 두 가지는 별로 관련이 없어 보인다. 그러나 앞에서 본 우주선의 예에서, 달리는 물체에 에너지를 집어넣으면 물체의 질량이 늘어난다는 결론이 여기에서 유도된다. 이 결론은 반대 방향으로 갈 수도 있다. 적절한 상황에서 물체는 자체 질량에서 에너지를 만들어서 방출할 수 있어야 한다.

아인슈타인이 방정식을 쓰기 몇 년 전인 1890년대부터 실제로 이런 일이 일어날 수 있다는 징후가 여러 연구자들에 의해 발견되었다. 콩고와 체코슬로바키아에서 캐낸 몇몇 금속 광물에서 이상한 에너지 선이 나온다는 것이 파리와 몬트리올 등의 실험실에서 밝혀졌다. 이 자갈들이 화학적으로 조금씩 변하면서 에너지 선을 내뿜는다면 그렇게 놀랍지 않았을 것이다. 이 과정은 평범한 연소의 일종이라고 생각할 수 있다. 그러나 당시의 최고의 측정으로도 자갈은 아무런 변화를 겪지 않으면서 에너지 선을 내뿜는 것 같았다.

이것을 최초로 연구한 사람들 중에 마리 퀴리가 있었고, 그녀는 1898년에 이 에너지 선에 '방사능'이라는 이름을 붙였다. 그러나 그녀도 처음에는 이 금속들이 질량의 극히 일부를 사용해서 엄청나게 큰 에너지를 낸다는 것을 알지 못했다. 여기에서 나오는 에너지의 양은 도저히 믿을 수 없을 정도이다. 광석 한 줌이 1초에 고속 알파 입자

I 물리학과 화학의 중요한 미결 문제를 위해 개최된 1911년 솔베이 회의에 참석한 퀴리 부인
(앉아서 손으로 머리를 괸 여성)과 아인슈타인(사진 맨 오른쪽에서 두 번째).

수십억 개를 뿌릴 수 있고, 그것을 몇 시간, 몇 주일, 몇 달 동안 계속
뿌려대면서도 중량 손실은 측정이 불가능할 정도이다.

　아인슈타인은 유명해진 뒤에 퀴리 부인을 여러 번 만났지만, 결코
퀴리 부인을 이해하지 못했다. 한번은 퀴리 부인과 도보 여행을 함께
다녀온 뒤에, 퀴리 부인이 차가운 성격에다 끊임없이 불평을 늘어놓
는다고 말했다. 사실 그녀는 열정적인 성격이었고, 유부남인 우아한
프랑스 물리학자와 깊은 사랑에 빠져 있었다.' 도보 여행에서 그녀가
불평을 해댄 것은 어쩌면 암으로 서서히 죽어가고 있었기 때문일 것
이다. 라듐은 거의 이해되지 않은 새로운 금속이었고, 퀴리 부인은
이것을 여러 해 동안 연구하고 있었다.

1890년대부터 퀴리 부인은 파리에서 진흙이 잔뜩 묻은 자갈을 헤집고 다니면서 자신도 모르는 사이에 라듐 분말 극소량을 옷소매와 손에 묻혔는데, 이 가루에서 에너지가 뿜어져 나왔다. 이 에너지는 당시에는 이해되지 않은 방정식에 의해 거의 줄어들지 않으면서 수천 년 동안 뿜어져 나오는 것이다. 이 자갈들은 콩고의 벨기에 광산에 깊이 묻혀 있을 때부터 에너지를 뿜어내고 있었다. 퀴리 부인이 여러 해 동안 실험을 할 때도 에너지는 계속해서 나왔고, 퀴리 부인은 결국 이것 때문에 암에 걸려 죽게 된다. 이 먼지는 그녀가 쓰던 장부와 요리책에 묻어서 70년도 더 지난 오늘날까지도 유독한 방사선을 문서 담당자에게 뿌려댄다.

퀴리 부인이 흩뿌린 먼지는 겨우 10만분의 1그램 정도였지만, 여기에서 나온 방사선이 뼈 속의 DNA를 손상시켜서 치명적인 백혈병을 일으켰다. 수십 년 뒤에도 이 방사선은 아주 조금만 약해진 채 가이거 계수기를 울려서 문서 담당자들을 놀라게 하고 있다.

아인슈타인의 방정식은 질량이 얼마나 막대한 에너지로 변하는지 보여준다. 빛의 속도는 어마어마하게 빠른데, 이 값을 제곱하면 훨씬 더 큰 수가 나온다. 여기에 질량을 곱한 값이 그 질량이 변해서 나오는 에너지의 크기이다.

이 개념이 얼마나 강력한지 놓치기 쉽다. $E=mc^2$은 어떤 종류의 질량이 이 방정식에 적합한지에 대해 아무것도 말해주지 않는다! 적절한 상황이 되면 어떤 물질이든 에너지로 바뀔 수 있다. 우리 주변의 가장 평범한 바위와 식물과 냇물에도 이 엄청난 힘이 들어 있다. 이 책의 종이 한 장은 겨우 몇 그램에 지나지 않으며, 셀룰로오스 섬유와 잉크의 안정된 혼합물이다. 하지만 잉크와 셀룰로오스가 순수한 에너지로 바뀌면 거대한 발전소가 폭발할 때보다 더 큰 에너지가 방출된다. 이 힘을 끌어내기에는 보통의 종이보다 우라늄이 더 쉽지만 (나중에 살펴볼 것이다), 그것은 현재 우리가 가진 기술 수준의 문제일 뿐이다.

전환되는 질량이 크면 클수록 훨씬 더 무시무시한 힘이 풀려나온다. m에 질량 1킬로그램을 집어넣고, c^2의 엄청난 값 1,166,400,000,000,000,000를 곱하면, 이론적으로 100억킬로와트시의 에너지가 나온다. 이것은 거대한 발전소와 비교할 만한 값이다. 작은 원자폭탄(핵심 부분을 두 손으로 감싸쥘 수 있을 정도로 작다) 하나로 도시의 모든 거리와 그 밑에 묻힌 배관과 건물들을 파괴하고, 수만 명의 군인들과 아이들, 교사들과 버스 운전사들의 목숨을 빼앗을 수 있는 이유가 여기에 있다.

우라늄 폭탄이 터질 때는 내부 질량의 1퍼센트도 안 되는 양이 에너지로 바뀐다. 우주 공간에 떠 있는 별에는 훨씬 더 많은 물질이 압축되어 있어서, 아주 조금만 에너지로 바뀌어도 수십억 년 동안 행성을 따뜻하게 유지할 수 있다.

1905년에 아인슈타인이 처음으로 이 방정식이 들어간 논문을 썼을 때, 그는 고립된 채 연구했기에 참고 문헌을 하나도 넣지 않았다. 과학계에서는 거의 들어본 적 없는 일이었다. 그는 유일하게 미셸 베소에게 감사한다는 말을 썼는데, 특허청에 근무하는 30대의 기계 기술자인 베소는 어쩌다 아인슈타인의 친구가 된 사람이었다. 1905년에도 물리학자들은 발표된 논문을 모두 읽기에는 너무 부담이 크다고 투덜대고 있었다. 아인슈타인의 논문은 저명한 학술지에 실렸지만(그는 학술지에 논문을 제출할 정도로는 학계와 연결되어 있었다), 물리학자들은 이 특이한 논문을 대충 읽고 지나치거나 단순히 무시했다.

아인슈타인은 베른에 있는 대학교에서 초급 교직을 얻어서 특허청에서 벗어나려고 했다. 그는 스스로 자랑스럽게 여기던 상대성 논문을 다른 논문들과 함께 제출했지만, 자리를 얻지 못했다.[5] 그다음에는 고등학교의 교직에 지원했고, 이때도 다른 지원서 양식과 함께 방정식이 담긴 논문을 제출했다. 지원자 21명 중에서 세 사람이 면접 통보를 받았지만, 아인슈타인은 포함되지 않았다.

그러다가 몇몇 과학자들이 아인슈타인의 연구에 대해 들었고, 질투하는 사람이 생겨났다. 앙리 푸앵카레는 프랑스 제3공화국의 뛰어난 과학자였고, 독일의 다비트 힐베르트와 함께 세계에서 가장 위대한 수학자의 반열에 든 사람이었다. 젊은 시절에 푸앵카레는 나중에 카오스 이론으로 발전하게 되는 아이디어를 최초로 생각해냈다. 학생 시절에는 이런 일화도 남겼다. 어떤 할머니가 길모퉁이에서 뜨개질하는 것을 보았는데, 그는 뜨개질의 기하학에 대해 곰곰이 생각하면서 걸어가다가 황급히 돌아와서 할머니에게 뜨개질을 하는 또 다른 방법이 있다고 알려주었다. 그는 혼자서 뒤집어 뜨기를 고안해낸 것이다.

| 카오스 이론의 발상자이며, 아인슈타인보다 먼저 상대성 이론의 아이디어를 떠올렸던 앙리 푸앵카레.

이제 50대에 접어든 푸앵카레는 여전히 신선한 아이디어를 낼 수 있었지만, 그것을 발전시키는 힘은 점점 떨어지고 있었다. 어쩌면 그에게 이런 것은 문제가 아니었을 것이다. 나이가 든 과학자들은 기억력이나 기민한 사고력이 떨어지는 것은 무섭지 않다고 말한다. 자기가 모르는 영역으로 들어가기가 점점 두려워진다는 것이다. 푸앵카레는 한때 아인슈타인의 이론과 비슷한 연구를 할 기회가 있었다.

1904년에 그는 여러 분야의 유럽 지성인들과 함께 세인트루이스 세계 박람회에 초빙되었다. (독일의 사회학자 막스 베버도 거기에 있었는데, 그는 미국의 역동적인 모습에 놀랐다. 그는 시카고의 인상에 대해서 "살갗을 벗겨낸 사람 같다"[6]고 말했고, 미국 여행은 여러 해 동안 시달렸던 우울증에서 벗어나는 데 도움이 되었다.) 이 박람회에서 푸앵카레는 실제로 '상대성 이론'이라는 제목으로 강연을 했다. 하지만 이 이름은 오해하기 쉬운 것으로, 아인슈타인이 곧 이룰 업적의 가장자리를 스친 정도에 불과했다. 어쩌면 푸앵카레가 조금만 젊었으면 이 아이디어를 끝까지 밀어붙여서 방정식을 포함해서 아인슈타인이 다음 해에 얻을 놀라운 결과를 먼저 얻었을지도 모른다. 그러나 이 강연이 끝난 뒤에 박람회의 주최 측이 마련해놓은 빡빡한 일정 탓에 그는 이것을 옆으로 밀어놓고 말았다. 수많은 프랑스 과학자들이 라부아지에처럼 직접 해보는 방식을 따르지 않고 쓸모없이 과도한 추상화만 일삼았고, 이런 흐름 속에서 푸앵카레가 실제적인 물리학에 몰입하기는 어려웠다.

1906년에 스위스의 젊은이가 엄청난 분야를 열었다는 것을 깨달은 푸앵카레의 반응은 극단적으로 차가웠다. 그는 이 방정식을 자신의 의붓자식으로 인정하고 파리 과학계의 동료들에게 더 발전시키라고 독려할 수도 있었다. 하지만 그는 냉랭하게 거리를 유지했고, 여기에 대해 한 마디도 하지 않았으며, 아인슈타인의 이름을 입에 올리는 일도 거의 없었다.

동시대의 다른 과학자들은 아인슈타인의 연구를 더 자세히 살펴보았지만, 처음에는 c가 왜 그렇게 중요한지 따위의 핵심을 놓치기 일쑤였다. 상대성과 이 방정식이 어떤 신선한 실험 결과에서 나왔다면 알아보기가 쉬웠을 것이다. 아인슈타인이 뭔가 새로운 장치를 실험실에 설치해서 마리 퀴리나 다른 연구자들의 발견과 더 비슷하게 보였다면, 그래서 누구도 하지 못했던 것을 발견했다면 사람들이 잘 이해했을 것이다. 그들이 수긍할 수 없었던 것은, 아인슈타인이 실험실을 갖고 있지 않았다는 점이다. 그가 논의의 출발점으로 삼은 '최근의 발견'은 몇십 년 또는 심지어 몇백 년 전에 죽은 과학자들에게서 나온 것이었다. 그러나 이것은 중요하지 않았다. 아인슈타인은 여러 가지 새로운 결과들을 이리저리 끼워 맞춰서 아이디어에 도달한 것이 아니었다. 그는 빛과 속도에 대해 무엇이 논리적으로 가능하고 무엇이 그렇지 않은지에 대해 오랫동안 '꿈'처럼 생각해서 자신의 아이디어에 도달했다. 그러나 '꿈'같다는 말은 그를 이해하지 못한 문외한에게나 해당되는 말이었다. 그가 마침내 성취한 것은 모든 시대에 걸쳐 가장 중요한 지적인 업적이었다.

수학을 길잡이로 하는 과학이 17세기쯤에 태어나고 몇 세기가 지나면서, 사람들은 우주의 중요한 성질들이 거의 다 파악되었다고 보았다. 세부적인 것은 아직 더 연구해야 하지만 '상식'적인 세계의 성질은 당연시할 수 있다는 것이었다. 우리가 사는 세계에서 물체가 이동할 때 질량이 변하지 않고, 시간은 일정하게 지나간다.[7] 우리가 이러한 흐름 속에 있다는 생각이 틀렸다고 말하는 사람은 없을 것이다.

아인슈타인은 우주가 이러한 생각과 다르다는 것을 알아냈다. 그가 보기에 우주는 신이 우리를 작은 울타리 속에 가둬놓은 것과 같았다. 신은 우리를 지구 표면에 가두어놓았고, 게다가 우리가 여기에서 관찰하는 것이 실제로 일어나는 모든 것이라고 생각하게 해놓았다는 것이다. 그러나 우리 주위에는 더 넓은 영역이 있다. 이 영역에서는 우리의 직관이 적용되지 않으며, 오로지 순수한 사고만이 길잡이가 된다.

$E=mc^2$에 따라 에너지와 질량이 서로 교환 가능하다는 사실은 아인슈타인이 찾아낸 더 큰 통찰의 일부일 뿐이다. 이 통찰에서 나오는 다른 결과들을 이해하려면, 세계의 궁극적인 속도 제한인 빛의 속

도가 10억 8천만 km/h가 아니라 50km/h라고 생각하면 도움이 된다.[8] 아인슈타인이 1905년에 쓴 논문에 따르면 이런 세계에서 어떤 일이 일어날까?

이런 세계에 들어가서 제일 먼저 보는 놀라운 일은 우주선의 예에서 알 수 있다. 자동차가 빨간 신호등 앞에서 정지해서 기다릴 때는 무게가 평소와 같지만, 신호등이 녹색으로 바뀌어서 달리기 시작하면 질량이 늘어나서 더 무거워진다. 걸어가는 사람, 뛰어가는 사람, 자전거를 타는 사람 등 이동하는 모든 물체들도 마찬가지다. 몸무게가 40킬로그램인 아이가 자전거를 타고 길모퉁이에 서 있다가, 페달을 힘차게 밟아서 45km/h로 달리면 아이의 몸무게는 90킬로그램을 넘어서게 된다. 아이가 자전거 페달을 더 힘껏 밟거나 내리막길에 접어들어서 속도가 49.96km/h에 이르면, 아이의 몸무게는 1톤이 넘게 된다. 자전거를 멈추면 아이의 몸무게는 처음에 정지해 있을 때의 값으로 금방 돌아간다.[9]

자동차, 자전거, 심지어 보행자들도 또 다른 변화를 겪는다. 4미터 길이의 자동차는 우리를 향해 달려올 때 더 짧아져 보이도록 왜곡된다(위치도 이동한 것처럼 보인다). 49.9km/h에서 자동차의 길이는 더 줄어든다. 안에 있는 운전자와 승객들도 똑같이 줄어들고, 자동차가 멈추면 다시 원래의 모습으로 돌아온다.[10]

자동차가 달려갈 때 더 무거워지고 길이가 짧아질 뿐만 아니라, 자동차 안에서 시간이 느려진다. 운전자가 오디오 스위치에 손을 뻗으면, 그의 손은 아주 느리게 움직인다. 오디오가 켜져서 소리가 나오면, 음파가 고통스러울 정도로 느리게 전달되어서, 마이클 잭슨이 부르는 빠른 박자의 노래가 무거운 장송곡처럼 들릴 것이다.

이러한 우주관에서 '올바른' 기준은 없다. 도시 상공에 떠 있는 교통 헬리콥터 같은 것이 있어서, 헬리콥터에서 보기에 달리는 자동차들이 이상하게 변했고, 길가에 서 있는 사람들이 변화하지 않고 '정상'이라고 말할 수 없다. 길가에 서 있는 사람이 기준이고 달리고 있는 자동차들이 변한다고 말할 근거가 없는 것이다. 사실 자동차 운전자나 자전거를 타는 아이는 자기가 변했다고 느끼지 못한다. 자전거를 타는 아이는 핸들과 몸과 배낭이 무겁게 느껴지지 않는다. 반대로 이 아이에게는 옆에 걸어가는 사람들이 이상해 보인다. 몸무게가 늘어나는 사람들은 바로 그들이다.

자동차의 승객들도 마찬가지이다. 자동차의 오디오는 지극히 정상이고, 젊은 마이클 잭슨은 평소처럼 빠르게 노래한다. 달리는 자동차에서 보기에는 길가에 서 있는 사람들이 느려진다. 호텔 도어맨은 팔을 아주 무겁게 들어올리고, 택시를 부르려고 호각을 불 때마다 마치 심해의 물고기처럼 볼을 뻐끔거린다.

이러한 효과들은 상대성 이론에 다음과 같이 요약되어 있다. 누군가가 자기에게서 멀어져 가는 물체를 보면 이 물체의 질량이 커지고, 길이가 짧아지며, 시간이 늘어난다. 보행자에게는 자동차가 이렇게 보이고, 자동차에 탄 사람에게는 길거리에 있는 사람이 이렇게 보인다.

상대성 이론을 처음 접하는 사람은 터무니없는 일이라고 느낄 것이다. 아인슈타인조차도 이것을 받아들이기 어려웠다. 그는 미셸 베소와 오랫동안 대화를 나눌 때 설명할 수 없는 긴장을 느꼈다. 그 여름날에 그는 여전히 이 관계들을 밝혀내려고 노력하고 있었다. 그러나 이것을 받아들이기 어려운 이유는 단지 우리가 빛의 속도인 10억 8천만 km/h에 가깝게 달려본 경험이 없기 때문이다(그리고 보통의 속도에서는 그 효과가 아주 미미하기 때문이다). 예를 들어, 피크닉에 들고 가는 휴대용 음악 플레이어를 보자. 플레이어의 바로 옆에 있는 사람에게는 음악 소리가 아주 크게 들린다. 백 미터 밖에서 걸어가는 사람에게는 소리가 아주 약하게 들린다. 우리는 플레이어의 '실제' 소리 크기가 얼마인지 말할 수 없다고 인정해야 한다. 그러나 이것은 단순히 우리가 짧은 시간에 백 미터쯤은 걸어갈 수 있기 때문에 생기는 일이다. 개미나 어떤 작은 생물이 있어서 음악 플레이어의 볼륨에 차이를 느낄 만큼 이동하는 데 몇 세대가 걸린다면, 우리의 관점(소리의 크기는 관찰자에 따라 다를 수 있다)이 터무니없다고 여길 것이다.

우리 주변에도 고속으로 움직이기 때문에 이런 효과들이 분명히 드러나는 물체가 있다. 예를 들어 브라운관 텔레비전은 전자를 뒤에서 앞쪽의 화면으로 쏘는데, 전자가 매우 빠르기 때문에 진짜로 질량이 커지는 것처럼 반응한다. 기술자들은 이 효과를 고려해서 전자들이 화면에 정확하게 도달하도록 설계해야 한다. 그렇지 않으면 화면이 번져서 영상이 이상하게 보일 것이다.

위성항법장치(GPS, Global Positioning System)의 항법 위성은 하늘에 떠서 자동차와 비행기에 전파를 보내준다. 이 위성들도 우리의 관점으로 볼 때 매우 빠르게 날기 때문에, 그 안에서 시간이 천천히 흐르는 것처럼 보인다. 위치를 알아내는 휴대용 GPS 장치와 은행에서 지불 시간을 동기화하는 정밀 GPS는 이 효과를 보정해야 하는데, 이러한 보정은 아인슈타인이 1905년에 알아낸 방정식을 정확하게 따른다.[11]

아인슈타인은 자기의 연구 결과에 붙인 '상대성'이라는 말을 결코 좋아하지 않았다.[12] 이 말이 잘못된 인상을 주어서,[13] 아무렇게나 해도 되고 정확한 결과는 더 이상 나오지 않는다는 느낌이 든다는 것이다. 사실은 그렇지 않으며, 상대성의 예측은 정확하다.

또한 아인슈타인의 방정식들은 서로 정확히 맞물리기 때문에 이 말은 오해를 부른다. 우리 모두가 우주의 사물을 서로 다르게 본다고 해도, 이 서로 다른 관점들은 일정한 방식으로 치밀하게 연결되어 있다. 질량은 절대로 변하지 않고 시간은 누구에게나 일정하게 흐른다는 옛날의 개념은 천천히 움직이는 사물들에 대해서만 옳고, 더 넓은 우주에서는 적용되지 않는다. 그러나 이것들이 어떻게 변하는지 알려주는 정확한 법칙이 존재한다.

역사상 이러한 성취를 이룬 일은 내단히 드물다. 수정처럼 빛나는 모형이 있는데, 아주 작아서 오므린 손 안에 들어간다고 하자. 이제 손을 펴자 모형에서 뻗어나간 빛이 우주 전체를 감싸면서 반짝인다. 이 정도의 위업을 이룬 사람은 17세기의 뉴턴이 최초였다. 단 몇 개의 방정식으로 요약되는 그의 업적은 세계의 완전한 체계를 아우르고, 우주가 어떻게 운행되는지 알려준다.

아인슈타인이 그다음이었다.

두 사람의 공통점을 좀 더 알아보면, 아인슈타인과 뉴턴은 모두 20대 중반에 불가능해 보일 정도로 짧은 기간에 많은 업적을 이루었다.[14] 뉴턴은 흑사병으로 대학이 문을 닫자 어머니가 사는 링컨셔의 농장으로 돌아가서 18개월 동안 미분적분학의 기초를 만들었고, 만유인력의 법칙을 알아냈으며, 우주 전체에 적용되는 핵심 개념들을 찾아냈다. 아인슈타인은 1905년에 8개월에 못 미치는 동안(특허청에서 월요일부터 토요일까지 일하면서) 자신의 첫 번째 이론인 상대성과 $E=mc^2$ 뿐만 아니라 레이저, 컴퓨터 칩, 현대 약학과 생명공학 산업, 인터넷 연결 장치의 핵심이 될 연구를 해냈다. 뉴턴이 20대 중반에 스스로에 대해 말했듯이, 그는 '발명을 위한 최고의 나이'에 있었다. 아인슈타인은 각각의 분야를 당시까지 알려진 것보다 훨씬 크게 확장했다. 그는 모두가 받아들이던 가정을 깊이 음미해서 분리되어 있던 장(field)들을 통일했다.

1905년 무렵에 몇몇 연구자들이 그가 발견할 것들의 일부를 미리 밝혀냈지만 아인슈타인에 견줄 정도는 아니었다. 푸앵카레가 그중 가장 가까이 다가갔지만, 시간의 흐름이나 동시성 등에 대한 일상적인 가정을 깨야 할 때가 되자 더 이상 나아가지 못했고, 결국 새로운 통찰에 도달하지 못했다.

아인슈타인은 왜 그렇게 크게 성공했는가? 단순히 다른 사람들보다 더 똑똑했기 때문이라고 말하고 싶기도 하다. 그러나 아인슈타인의 베른 친구들 중 여러 사람은 매우 지적이었고, 푸앵카레 같은 사람들은 모든 지능 검사의 척도를 뛰어넘을 정도로 우수했다. 내가 보기에 소스타인 베블런의 짧은 에세이에 그에 대한 설명이 나온다. 베블런은 이렇게 썼다.[15] 어린 소년이 성서에 나오는 것은 모두 진실이라고 배운다고 하자. 그러다가 소년이 세속적인 고등학교 또는 대학교에 입학하고, 그것이 틀렸다고 배운다. "엄마 무릎에 앉아서 배운 것은 완전히 틀렸다. 하지만 여기에서 우리가 가르치는 것은 모두 옳다." 어떤 학생들은 "아, 좋아. 나는 이것을 받아들일 거야" 하고 말한다. 하지만 의심을 품는 사람도 있다. 이 사람은 전통적인 세계를 전적으로 확신하다가 속았다. 이제 그는 다시 속지 않는다. 가르쳐 주는 것을 배우기는 하지만 언제나 비판적으로 받아들여서, 여러 가능성 중의 하나일 뿐이라고 생각한다. 아인슈타인은 유대인이었다. 그의 가족은 유대교를 그대로 따르지 않았지만, 아인슈타인은 개인의 의무, 정의, 권위 등에 대한 관점이 조금 다른 환경에서 성장했다.

물론 거기에는 더 많은 것이 있다. 아인슈타인은 어렸을 때 자석이 어떻게 작동하는지 궁금했다. 부모는 귀찮다고 꾸짖지 않았고, 그의 흥미를 받아들였다. 나침반의 바늘은 왜 저절로 남북 방향을 가리키는가? 거기에는 이유가 있고, 그 이유의 뒤에는 또 다른 이유가 있다. 이것을 계속 캐고 들어가면…… 어디에 닿을까?

아인슈타인의 가족에게는 궁극적으로 무엇이 나올지에 대해 명확한 답이 있었다. 그의 할아버지들이 자라나던 시절에, 독일에 사는 대부분의 유대인들은 여전히 정통 신앙을 고수했다. 이것은 성서로 충만한 세계이며, 탈무드에 축적된 합리적이고 명확한 분석으로 충만한 세계였다. 중요한 점은 끝까지 파고들어서 알아낼 수 있는 것과 그렇지 않은 것의 경계까지 가보고, 신이 세계에 심어놓은 가장 깊은 패턴을 이해하는 것이었다. 아인슈타인은 10대 초반에 종교에 푹 빠져서 지냈고, 아라우에서 고등학교를 다닐 무렵에는 강한 신앙에서 벗어나 있었다. 하지만 가장 깊은 배후를 보고 싶은 욕망은 그대로였고, 끝까지 가보면 장대한 그 무엇이 있을 것이라는 생각도 그대로였다. 그의 마음속에는 채워지기를 기다리는 '빈자리'가 있었다. 사물은 명료하고 합리적인 방식으로 이해할 수 있다는 것이다. 한때 이 빈자리는 종교로 채워졌다. 이제 이것은 과학으로 쉽게 확장될 수 있었다. 아인슈타인은 해답이 누군가 발견해주기를 기다리고 있다고 확신했다.[16]

아인슈타인에게는 자기 생각을 탐구할 여유도 있었다. 특허청에서 일했기 때문에 학술 논문에 매달릴 필요가 없었고(아인슈타인은 이렇게 썼다. "겉모양만 꾸미고 싶은 유혹은…… 강한 성품만이 이겨낼 수 있다.")[17], 자기 생각을 얼마든지 오래 품고 연구할 수 있었다. 무엇보다도 가족이 그를 믿어주었는데, 이것이야말로 자신감을 가질 수 있는 강력한 버팀목이었다. 가족들은 간섭하지 않고 유쾌하게 용기를 북돋아주었다. 이것은 일상적인 가정(假定)에서 '한 걸음 물러서서' 광속에 가까운 속도로 달리는 우주선이나 빛을 쫓아가는 사람처럼 별난 상상을 하는 데 꼭 필요한 도움이었다.

그의 여동생 마야는 나중에 약간 자기비하의 어조로 다음과 같이 설명했다.[18] 아인슈타인이 어렸을 때는 성질이 불같았고, 때때로 여동생에게 물건을 집어던졌다고 한다. 한번은 커다란 볼링공을 던졌고, 또 한번은 여동생 '머리에 구멍을 뚫겠다고' 어린이용 괭이를 들이댔다고 한다. 그녀는 이렇게 말했다. "이것만 봐도 천재의 여동생이 되려면 두개골이 튼튼해야 한다는 걸 알 수 있죠." 고교 그리스어 교사가 아인슈타인은 아무것도 못 될 거라고 한 이야기를 하면서 그녀는 이렇게 말했다. "사실 알베르트 아인슈타인은 결코 그리스어 교사 자격을 따지 않았어요."[19]

이 모든 것을 추진하려면 긴장이 필요했고, 아인슈타인에게는 이런 요인이 많이 있었다. 그는 20대 중반에 실패를 맛보면서 다른 진지한 과학자들에게서 고립되었고, 대학교 친구들은 이미 경력을 쌓고 있었다. 게다가 아버지가 사업에 어려움을 겪는 것을 보면서 심한 죄책감도 느꼈다. 아인슈타인은 어릴 때 아버지가 뮌헨에서 전기 사업이 잘되는 것을 보았지만, 10대일 때는 아마도 유대인 차별로 인해 계약을 파기당하는 바람에 아버지가 이탈리아로 옮겨가서 사업을 다시 일으키려고 했다. 이사 가 있는 동안에 거의 성공할 뻔한 적도 있었지만 결코 성공하지 못했고, 아버지는 끊임없이 성가시게 구는 처남('부자 외삼촌' 루돌프)[20]에게 빌린 돈을 갚느라 허덕였다. 이런 일로 아버지는 건강을 해쳤고, 그 와중에도 가족들은 아인슈타인의 학비를 마련해야 한다고 주장했다. ("가난한 가족에게 자기가 짐이 된다는 생각에 억눌려 있습니다." 아버지는 1901년의 편지에 이렇게 썼다.) 아인슈타인은 가족에게 보답해야 한다는 엄청난 의무감을 가지고 있었다.[21]

결국 몇몇 물리학자들이 아인슈타인의 논문에 관심을 가지기 시작했고,[22] 그의 이론에 대해 토론하려고 베른에 오는 사람도 있었다. 이것은 아인슈타인과 베소가 바랐던 일이지만, 두 사람이 서로 멀어진다는 것을 뜻하기도 했다. 아인슈타인은 가장 친한 친구가 따라올 수 없는 아이디어로 점차 올라갔기 때문이다. 베소도 영특했지만, 그는 기술자의 삶을 선택했다. ("나는 대학 교수가 되라고 그를 들볶았지만, 그가 그렇게 할지 의심스러웠습니다. 그는 단지 하고 싶어하지 않았지요.") 베소는 다음 단계로 올라갈 수 없었다.

베소는 자기보다 어린 친구를 깊이 흠모했고, 아인슈타인이 학생일 때부터 그를 도와주었다. 그는 저녁에 치즈와 소시지와 차를 함께 즐기면서 아인슈타인이 살펴보고 있는 아이디어를 이해하려고 노력했다. 아인슈타인은 거리가 점점 멀어지는 친구에게 충실하게 대했다. 그는 베소에게 더 이상 관심이 없다고 말하지 않았다. 그들은 계속해서 함께 시골길을 산책했고, 저녁에 음악을 함께 즐겼으며, 다른 사람들에게 짓궂은 장난을 했다. 하지만 이것은 오래된 두 친구가 대학교나 첫 직장에서 서로 다른 길을 가기 시작한 것과 같았다. 두 사람은 일이 그렇게 되어가는 것을 진심으로 좋아하지 않지만, 이제는 그들의 모든 관심사가 서로를 떼어놓는다. 그들은 함께했던 지난날을 이야기한다. 둘 중 누구도 인정하려 하지 않지만, 열정은 진심이 아니다.

아인슈타인의 아내 밀레바도 비슷한 방식으로 멀어져 갔다. 밀레바는 아인슈타인과 같은 물리학도였고, 매우 영특했다. 과학자가 동료 과학자와 결혼하는 일은 매우 드물며(몇 명이나 있는가?), 아인슈타인은 자기는 정말로 행운아라고 대학 친구들에게 자랑했다. 그의 첫 편지는 중립적으로 시작한다.

취리히, 수요일 [1898년 2월 16일]
우리가 무엇을 다루었는지 말하고 싶어요.
후르비츠 교수는 미분방정식(편미분은 빼고)과 함께 푸리에 급수를 강의했고…… [23]

하지만 관계는 발전해서, 1900년 8월과 9월에 보낸 편지에는 다음과 같이 썼다.

다시 한 번 졸린 눈으로 게으르고 멍청한 며칠을 보냈어요. 당신이 알다시피, 딱히 하고 싶은 일도 없어서 늦잠을 자고, 방을 정리하는 동안 밖에 나가서 내키지 않는 식사를 찾아 이리저리 다니고……
일이 어떻게 되어가든, 우리는 세계에서 가장 즐거운 인생을 살 것입니다. 아름다운 얽석을 함께하며……
즐겁게 지내요, 내 사랑.
부드럽게 키스하며, 당신의 알베르트

그들이 함께한 삶은 즐겁게 시작되었다. 그의 아내는 아인슈타인의 수준까지는 아니었지만 훌륭한 학생이었다. 대학의 최종 시험에

I 베른에 살던 시절의 아인슈타인과 아내 밀레바. 밀레바도 출중한 물리학
도였으나, 성차별적인 시대의 한계에 부딪힐 수밖에 없었다.

서 아인슈타인이 4.96을 받았고, 그녀는 합격선인 4.0에 약간 못 미
치는 점수를 받았다. 그녀는 분명히 그의 연구를 따라갈 수 있었다. (아
인슈타인의 핵심 연구를 밀레바가 했다는 설은 1960년대 세르비아 민족주의의 선전
에서 나왔다. 그녀의 가족은 원래 베오그라드 근처 출신이다.[24]) 그러나 아이들이
태어나고, 수입이 넉넉하지 않아서 시간제로만 보모를 둘 수 있게 되
자, 전통적인 성차별이 지배했다. 교육받은 친구들이 방문하면 그의
아내도 대화에 참여하고 싶어했다. 하지만 한시도 눈을 뗄 수 없는
세 살짜리 아이를 무릎에 앉히고서 좌중의 이야기를 따라가기는 결
코 쉽지 않았다. 장난감을 쥐여주고 그림을 그려주고 엎지른 음식을
치우는 등 여러 번 방해를 받고 나면, 손님들은 더 이상 이야기를 멈

추고 기다려주지 않는다. 그러면 대화에서 멀어지게 된다.

아인슈타인은 마침내 특허청을 떠났다. 그러나 1909년에 그가 떠날 때까지도 그의 상사는 젊은 친구가 왜 이렇게 좋은 직장을 버리는지 의아했다. 그는 마침내 스위스에서 대학 교수가 되었고, 프라하(여기에서 아인슈타인은 음악을 연주하고 살롱에서 토론도 했는데, 수줍은 젊은이 프란츠 카프카도 가끔씩 참여했다)에 잠시 있다가 베를린 대학교의 교수가 되었다. 그는 성공했지만 베른의 친구들과는 거의 완전히 멀어졌다. 아내와는 법적으로 이혼했고, 가끔씩 사랑하는 두 아이들을 보러 갈 뿐이었다.

그때쯤에 아인슈타인의 연구는 다른 방향으로 나아갔다. 방정식 $E=mc^2$은 특수 상대성 이론의 작은 부분일 뿐이었다. 1915년에 그는 더 장대한 이론을 완성했는데, 원래의 특수 상대성 이론이 다시 이 이론의 일부가 된다. (마지막 장에 1915년에 발표한 연구를 조금 다룬다. "이 문제에 비하면, 원래의 상대성 이론은 아이의 장난일 뿐이다.")[25] 그는 나이가 훨씬 더 들어 노인이 되었을 때 다시 한 번 이 방정식과 잠깐 관계를 맺게 된다.

여기에서 우리의 이야기는 다른 방향으로 흘러간다. 방정식을 발견한 아인슈타인의 공헌은 여기까지이다. 유럽의 물리학자들은 $E=mc^2$이 옳다고 인정하게 되었다. 원리적으로는, 물질이 에너지로 바뀔 수 있다는 것이다. 그러나 현실에서 어떻게 이런 일이 일어나는지에 대해서는 아무도 몰랐다.

한 가지 암시는 있었다. 이것은 마리 퀴리를 비롯한 몇몇 과학자들이 연구하던 이상한 물체에서 나왔다. 라듐, 우라늄 따위의 밀도가 높은 금속 몇 가지는 여러 주일 동안, 여러 달 동안 에너지를 방출한다. 그러면서도 내부의 '숨겨진' 에너지원 따위는 전혀 사용하지 않는 것 같았다.

어떻게 이런 일이 일어날 수 있는지 알아보기 위해 여러 연구실들이 나섰다. 그러나 이 이상한 온기를 지닌 금속의 무게, 색깔, 화학적 성질 등만 가지고는 어디에서 거대한 에너지가 나오는지 알 수 없었다.

물질의 가장 깊은 핵심으로 들어가야 $E=mc^2$이 약속하는 에너지에 다가가는 방법을 알 수 있다. 보통의 물질 속에서 가장 작고 가장 깊은 구조를 들여다보면 무엇을 찾아내게 될까?

⑧

원자의 중심

20세기의 학생들은 물질(벽돌과 철, 우라늄 등 모든 것)이 원자라는 작은 입자로 되어 있다고 배웠다. 그러나 원자는 무엇으로 이루어져 있는지 아무도 몰랐다. 한 가지 공통적인 관점은 원자가 단단한 구슬과 같아서, 아무도 안을 들여다보지 못한다는 것이다. 원자에 대한 명확한 관점은 1910년경에 영국 맨체스터 대학교에서 연구하던 덩치 크고 저돌적인 어니스트 러더퍼드에 의해 밝혀졌다.

러더퍼드가 옥스퍼드나 케임브리지가 아니라 맨체스터 대학교에 있었던 것은 그가 뉴질랜드의 시골 출신인 데다 평민의 억양으로 말했기 때문만은 아니었다. 연구 조수는 함부로 나서지만 않으면 이런 면들이 대개 덮여버린다. 그런데 러더퍼드는 케임브리지 대학교의 학생일 때 윗사람에게 고분고분하지 않았다. 그는 심지어 자기의 발

명품으로 회사를 차려서 돈을 벌자고 제
안하기까지 했는데, 이것은 도덕적인 죄
로 취급되었다. 그런데도 그가 최초로 원
자의 내부를 명확하게 들여다본 과학자
가 된 것은, 그에게 가해진 차별이 도리
어 아랫사람들에게 친절한 지도자가 되도
록 그를 단련시켜주었기 때문이다. 촌스
럽고 떠들썩한 것은 겉모습일 뿐이었고,
그는 숙련된 조수를 길러내는 재주가 있
었다. 그의 핵심적인 실험을 맡았던 젊은
이는 나중에 러더퍼드가 제안한 설계를 바

ㅣ 최초로 원자의 구조를 명확하게 파악한
어니스트 러더퍼드.

탕으로 가장 쓸모 있는 휴대용 방사능 탐지기를 완성했다. 딸깍 소리
가 들리는 이 계수기로 한스 가이거는 유명한 사람이 되었다.

이 발견은 오늘날 학교에서 널리 가르치기 때문에,[1] 이것이 여전히
놀라운 일이던 시절로 돌아가기는 어렵다. 러더퍼드는 이 단단하고
꿰뚫을 수 없는 원자가 사실은 거의 텅 비어 있음을 알아냈다. 운석이
대서양에 수직으로 떨어졌는데, 바닥에 가라앉는 게 아니라 엄청난
소리를 내면서 다시 튀어나왔다고 상상하자. 이 결과를 설명하는 유
일한 방법은 대서양의 수면 아래에 물이 없다고 하는 것뿐이다. 선입
견을 깨고 이런 설명을 받아들이기가 얼마나 어려운지 생각해보라.
러더퍼드의 업적을 이 상황에 빗대어보면, 대서양의 수면이 얇고 유
연한 막과 같고 그 아래에는 보통 생각하듯이 엄청난 양의 물이 있고

해류가 흐르는 것이 아니라, 거기에는······ 아무것도 없다.

그곳은 텅 빈 공간이고, 카메라를 가라앉혀 보면 떨어지는 운석이 외부의 막을 찢고 내려가서 대양의 바닥에 닿는 장면을 보여줄 것이다. 바닥에는 매우 강력하지만 아주 작은 어떤 장치가 있어서, 떨어지는 운석을 공기 중으로, 그리고 우주 밖으로 쳐서 돌려보낸다. 원자에서는 핵이 이런 역할을 한다. 원자의 바깥쪽 표면 근처에는 전자들이 떠돌면서 나무가 불에 타는 것과 같은 보통의 반응에 참여한다. 그러나 이 전자들은 중심의 핵에서 아주 멀리 떨어져 있고, 핵은 완전히 텅 빈 공간의 깊숙한 곳에 있다.

원자가 작은 쇠구슬과 같다면, 러더퍼드는 이 쇠구슬의 속이 거의 텅 비어 있다는 것을 알아냈다. 한가운데에 핵이라고 부르는 작은 덩어리가 있을 뿐이다. 이것은 당혹스러운 발견이지만(원자는 거의 텅 비어 있다!), 이것만으로는 E=mc²이 어떻게 적용되는지 알 수 없다. 원자의 바깥쪽에 있는 전자들은 '단단해서' 쉽게 에너지로 변하지 않는다.

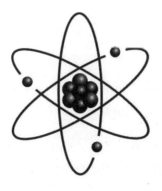

| 러더퍼드의 리튬 원자 구조.

과학자들이 그다음으로 주목할 것은 핵이라는 사실이 명백해졌다. 원자에는 많은 전기가 있다. 그중에서 절반은 전자들이 돌아다니는 궤도를 따라 멀리 퍼져 있고, 나머지 절반은 중심에 있는 엄청나게 밀도가 큰 핵에 몰려 있다. 이렇게 작은 부피에 그렇게 많은 전기를 몰아넣어도 핵이 깨지지 않는 이

유를 아는 사람은 없었다. 하지만 핵 속에서는 뭔가가 이 모든 전기를 뭉쳐서 꽉 붙들고 빠져나가지 못하게 유지한다. 아인슈타인의 방정식이 암시하는 숨겨진 에너지를 저장하는 곳이 바로 여기일 수 있다. 핵 속에는 양전하를 띤 입자(이것을 양성자라고 한다)가 있지만, 아무도 양성자에 대해 자세히 알아낼 수 없었다.[2]

러더퍼드의 조수인 제임스 채드윅이 마침내 돌파구를 열었다. 그는 1932년에 핵 속에 갇혀 있는 또 다른 입자를 발견했다. 이것은 중성자였는데, 양성자와 크기가 거의 같고 전기적으로 중성이어서 이런 이름이 붙었다. 채드윅은 중성자의 존재를 확인하는 데 15년이나 걸렸다. 한때 학생들은 특징이라곤 거의 없는 이 입자를 끈질기게 탐색하는 채드윅을 놀리는 연극을 상연했다.[3] 그러나 성급하게 소리를 질러대는 러더퍼드 밑에서 여러 해를 지내고 나면, 학생들의 짓궂은 장난쯤은 태연하게 넘길 수 있게 된다. 채드윅은 조용한 사람이었지만 자기 일에 대해서는 꽤 결단력이 있었다.

채드윅은 원래 맨체스터 빈민가의 아이였고, 전문 과학자로서의 경력은 시작하자마자 끝날 뻔했다. 러더퍼드 밑에서 박사후 연구원이 된 채드윅은 한스 가이거가 베를린으로 돌아가서 차린 연구실로 갔다. 제1차 세계대전이 시작되었지만, 토머스 쿡 여행사(1841년에 런던에 설립된 세계 최초의 여행사 — 옮긴이)의 현지 사무실은 그에게 서둘러 돌아갈 필요가 없다고 조언했다. 그는 이 조언을 마지못해 따랐다가 결국 전쟁 포로가 되어 포츠담 경마장의 마구간을 개조한 수용소에서 바람과 추위를 견디며 4년을 보냈다. 거기에서도 그는 할 수 있는 한 연구를 계속했고, 방사성 물질을 구할 수도 있었다. 베를린 아우어라는 회사가 토륨을 보유하고 있었고, 독일 사람들에게 이를 하얗게 해주는 치약이라고 선전하면서 팔았다. 채드윅은 간수들을 통해이 기적의 치아 미백제를 주문해서 실험에 사용했다. 그러나 그가 가진 장비는 턱없이 빈약해서 좋은 결과는 얻지 못했다. 그는 뒤처졌고, 1918년 11월에 전쟁이 끝난 뒤에 영국으로 돌아와서 간신히 따라잡았다. 그가 남의 조언을 마지못해 따르는 일은 다시는 없었다.

1932년에 채드윅이 중성자를 발견한 일은 곧바로 더 많은 발견으로 이어질 수 있었다. 여러 가지 방사성 물질이 중성자를 내뿜는데, 이것을 기관총처럼 이용해서 원자에 쏘아볼 수 있다. 중성자는 전기적으로 중성이기 때문에 원자의 외곽에 있는 전자의 방해를 받지 않으며, 원자의 중심부에 있는 전하에도 방해를 받지 않는다. 중성자는 바로 핵 속으로 미끄러져 들어갈 수 있다. 그러므로 핵 속에서 무슨 일이 벌어지는지 알아보는 탐침으로 이용할 수 있다.

하지만 실망스럽게도 채드윅은 이 연구에 성공하지 못했다. 중성자를 원자에 아무리 세게 쏘아도, 단 한 개도 핵 속으로 안전하게 들어가지 않았다. 1934년이 되어서야 다른 연구자가 이 문제를 해결해서 중성자가 핵 속으로 쉽게 들어갈 수 있게 했고, 드디어 핵의 구조를 들여다볼 수 있게 되었다. 이 연구는 훨씬 더 정교한 장비를 갖춘 실험실이 아니라, 가장 그럴듯하지 않은 곳에서 나왔다.

엔리코 페르미가 살았던 로마 시는 화려한 역사를 자랑하지만, 1930년대에는 유럽의 다른 지역에 비해 점점 더 뒤떨어지고 있었다.

유럽의 주도적인 물리학자로 존경받는 페르미에게 정부가 내준 실험실은 한적한 거리에 위치한 경치 좋고 조용한 공원 안에 있었다. 천장에는 타일을 붙였고 멋진 대리석 선반이 있었다. 뒤뜰의 연못에는 금붕어가 헤엄쳤고, 그 위로 아몬드나무의 그림자가 짙게 드리워져 있었다. 유럽의 주류에서 벗어나 편히 쉬고 싶은 사람이 있다면 여기가 최상의 장소였다.

| 중성자를 핵 속으로 집어넣는 방법을 발견한 엔리코 페르미.

페르미가 평온하게 은둔하면서 찾아낸 것은 중성자를 점점 더 높은 에너지로 쏘아서 작은 핵 속에 집어넣으려는 다른 연구팀들의 시도가 틀렸다는 것이다. 빠른 중성자를 원자 속의 텅 빈 공간에 쏘면 중성자가 그냥 지나가버린다. 느린 중성자를 보내야 핵 속으로 슬며시 스며들기 쉬워지는 것이다. 느린 중성자는 마치 끈끈이 총알과 같다. 느린 중성자가 핵에 잘 달라붙는 이유를 시각적으로 나타내면, 상대적으로 느리게 날면서 중성자가 '널리 번지기' 때문이다. 중성자의 주요 부분이 핵을 때리지 못해도, 번진 부분은 여전히 연결될 가능성이 크다.[4]

느린 중성자가 이런 일을 할 수 있다고 페르미가 깨달은 날 오후에, 그의 조수들은 뒤뜰의 금붕어 연못에서 물을 몇 양동이 길어 올렸다. 그들은 보통의 방사선 원천에서 나오는 빠른 중성자를 물에 대고 쏘았다. 중성자는 물 분자에 맞고 이리저리 튀면서 속도가 느려진다. 마침내 중성자가 다시 나왔을 때는, 원자 속으로 쉽게 들어갈 만큼 충분히 느리게 달리게 된다.[5]

페르미의 교묘한 방법으로, 과학자들은 이제 핵 속에 도달할 탐침을 얻었다. 그러나 이것으로 모든 것이 명확해지지는 않았다. 느린 중성자가 들어가면 어떤 일이 일어나는가? 아인슈타인의 방정식이 말하는 모든 힘은 아직도 나타나지 않았다. 기껏해야 핵이 보통의 것과 조금 달라지면서 에너지가 찔끔 흘러나올 뿐이다. 이것은 목으로 삼켜서 신체 내부를 들여다보는 추적 물질로 쓸모가 있다. 게오르크 헤베시는 추적 물질을 사용한 최초의 연구자였다.[6] 그는 추적 물질을 사용하여 맨체스터의 하숙집 여주인이 처음에 약속한 대로 매일 신선한 음식을 내놓지 않고, 먹던 음식을 깨끗한 접시에 담아낸다는 것을 알아냈다. 그러나 삼켜도 안전할 만큼 적은 에너지는 방정식의 c^2이 약속하는 엄청난 에너지와 거리가 멀었다.

어떻게든 더 많은 설명이 있어야 했고, 물리학자들이 아직 알아내지 못한 더 깊은 수준의 세부 사항이 있어야 했다. 원자는 단단한 공이 아니고, 거의 텅 빈 공간이며(마치 물을 뺀 대양의 바닥처럼), 중심에 아주 작은 핵이 있다. 이것이 러더퍼드가 본 것이다. 핵도 단순히 단단한 조각이 아니다. 여기에는 양전하를 띤 양성자가 들어 있고, 그 주위에 중성자가 자갈처럼 섞여 있다. 1932년에 이것이 알려졌다. 느린 중성자는 핵 속을 꽤 쉽게 드나들 수 있다. 1934년에 페르미가 이것을 알아냈다. 그러나 여기에서 여러 해 동안 진전이 없었다.

09

눈 덮인 길 위에서 비밀을 풀다

핵 속에서 어떤 일이 일어나는지에 대한 해답은 1938년에야 나왔다. 이것으로 물질의 깊숙한 구조를 밝혀내고, 마침내 $E=mc^2$이 약속하는 에너지에 접근할 수 있게 된 것이다. 고독한 오스트리아 여인이 60세의 노령에 유럽의 가장자리인 스톡홀름에서 스웨덴 말도 할 줄 모르면서 이룬 업적이었다.

그녀는 이렇게 썼다. "나에게는 아무런 직함도 없다. 연구소에는 나만의 실험실도 없고, 아무 도움도 없고, 아무 권리도 없는 상황을 상상해보라⋯⋯."[1]

이것은 참담한 변화였다. 몇 달 전까지만 해도 리제 마이트너는 독일의 주도적인 과학자였고, 아인슈타인은 그녀를 '우리의 퀴리 부인'[2]이라고 불렀다. 1907년에 베를린에 처음 왔을 때 그녀는 오스트리아

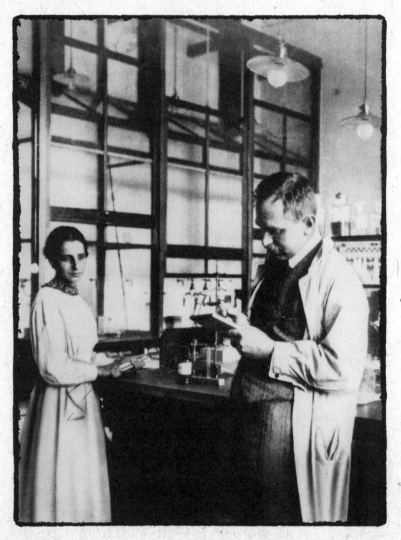

l 카이저 빌헬름 연구소의 실험실에서 연구하던 한 때의 리제 마이트너와 오토 한. 두 사람은 연구자로서의 우정을 나누었지만 나치의 차별이 격화되자 동료 관계도 금이 갈 수 밖에 없었다.

출신의 수줍은 학생이었다. 그러나 그녀는 마음을 열려고 노력했고, 같은 대학교의 미남 청년 오토 한과 금방 친해졌다. 한은 느긋한 자신감을 가지고 있었고, 장난스러운 프랑크푸르트 억양으로 말했다. 그는 이 조용한 신입생을 편하게 해주는 것을 개인적인 책무로 여겼다.

그들은 곧 화학과의 지하 연구실을 함께 쓰게 되었다. 그들은 둘 다 20대 후반이었다. 한은 마이트너의 목소리가 음정이 잘 잡히지 않는데도 그녀를 설득해서 브람스의 이중창을 함께 콧소리로 흥얼거리도록 했다. 두 사람의 공동 연구가 아주 잘 되어갈 때, 마이트너는 이렇게 썼다. "(한은) 베토벤 바이올린 협주곡을 휘파람으로 불었고, 때때로 마지막 악장의 리듬을 일부러 바꿔서 내 핀잔을 듣고 웃어댔다……."[3] 물리학 연구소가 가까이 있어서, 그곳의 젊은 연구원들이 "가끔씩 정상적인 통로를 두고 목공소의 창문을 타고 넘어서 우리를 방문하기도 했다." 일과 시간이 끝나면 마이트너는 외톨이였다. 독방만 줄지어 있는 숙소에 살았고, 가장 값이 싼 표를 사서 혼자 연주회에 갔다. 그녀가 소속된 공동체는 연구실뿐이었다.

그녀는 한보다 훨씬 뛰어난 분석가이자 이론가였지만, 한도 매우 똑똑해서(게다가 눈치도 빨라서) 이 점이 자기에게도 도움이 된다는 것을 알고 있었다. 그는 언제나 뛰어난 조언자를 잘 찾아내곤 했다. 마이트너와 한은 첫 번째 공동 발견으로 새로 생긴 카이저 빌헬름 연구소의 커다란 연구실을 얻을 수 있었다. 이 연구소는 당시의 베를린 서쪽 변두리에 들어섰다. 연구실에서 내다보면 여전히 시골의 풍차가 있었고, 좀 더 멀리 서쪽에는 숲이 있었다. 그들은 중요하고 믿을 만한 연구팀으로 알려지기 시작했다. 그들은 원자의 구조를 밝히는 데 핵심적인 발견을 했다. 그들의 발견은 금방 영국의 러더퍼드의 발견만큼 중요하게 여겨졌다.

이 모든 것을 해나가는 동안 그녀와 한은 표면적으로 격식을 유지했고, 편하게 '너'라고 부르지 않으려고 조심했다. 그녀는 모든 편지에서 그를 '친애하는 한 씨'라고 불렀다. 그들은 이런 방식으로 특별한 관계를 유지할 수 있었다. 드러내놓고 말하지는 않았지만, 서로 너무 가까워지면 안 된다고 생각했던 것이다.

두 사람이 함께 연구한 지 4년째이고 마이트너가 34세가 되던 해인 1912년에, 한은 젊은 미술 학도와 결혼했다. 마이트너는 한과 데이트를 하지 않았지만, 그 뒤로 몇 년 동안 어떤 남자와도 데이트를 하지 않았다. 마이트너는 제임스 프랑크라는 젊은 동료와도 친하게 지냈다. 그녀는 프랑크와 거의 반세기 동안 친분을 유지했고, 그가 결혼한 뒤에도, 독일에서 쫓겨나서 멀리 미국에 가 있을 때도 연락을 주고받았다. 두 사람이 모두 80대가 되었을 때 프랑크는 마이트너를 놀렸다. "나는 당신을 사랑했어요." 리제는 웃으면서 대답했다. "늦었어요!"[4]

1차 대전이 일어나자 마이트너는 병원에 자원했고, 동부전선 근처의 지옥 같은 곳에서도 일했다. 한은 군대와 관련된 일을 맡았는데, 독가스와 관련된 일을 한다는 도덕적인 딜레마는 두 사람 중 누구도 괴롭히지 않은 것 같다. 그녀는 자주 편지를 보냈다. 연구실에서 일어난 일과 한의 부인과 수영하러 간 일에 대해 썼고, 가끔씩 그녀가 병원에서 하는 일에 대해서도 조금 썼다. 그녀에게는 연구할 시간도 약간 있었다. "친애하는 한 씨! 이 편지를 읽기 전에 숨을 한 번 크게 쉬세요.…… 여러 가지 좋은 소식을 알려드릴 수 있도록 지금 하는 측정을 완료하고 싶었어요."[5]

마이트너는 모든 원소를 나열하는 주기율표에서 마지막 남은 빈틈을 채웠다. 그녀는 단독으로 이 연구를 했지만 두 사람의 이름을 모두 넣었고, 《물리학 저널(Physikalische Zeitschrift)》 편집자에게 한의 이름을 먼저 써달라고 부탁했다. 전쟁 때문에 떨어져 있는 동안 마이트너는 한에게 답장을 종용하지 않았지만, 가끔씩은 그렇지 않았다. "친애하는 한 씨! 건강하시고, 방사능에 대해서만은 소식을 주세요. 아주 오래전에 당신이 방사능에 대해서는 한 마디도 없이 한 줄만 적어 보낸 편지가 생각납니다."

전쟁이 끝나고 조금 지나서 그들은 각자 다른 연구실로 옮겼다. 1920년대 중반에 마이트너는 카이저 빌헬름 화학 연구소 이론물리학부로 갔다. 그녀는 아직도 겉으로는 수줍었지만 지적인 작업에는 자신이 있었고, 가장 권위 있는 이론 세미나에 주기적으로 참석해서 아인슈타인이나 위대한 막스 플랑크와 나란히 맨 앞줄에 앉았다. 한은 자기가 그러한 탐구를 따라가지 못한다는 것을 알고 있었고, 신중하게 자신에게 더 익숙한 화학에 집중했다. 그러나 페르미가 1934년에 중성자가 핵의 내부를 탐사하는 이상적인 도구라는 것을 알아내자, 마이트너는 다시 한 번 분야를 바꿔서 핵의 성질을 연구했다.[6] 이것은 그녀가 한을 고용할 수 있다는 것을 뜻한다. 새로운 물질을 연구하려면 언제나 화학자가 필요했기 때문이다.

1934년에 그들은 다시 함께 연구를 시작했고, 새로 박사 과정을 시작한 프리츠 슈트라스만을 조수로 얻었다. 1933년에 히틀러가 권력을 잡았다. 마이트너는 유대인이어서 베를린 대학교에서 즉각 쫓겨났지만, 여전히 오스트리아 시민이었다. 카이저 빌헬름 연구소는 자체 자금이 있어서, 그녀에게 전임 연구원으로서의 봉급을 계속 지급했다.

l 유대인이었던 리제 마이트너는 독일을 떠나 스웨덴에서 우라늄 연구를 계속했다.

그러나 1938년에 독일이 오스트리아를 점령했고, 마이트너는 자동으로 독일 시민이 되었다. 연구소는 그녀를 계속 고용할 수 있었지만, 주변의 동료들이 하는 말에 영향을 받을 수밖에 없었다. 쿠르트 헤스라는 유기화학자는 오랫동안 이 연구소에서 작은 연구실을 사용하고 있었다. 그리 뛰어난 연구자가 아니었던 그는 질투심으로 가득했고, 연구소에서 가장 먼저 열성적인 나치가 되었다. 그는 자기 말을 들으려는 사람이면 누구에게나 "유대인 때문에 우리 연구소가 위험하다"[7]고 속삭였다. 충실한 옛 제자 한 사람이 마이트너에게 이 일을 알려주었고, 그녀는 한에게 말했다. 한은 카이저 빌헬름 화학 연구소의 예산을 담당하는 기관의 재무 책임자 하인리히 회를라인을 찾아갔다.

그리고 한은 회를라인에게 마이트너를 해고하라고 말했다.

누군가가 매력적이라는 것은(한은 평생 매력적이었다), 단순히 그 사람이 주변 사람들을 편하게 해준다는 뜻이다. 매력적인 사람이라고 해서 그에게 더 엄격한 윤리적 기준이 있는지는 알 수 없다. 한은 옛 동료에게 한 일에 대해 조금 가책이 있었을 것이다.[8] "지금 리제는 매우 슬퍼하고 있다. 궁지에 몰린 그녀를 내가 모른 척했기 때문이다."[9] 그러나 다른 대부분의 독일 물리학자들이 새 정부의 비위를 맞추고 있었고, 한의 옛 제자들 중에 많은 사람들이 나치에 붙어서 힘 있는 자리를 차지했다. 이제 한은 그들과 함께 일해야 했고, (마이트너가 아니라) 그들에게 잘 보여야 했다.

그는 마이트너가 떠날 때 시시콜콜한 일을 조금 돌봐주었지만, 충격에 빠진 마이트너가 얼마나 이해했는지는 불분명하다. 그녀는 일기에 이렇게 썼다. "한은 나에게 더 이상 연구소에 나오지 말라고 말했다. 말하자면, 그가 나를 쫓아냈다."[10]

1938년 10월에 스톡홀름에 정착한 마이트너는 한이 자기에게 한 짓을 아무에게도 말하지 않았다. 대신에 거의 반사적으로, 자신이 이끌던 연구에 계속 관여했다. 그녀는 슈트라스만과 한의 도움을 받아 느린 중성자를 우라늄에 쏘는 실험을 하고 있었다. 우라늄은 자연적으로 존재하는 원소 중에서 가장 무거운 원소이다. 중성자는 우라늄 핵 속으로 스며들어가서 달라붙기 때문에 새로운 물질이 생길 것이며, 여기에서 원래의 우라늄보다 더 무거운 물질이 나올 것으로 예상

되었다. 그러나 그녀와 베를린의 연구자들은 아무리 노력해도 어떤 물질이 만들어졌는지 명확하게 확인할 수 없었다.

한은 평소처럼 무슨 일이 일어나는지 가장 늦게 파악하는 듯했다.[11] 마이트너는 중립국인 덴마크의 코펜하겐에서 한을 만났다. 그가 아무런 실마리도 없다고 털어놓자, 그녀는 앞으로 어떤 실험을 해야 하는지 명확하게 알려주었다. 그는 마이트너가 조립해놓은 최상급의 중성자 공급원과 계수기와 증폭기를 사용하기만 하면 되었다. 이 장비들은 그녀가 남겨놓은 자리에 그대로 있었다. 스톡홀름과 코펜하겐 사이의 우편은 매우 빨라서 그녀는 한 단계 진전될 때마다 한과 의견을 교환할 수 있었다. 슈트라스만은 나중에 이렇게 회고했다. "마이트너의 의견과 판단은 베를린에 있는 우리에게 대단히 중요했습니다."[12] 그녀는 큰 상처를 입었지만, 여러 해 동안 해오던 연구에 계속 집중할 수 있었다.

마이트너는 그들에게 우라늄을 오래 포격했을 때 생길 수 있는 라듐 변종들을 추적하라고 말했다. (라듐은 거의 우라늄만큼이나 무거운 핵을 가진 금속이다. 둘 다 중성자가 너무 많이 들어 있어서 방사능을 뿌리게 된다.) 이 단계에서는 거의 육감이 발휘되었다. 두 금속이 비슷하면서 광산에서 함께 발견된다는 사실이 실마리였다.

그러나 이것은 $E=mc^2$의 광범한 효과가 마침내 드러난다는 것을 뜻했다.

월요일 밤 연구실에서

친애하는 리제!

……'라듐 동위원소'에 뭔가가 있는데, 워낙 놀라워서 당신에게 단지 이렇게 말할 수밖에 없습니다. 어쩌면 당신이 어떤 환상적인 설명을 내놓을 수 있겠지요.…… 당신이 뭔가 발표할 만한 것을 내놓는다면, 여전히 이것은 우리 세 사람의 업적이 될 겁니다!

오토 한[13]

그들은 보통의 바륨을 접착제로 사용해서 중성자를 쪼인 라듐 조각들을 수집했다. 바륨이 할 일을 끝낸 다음에는, 산(酸)으로 수집해서 헹궈낸다. 그러나 이제 문제는, 한이 바륨을 분리해낼 수 없었다는 것이다. 바륨의 일부에는 언제나 방사능을 가진 뭔가가 달라붙어 있었다.

한과 슈트라스만은 길을 잃었다. "마이트너는 우리 팀의 지적인 지도자였습니다."[14] 슈트라스만은 이렇게 설명했다. 한은 이틀 뒤에 다시 편지를 썼다. "당신이 알다시피, 여기에서 길을 찾으면 참 좋겠지요."[15] 그들은 더 이상 나아갈 수 없었다. 그녀는 이 이상한 문제(왜 단순한 바륨에서 방사선을 없앨 수 없을까?)를 해결해야 했다.

마침 크리스마스가 다가왔고, 스톡홀름에 혼자 있는 마이트너를 위해 어떤 부부가 스웨덴 서해안에 있는 쿵갤브의 휴양지 마을 호텔로 그녀를 초대했다. 그녀가 언제나 좋아했던 조카 로베르트 프리슈[16]가 코펜하겐에 있었는데, 그녀의 부탁으로 조카도 초대하게 되었다. 마이트너는 조카가 베를린에서 열정적인 과학도가 된 다음에야 그

| 마이트너의 조카이자 물리학자로 핵분열에 대한 통찰을 함께한 로베르트 프리슈.

를 잘 알게 되었다. 두 사람은 피아노 이중주를 자주 연주했고, 마이트너가 연주를 잘 따라가지 못하는 것은 큰 문제가 아니었다.

이제 어른이 된 로베르트는 전도가 유망한 물리학자로서 덴마크의 닐스 보어 연구소에서 일하고 있었다. 첫날 밤에 그는 늦게 도착해서 과학에 대해 토론할 상황이 아니었다. 다음 날 아침에 호텔 1층으로 내려왔을 때,[17] 그는 이모가 한의 편지 때문에 머리를 싸매고 있는 것을 보았다. 그들이 첨가한 바륨에는 언제나 방사능이 잔류했고(에너지 빔이 뿜어져 나왔다), 그녀와 베를린의 연구자들은 그 이유를 찾아내지 못했다. 베를린의 실험 과정에서 방사능이 만들어진 것일까?

프리슈는 한의 실험에서 실수가 있었을 것 같다고 말했지만, 이모는 그렇지 않다고 대답했다. 한은 천재는 아니지만 훌륭한 화학자였다. 다른 연구실들은 실수를 하지만, 그녀의 연구실은 그렇지 않다. 프리슈는 의혹을 거두지 못했지만 이모가 옳다는 것을 알았다.

프리슈는 식탁에서 아침 식사를 하면서 마이트너와 이 문제에 대해 토론했다. 베를린의 연구자들에게 마이트너가 제안한 실험의 결과는 우라늄이 쪼개졌다고 보면 설명이 되는 것이었다. 그들이 탐지한 바륨이 단순히 쪼개진 커다란 반쪽이라면 어떨까? 그러나 러더 퍼드의 연구를 비롯해서 이제까지 핵물리학이 보여준 모든 것에 따르면, 이런 일은 일어날 수 없었다. 우라늄 핵 속에는 양성자와 중성자가 200개 넘게 들어 있다. 이것들은 강한 핵력이라고 알려진 힘으로 강하게 달라붙어 있는데, 이 힘은 극단적으로 강력한 핵 접착제이다. 어떻게 중성자 하나가 날아 들어와서 거대한 덩어리를 쪼갤 수 있는가? 커다란 돌덩이에 작은 자갈 하나를 톡 던져서 절반으로 쪼갤 수는 없다.

아침 식사를 끝낸 두 사람은 눈길을 산책하기로 했다. 이 호텔에서 멀지 않은 곳에 숲이 있었다. 프리슈는 스키를 탔고, 이모에게도 권했다. 그러나 마이트너는 스키 없이도 빨리 걸을 수 있다고 말하면서[18] 거절했다.

핵에서 조각을 떼어낸 사람은 아무도 없었다. 그들은 혼란에 빠졌다. 들어오는 중성자가 어떤 약한 지점을 때렸다고 해도, 어떻게 양성자 몇십 개가 한 번의 충격으로 떨어져 나오는가? 핵은 결대로 잘 갈라지는 바위와 다르다. 사람들은 핵이 수십억 년 동안 온전하게 그대로 있었다고 생각해왔다.

갑자기 핵을 쪼갤 정도의 에너지가 어디에서 오는가? 마이트너는 1909년 잘츠부르크의 한 학회에서 아인슈타인을 처음 만났다. 두 사람은 나이가 거의 같았고, 아인슈타인은 이미 유명해진 다음이었다. 마이트너는 수십 년 뒤에 이렇게 회고했다. 질량이 사라지면서 에너지가 나올 수 있다는 발견은 "워낙 새롭고 놀라워서, 오늘날까지 나는 이 강연을 잘 기억하고 있습니다."[19]

마이트너는 조카와 함께 눈길을 걷다가 나무 아래에서 쉬면서 이 문제를 궁리했다. 가장 최근에 나온 핵 모형은 덴마크의 닐스 보어가 제안한 것이었다. 친절하고 부드럽게 말하는 보어는 조카를 고용한 사람이기도 했다. 보어는 핵이 단단한 금속이거나 단단하게 용접된 쇠구슬의 집합이 아니라 물방울과 비슷하다고 보았다.

물방울은 내부의 무게 때문에 언제나 터지기 직전의 상태이다. 거의 터질 지경의 무게는 핵 속의 양성자들이 서로 반발하는 것과 비슷하다. 모든 양성자들이 서로를 밀어댄다(양전하들은 항상 서로를 밀어댄다). 그러나 물방울은 대체로는 한데 모여 있는데, 그 이유는 상부의 고무막 같은 표면장력 때문이다. 이와 비슷하게, 핵에는 서로 밀어대는 양성자들을 한 덩어리로 묶는 강한 핵력이 있다.

탄소나 납 같은 작은 핵에서는 핵력이 워낙 세서 양성자들끼리의 반발력은 아무 문제가 되지 않는다. 그러나 우라늄처럼 거대한 핵에 중성자가 들어가면 균형이 깨지지 않을까?

마이트너와 그녀의 조카는 그저 그런 물리학자가 아니었다. 그들은 언제나 연필과 종이를 갖고 다녔고, 스웨덴의 추운 숲속에서 크리스마스이브에, 종이와 연필을 꺼내 들고 계산을 시작했다. 우라늄 핵이 아주 크고 거기에 들어 있는 양성자들 사이에 중성자가 가득 채워져 있어서 인위적으로 중성자를 더 집어넣기 전에 이미 상당히 불안한 상태라면 어떨까? 이것은 우라늄 핵이 터지기 직전의 물방울과 비슷하다는 것이다. 이렇게 과다하게 채워진 핵에 또 중성자를 집어

I 뮌헨에 있는 과학기술 박물관인 도이체스 박물관에 1938년 사용되던 핵분열 실험 장치가 전
시되어 있다.

넣는 것이다.

마이트너는 이 흔들림을 그리기 시작했다. 그녀는 피아노 연주만
큼이나 그림 그리는 솜씨도 서툴렀다. 프리슈는 이모에게서 공손하
게 연필을 빼앗아 들고 그림을 그렸다. 핵 속에 중성자 하나가 들어
오면 핵은 가운데가 늘어날 것이다. 이것은 물풍선의 가운데를 누르
는 것과 같다. 가운데를 누르면 양쪽이 부풀어 오르지만, 운이 좋으
면 터지지 않을 것이다. 그러나 이것을 계속한다. 좀 더 세게 눌러서
풍선이 양쪽으로 더 늘어나면 누르기를 멈춘다. 그러면 반동이 일어
나서 풍선의 모양이 제자리로 돌아오는데, 이때 다시 누른다. 이렇게

계속하면 결국 풍선이 터진다. 타이밍을 잘 맞추면 세게 누를 필요도 없다. 물풍선의 모양이 제자리로 돌아올 때 가장 반동이 큰 시점에서 (마치 그네를 밀 때처럼) 다시 누르면 풍선은 점점 더 많이 늘어난다.

우라늄 핵을 때리는 중성자가 바로 이런 일을 하는 것이다. 한이 자기가 한 실험 결과를 이해하기 힘들었던 이유는, 중성자를 보태면 물질이 무거워진다고 생각했기 때문이다. 그러나 사실상 그는 우라늄을 반으로 쪼갠 것이다.

이것이 옳다면 결정적인 통찰이었다. 하지만 그들은 확인을 해보아야 했다. 핵 속에 있는 양성자의 전하가 조각들을 떼어 날려 보낼 수 있다는 것을 그들은 알고 있었다. 물리학자들이 사용하는 단위로, 그것은 약 200MeV(2억 전자 볼트)였다. 프리슈와 마이트너는 이 값을 거의 머릿속에서 계산해냈다. 아인슈타인이 1905년에 발표한 방정식을 이용하면 핵을 쪼갤 만큼의 에너지가 핵 속에 들어 있다고 증명할 수 있지 않을까? 프리슈는 이렇게 말했다.

> 다행히도 (이모는) 핵의 질량을 계산하는 방법을 기억하고 있었다.…… 이런 방식으로 이모는 우라늄 핵이 쪼개져서 생긴 두 핵이 원래의 우라늄 핵보다 대략 양성자의 1/5만큼 가벼워야 한다는 것을 알아냈다. 아인슈타인의 공식 $E=mc^2$에 따라, 질량이 사라지면서 에너지가 나온다.[20]

그런데 이 에너지는 얼마나 큰가? 양성자의 1/5이면 대단히 적은 양의 물질이다. 글자 i 위의 점 하나에는 우리 은하 속의 별보다 더 많은 양성자가 들어 있다. 그러나 양성자 한 개의 1/5만 사라져도 200MeV의 에너지를 만드는 데 충분하다. 캘리포니아의 버클리에서는 건물 하나 크기의 자석을 만들고 있었는데, 이 자석은 버클리 시 전체가 사용하는 것보다 더 큰 전기를 사용해야 입자에 100MeV의 에너지를 줄 수 있다. 그런데 양성자의 1/5밖에 안 되는 조각이 훨씬 더 큰 에너지를 만들어낸다는 것이다.

c^2의 어마어마한 숫자가 아니라면 이것은 불가능해 보인다. 질량의 세계와 에너지의 세계는 이렇게 광대한 다리로 연결되어 있다. 양성자의 조각이 '=' 부호의 다리를 건너면서 엄청나게 큰 에너지로 바뀐다.

두 사람은 쿵갤브를 걸어 나오면서 얼어붙은 강을 건넜다. 마을은 멀리 있어서 아무 소리도 들리지 않았다. 마이트너가 이 계산을 해냈다. 프리슈는 나중에 이렇게 기억했다. "양성자의 1/5은 정확하게 200MeV와 같았다. 에너지원은 바로 이것이다. 모든 것이 맞아떨어진 것이다!"

원자가 열렸다. 이제까지 모든 사람이 틀렸다. 핵 속으로 들어가는 방법은 조각을 세게, 더 세게 때리는 것이 아니었다. 한 여인과 그 조카가, 한낮의 조용한 눈 속에서, 이제 그것을 이해했다. 우라늄 원자를 폭파하기 위해 엄청난 에너지를 쓸 필요도 없다. 그냥 충분한 중성자를 준비하고 시작되기를 기다리면 된다. 그러면 핵은 흔들리기 시작하고, 점점 더 세게 흔들리다가, 결국은 핵을 유지하는 강한 핵력이 견디지 못하고, 내부의 전하에 의해 파편들이 떨어져 나온다.

이 폭발은 저절로 일어난다.

마이트너와 그녀의 조카는 과학이 정치적으로 중립이라는 소신을 가지고 있었고, 이 발견을 발표하기로 했다. 여기에 이름을 붙여야 했고, 프리슈는 박테리아가 나뉘는 것을 상기했다. 그는 코펜하겐으로 돌아가서 보어 연구소에 와 있던 미국의 생물학자에게 영어로 그 용어가 무엇인지 물었다. 이렇게 해서 원자핵이 쪼개지는 현상을 가리키는 피션(fission, 분열)이라는 용어[21]가 그의 논문에 소개되었다. 한은 이미 베를린에서의 발견을 발표했는데, 마이트너의 기여를 최소로 해놓았고, 거의 4반세기 동안 이 발견이 오로지 자기 것인 척하는 공작을 시작했다.

30년에 걸친 탐색이 끝났다. 아인슈타인의 방정식이 처음 등장했던 1905년부터 몇십 년 동안, 물리학자들은 원자가 어떻게 열릴 수 있는지, $E=mc^2$이 말하는 압축되고 얼어붙은 에너지가 어떻게 풀려날 수 있는지 보여주었다. 그들은 핵을 발견했고, 중성자라는 입자가 핵을 아주 쉽게 드나들 수 있다는 것을 알아냈다(특히 중성자를 느리게 보내면 된다는 것도 알아냈다). 또한 우라늄처럼 넘치게 채워진 핵에다 중성자를 또 집어넣으면 핵이 흔들리고 떨다가 결국은 폭발한다는 것도 알아냈다.

마이트너가 깨달은 것은 이런 일이 일어날 수 있는 이유는 핵 속의 강력한 전기가 강한 핵력의 용수철 또는 접착제로 한데 붙어 있기 때문이라는 것이다. 여분의 중성자 때문에 핵이 떨기 시작하면 이 용수철은 힘을 잃고, 내부의 조각들이 엄청난 에너지로 날아가버린다. 일이 일어나기 전후의 질량을 모두 따져보면, 날아간 조각들 전체의 질량이 핵 속에 모여 있을 때보다 줄어들었다는 것을 알게 된다. 이 '사라진' 질량이 파편들을 고속으로 날려 보낸 것이다. 사실 이것은 진정으로 사라진 것이 아니다. 방정식의 심오한 통찰에 따라, 질량이 단순히 에너지로 바뀌면서 c^2에 의해 (km/h 단위로) 1,200,000,000,000,000,000배로 커진 것이다.

이 발견은 불길한 일이었다. 이론상 누구나 이것을 사용해서 원자의 중심부인 핵을 쪼갤 수 있고, 거대한 에너지를 꺼낼 수 있기 때문이다. 다른 시대였다면 다음 단계는 천천히 일어나서, 최초의 원자폭탄은 1960년대나 1970년대쯤에야 나왔을 것이다. 그러나 1939년에 이 세계에는 사상 최대의 전쟁이 벌어지고 있었다.

어느 나라가 먼저 이 방정식의 힘을 꺼내는지를 두고 경쟁이 시작되었다.

4

성년 시절

$E=mc^2$

E=mc²가 에너지의 비밀이라는 판도라의 상자를 열었을 때, 세계는 전쟁 중이었다. 누가 먼저 E=mc²의 힘을 끌어내 새로운 무기로 만들 것인가? 독일에서는 당대 최고의 물리학자 베르너 하이젠베르크가 원자폭탄 개발의 중심에 섰고, 미국에서도 J. 로버트 오펜하이머를 중심으로 리처드 파인만과 닐스 보어 같은 천재들이 모여들었다. 그 사이 연합군의 지시 아래 노르웨이 출신 특공대원들이 나치의 원자폭탄 원료를 생산하던 고국의 중수 공장을 폭파했다. 어느덧 미국의 원자폭탄 '리틀 보이'가 처음으로 전쟁터에 나섰다.

10

독일에서 원자폭탄 움트다

1939년에 아인슈타인은 아버지가 직장을 구걸하기 위해 라이프치히의 교수에게 편지를 보내야 했던 무명의 젊은이와는 거리가 멀었다. 상대성에 관한 연구로 그는 세계에서 가장 유명한 물리학자가 되었다. 그는 베를린 대학교를 이끄는 교수였고, 나중에 반유대주의적인 대중들과 정치가들 때문에 거기에 머물 수 없게 되자 1933년에 미국으로 건너가서 뉴저지의 프린스턴에 새로 생긴 고등학문연구소(Institute for Advanced Studies)에 자리를 잡았다.

아인슈타인이 마이트너의 결과와 다른 연구팀들에 의한 후속 연구에 대한 소식을 들었을 때, 그의 동료들은 아인슈타인의 편지를 대통령의 측근을 통해 백악관에 직접 전달할 수 있었다.

F. D. 루스벨트,
미합중국 대통령께
백악관, 워싱턴 D.C.

대통령 각하:

아직 발표되지 않은 최신 연구에 따르면 우라늄 원소가 아주 가까운 미래
에 새롭고 중요한 에너지원이 될 것으로 보입니다. 이에 따라 일어난 상황
의 어떤 측면을 주시해야 하며, 필요하다면 정부가 신속하게 조치해야 할
것입니다.

이 새로운 현상은 폭탄을 만들 수 있으며, 아직은 확실하지 않지만, 극단적
으로 강력한 새로운 형태의 폭탄이 만들어질 것입니다. 이런 폭탄을 배에
실어 항구에서 터뜨리면 한 개만으로도 항구 전체와 주위의 지역이 한꺼
번에 파괴될 것입니다.

당신의 충실한
알베르트 아인슈타인 올림[1]

불행하게도 답장은 다음과 같았다.

백악관
워싱턴
1939년 10월 19일

본인은 귀하께서 최근에 편지로 대단히 흥미롭고 중요한 정보를 알려주신 데 심심한 감사를 표하고 싶습니다.

이 자료가 매우 중요함을 인지하고 위원회를 소집했습니다. 본인의 진지한 감사를 받아주시기 바랍니다.

당신의 충실한

프랭클린 루스벨트[2]

아인슈타인처럼 미국에 온 지 몇 년밖에 안 된 사람이라도 '대단히 흥미롭다'는 말은 무시하겠다는 뜻임을 알아챘을 것이다. 대통령에게는 언제나 비현실적인 생각들이 많이 전달된다. 유명한 사람이 보냈으니 예우는 해야겠지만, 루스벨트와 동료들은 폭탄 하나로 항구 전체를 날려버리는 일이 가능할 리가 없다고 보았다.

이 편지는 대통령의 책상 위에서 어딘가로 전달되었고, 결국 연방 정부 표준국장인 라이먼 J. 브릭스에게 넘어갔다. 느긋한 성격에 파이프 담배를 피우는 브릭스는 미국의 원자폭탄 개발의 총책임을 맡게 되었다.

이 일은 정부가 잘못된 사람에게 일을 맡긴 기나긴 역사에서 가장 나빴던 일로 뽑힐 것이다. 브릭스는 그로버 클리블랜드 대통령 시절인 1897년에 정부의 일을 맡기 시작했다. 당시는 미국-스페인 전쟁이 일어나기 전이었다. 그는 모든 일이 쉽게 이루어지고 미국이 안전했던 과거의 사람이었다. 그는 이런 상태가 지속되기를 원했다.

1940년 4월에 마이트너의 조카 로베르트 프리슈는 영국에 있었다. 그는 영국 정부에 원자폭탄이 실제로 가능하다는 것을 알리려고 노력했다. 이 소식을 담은 1급 비밀 문서가 나중에 워싱턴으로 날아갔다. 당시에 전 유럽에는 치열한 전투가 벌어져서 기갑부대가 여러 나라를 휘젓고 다녔다. 그러나 브릭스는 끄떡도 하지 않았다. 이 빌어먹을 영국 보고서가 바깥으로 나가면 위험할 것이다. 그는 이것을 금고에 넣고 잠가버렸다.

독일의 관료들은 과학 교육을 받지 않은 사람조차도 과거를 반대의 관점으로 보았다. 과거에 무슨 좋은 일이 있었는가? 제1차 세계대전 뒤의 물자 부족, 바이마르 공화국의 부패, 인플레이션, 실업이 있었을 뿐이다. 미래는 더 나을 것이다. 새로운 도로, 새로운 자동차, 새

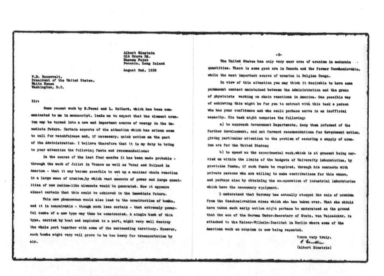

| 아인슈타인이 루즈벨트 대통령에게 보낸 편지. 아인슈타인은 원자폭탄의 위험성을 경고했으나 미국 정부는 큰 관심을 두지 않았다.

로운 기계, 새로운 정복에 대한 믿음은 여기에서 나온 것이었다. 게다가 최신의 연구는 새롭고 강력한 어떤 것을 약속하고 있었다. 요제프 괴벨스는 나중에 일기에 이렇게 적었다. "나는 독일 과학의 최근 발전에 대한 보고서를 받았다. 원자에 의한 파괴 분야는 지금 최소의 노력으로 엄청난 파괴가 가능할 정도로 진전되었다고 한다.…… 누구보다 먼저 우리가 이것을 얻어야 한다."[3]

그리고 그들에게는 이 일에 딱 맞는 사람이 있었다.

1937년 7월 초에, 베르너 하이젠베르크는 세계의 꼭대기에 있었다. 양자역학과 불확정성에 대한 연구로 유명한 그는 아인슈타인 다음으로 살아 있는 가장 위대한 물리학자였다. 그는 막 결혼했고, 신혼여행에서 돌아와 함부르크에 있는 오래된 가족 아파트에 있었다. 어머니가 살고 있는 이 집에는 그가 10대 때 만든 전함이 여전히 전시되어 있었는데, 1.5미터 크기에 전기로 작동하는 것이었다. 그는 편안하게 전화를 할 수 있었는데 박사 학위를 받았던 대학의 정교수가 되었기 때문이다. 그것도 거의 15년 전에 이 자리에 올라서 독일 학계를 놀라게 했다. 그는 어머니의 전화로 총장에게 전화를 했다.

하이젠베르크는 기분이 좋을 때면 흥분을 가다듬고 어깨를 곧추세우는 버릇이 있었다. 전화는 계속되었지만, 총장은 하이젠베르크에게 심각한 문제가 있다고 말했다. 요하네스 슈타르크라는 원로 물리학자가 나치 친위대의 주간지에 하이젠베르크가 애국심이 부족하다고 고발하는 익명의 기사를 낸 것이다. 그가 유대인과 협력하고 있으며, 적절한 친독일 정신이 없다는 등의 내용이었다.

이런 공개적인 비판 뒤에는 한밤중에 체포되어 수용소에 갇히는 일도 자주 있었다. 하이젠베르크는 두려웠지만, 화가 나기도 했다. 그들은 사람을 잘못 골랐다! 그가 유대인 물리학자와 함께 연구하는 것은 사실이지만, 보어와 아인슈타인과 위대한 물리학자 볼프강 파울리를 비롯한 많은 사람들이 유대인이거나 유대인의 피가 섞여 있어서 선택의 여지가 없었다. 그는 공적인 토론에서 언제나 자국 편에서서 히틀러의 행위를 변호했고, 외국 일류 대학교의 교수 초빙 제안을 언제나 충실하게 거절했다.[4]

하이젠베르크는 가장 가까운 친구들에게 도움을 청했지만 효과가 없었다. 그는 곧 소환되어서 베를린의 프린츠-알베르트 가에 있는 친위대 본부 지하실에서 심문을 당했다. 시멘트로 덮인 벽에는 '숨을 크게, 조용히 쉴 것'이라는 굴욕적인 문구가 붙어 있었다. (그는 고문을 당하지는 않았고, 나중에 심문관 한 사람이 하이젠베르크가 심사위원으로 있는 라이프치히 대학교에서 박사 학위를 받았다. 하이젠베르크의 아내는 그가 몇 년 동안 악몽에 시달렸다고 말했다.)[5] 결국 하이젠베르크의 어머니까지 나서야 했고, 그런 다음에야 겨우 친위대의 공격이 진정되었다.

하이젠베르크와 히믈러는 교육 수준이 높은 중산층 가정 출신이었고, 두 사람의 어머니들은 젊을 때부터 알고 지내는 사이였다. 8월에 하이젠베르크 부인은 히믈러 부인을 찾아갔다. 그녀의 아파트는 작지만 깨끗했고, 십자가 앞에는 언제나 싱싱한 꽃이 꽂혀 있었다. 그녀는 아들이 쓴 편지를 넘겨주었다.

처음에 히믈러 부인은 편지를 전달해서 아들을 귀찮게 하고 싶지 않았다. 하지만 하이젠베르크가 나중에 회상했듯이, 그의 어머니는 카드놀이를 하면서 이렇게 말했다. "'오, 히믈러 부인, 엄마들은 정치에 대해서는 하나도 모르잖아요. 우리가 할 일은 아이들을 잘 보살피는 것뿐이지요. 그래서 제가 여기 왔답니다.' 히믈러 부인은 이 말에 공감했다."[6]

어머니의 호소는 효과가 있었다.

(친위대장실에서)

존경하는 하이젠베르크 교수님!

오늘에야 1937년 7월 21일에 교수님께서 본인에게 친히 보내주신 편지에 답장을 보냅니다. 교수님께서는 그 편지로 슈타르크가 쓴 글에 대해 알려주셨습니다.

본인의 가족의 부탁으로, 교수님의 경우를 특별히 주의 깊고 정밀하게 조사했습니다.

이제 그 공격이 정당하지 않다고 판단하며 앞으로 교수님에 대한 모든 공격을 중단하도록 조치하였음을 기쁘게 알려드립니다.

본인은 11월이나 12월에 베를린에서 교수님을 만나 마음을 열고 이야기를 나눴으면 합니다.

다정한 인사를 보내며

히틀러 만세!

당신의 H. 히믈러.

추신: 그러나 추후로는 교수님께서 청중들을 위해 과학 연구의 결과와 과학자가 관련된 개인적이고 정치적 입장을 구별하는 것이 좋다고 생각합니다.[7]

추신에 담긴 뜻은, 하이젠베르크는 아인슈타인의 상대성과 $E=mc^2$에 대한 결과를 사용해도 좋지만, 아인슈타인에 대해서는 거부해야 하며, 아인슈타인을 비롯한 여러 유대인 물리학자들이 품고 있다고 알려진 자유주의적이나 국제주의적인 입장(국가 연합 지지와 인종주의 배격)을 지지해서는 안 된다는 것이었다.

이러한 조건은 하이젠베르크로서 받아들이기 어렵지는 않았다. 그는 10대 때 국토 순례 단체에서 활동했는데, 이 단체에서는 젊은이들이 조국의 뿌리와 만나기 위해 며칠에서 몇 주일 동안 황무지 지역을 도보로 여행했다. 그들은 캠프에서 모닥불 주위에 둘러앉아 전설의 영웅들에 대해 이야기했고, 선견지명이 있는 영도자가 나서서 조국이 '제3제국'으로 거듭나려면 어떻게 해야 하는지에 대해 토론하기도 했다. 많은 젊은이들이 이 단체를 거치면서 자라났고, 특히 하이젠베르크는 20대까지도 활발하게 참가해서 선배들이나 진보적인 동료들에게 핀잔을 들었다. 그는 대학교에서 고급 연구를 하다가도 세미나를 떠나서 정기적으로 10대 소년들과 어울렸고, 긴 도보 여행을 이끌다가 가능하면 숲속의 야영까지 함께한 다음에 서둘러 기차를 타고 돌아와 오전 9시 강의에 들어갔다.

독일군 무기국이 1939년 9월에(아인슈타인이 루스벨트 대통령에게 편지를 보낸 지 한 달 만에) 일을 시작했고, 하이젠베르크는 필요한 것은 뭐든 하겠다면서 가장 먼저 지원했다. 제국은 이미 전쟁 중이었다. 포병, 지상군, 기갑부대가 폴란드에서 승리를 거두었다. 그러나 아직 더 큰 적이 기다리고 있었다. 언제나 정력에 넘치는 일꾼이었던 하이젠베르크는 이제 자신의 한계마저 뛰어넘었다. 12월에 그는 원자폭탄 제조에 대한 자세한 보고서의 첫 부분을 제출했다. 이듬해 2월에는 보고서 전체를 완성했고, 베를린에서 원자로를 건설하기 시작했다. 이와 병행하여 본거지

| 불확정성의 원리로 유명하며 양자역학의 창시자로 알려진 베르너 하이젠베르크.

인 라이프치히 대학교에서도 일을 시작했고, 두 도시를 오가면서 양쪽을 모두 감독했다. 대부분의 사람들에게는 지치는 일이었지만, 하이젠베르크는 힘의 정점에 있었다. 아직 30대였던 그는 등산과 승마를 즐겼고, 오스트리아 접경의 산악보병 부대에서 1년에 두 달씩 훈련도 열심히 받았다.

1940년 벚꽃이 활짝 핀 어느 따뜻하고 맑은 여름에 최초의 실험이 베를린에서 실시되었다. 실험실로 사용한 평범한 목조 건물은 녹음이 무성한 숲속에 있었고, 마이트너가 일하던 연구소에서 멀지 않았다. 사람들의 호기심을 끌지 않도록 이 건물을 '바이러스 하우스'라고 불렀다. 실험을 위해서는 먼저 우라늄을 충분히 채워야 했다. 1938년에 마이트너와 한의 실험에 사용된 우라늄은 겨우 몇 그램이었지만,

I 동료들과 함께한 베르너 하이젠베르크(오른쪽에서 세 번째). 부친의 작고로 팔에 상장을 두르고 있다.

하이젠베르크는 훨씬 많은 양을 준비했다. 하지만 분열이 일어난 원자의 수는 아주 적었다. 표본이 너무 얇아서 중성자의 대부분이 그냥 공중으로 날아가버렸던 것이다.

하이젠베르크는 우라늄 수십 킬로그램을 주문했다. 제국의 군대가 폴란드를 침공하기 1년 전에 이미 체코슬로바키아를 점령했기 때문에, 이 정도의 양은 충분히 조달할 수 있었다. 체코슬로바키아의 요아힘스탈에는 유럽에서 가장 큰 우라늄 광산이 있었고, 마리 퀴리도 한때 이 광산을 이용했다. 무기국은 하이젠베르크의 명성에 따라 철도 운송을 최우선으로 보장했고, 마침내 이 우라늄이 도착했다.

단순히 우라늄을 많이 쌓는다고 반응이 일어나지는 않는다. 앞에서 보았듯이 핵은 아주 작고, 텅 빈 원자 속에 깊이 숨어 있다. 최초의 폭발에서 나온 중성자는 대부분 핵을 지나가버리는데, 이것은 외계인의 우주탐사선이 우리의 태양계를 지나가버리는 것과 같다.

느린 중성자가 반응을 더 잘 일으킨다는 페르미의 발견이 도움이 되었다. 앞에서 보았듯이 느린 중성자는 더 많이 '흔들리면서' 퍼져

나간다고 할 수 있다.[8] 중성자의 '몸통'이 핵 근처에만 가도 '퍼져 나간' 부분이 연결될 수 있다. 빠른 중성자는 핵을 놓치고 지나가겠지만, 느린 중성자는 핵을 훨씬 더 잘 '잡는다'. 느린 중성자가 핵에 흡수되면 $E=mc^2$이 작동한다. 핵이 흔들리다가 폭발하면서 엄청난 에너지를 내뿜는데, 이때 더 많은 중성자가 나와서 주위의 핵을 때리고, 그 핵이 또 흔들리다가 폭발하면서 쪼개진다.

하이젠베르크는 중성자의 속도를 늦출 수 있는 물질을 탐색했다. 중성자는 수소와 충돌하면서 느려지므로, 어떤 물질이든 수소가 많이 들어 있으면 어느 정도 효과가 있다. 그래서 페르미가 1934년에 연구소 뜰의 연못에서 퍼낸 보통의 물(H_2O)로도 효과를 보았던 것이다. 그러나 독일의 연구팀은 이 방법으로 큰 효과를 얻지 못했다. 보통의 물을 사용했을 때 우라늄 시료의 중심부에서 반응이 일어나서 원자들이 조금 쪼개졌지만, 방출되는 중성자가 충분히 느려지지 않아서 반응이 지속되지는 않았다.

하이젠베르크는 더 좋은 감속제가 필요했다. 페르미가 연구하던 무렵에 미국의 화학자 해럴드 C. 유리가 바다와 호수의 물에는 H_2O 분자와 함께 조금 무거운 변종도 섞여 있다는 것을 알아냈다. 이 분자는 보통의 수소 핵 대신에 중양성자를 가지고 있는데, 이것은 수소와 거의 똑같지만 두 배쯤 무겁다. 이 분자들은 다른 면에서는 보통의 물과 같아서 잘 흐르고, 투명하며, 비와 얼음과 바다의 일부를 이루고, 우리는 이것을 늘 마시고 있다. 보통의 물 분자 10,000개에 이 분자가 하나쯤 섞여 있기 때문에 이 '무거운 물' 또는 중수(重水)의 존재를 몰랐던 것이다. (커다란 수영장에 한 컵 정도의 분량이 들어 있다.) 그러나 중수는 빠른 중성자를 감속시키는 데 아주 뛰어나다. 빠른 중성자는 중양성자를 스쳐 지나갈 때마다 조금씩 느려지고, 순식간에 중양성자를 수십 번 만나서 원래보다 훨씬 느려진다. 하이젠베르크는 이 사실을 알고 있었다.

당시에 독일이 보유한 중수는 겨우 몇 리터쯤이어서, 라이프치히와 베를린이 함께 쓸 만큼 충분하지 않았다. 라이프치히 대학교 물리학 연구소 지하에서 가장 중요한 실험이 이루어지고 있었기 때문에, 하이젠베르크는 라이프치히에 더 많이 주고 싶었다. 1940년에 독일의 연구자들은 귀중한 중수를 우라늄 수 킬로그램 위에 쏟아부었다. 중수와 우라늄의 혼합물을 공 모양의 단단한 용기에 채워서 기중기로 공중에 매달고, 주위에 측정 장치를 설치했다. 교수들은 대개 세세한 실험에 관여하지 않았지만, 하이젠베르크는 이론적 재능만큼이나 실험에도 재주가 있다고 자부했다. 그는 실험을 담당한 로베르트 되펠과 함께 측정 장치의 일부를 손수 만들기도 했다.

우라늄과 중수를 제자리에 놓고 측정 장치를 용기에 근접해서 설치한 다음에, 실험 준비가 완료되었다. 화약에는 성냥이 필요하고, 다이너마이트에는 뇌관이 필요하다. 원자를 폭발시키려면 처음에 중성자를 뿌려주어야 한다. 되펠은 저장 용기 바닥에 구멍을 남겨 두었다. 채드윅이 사용했던 것과 비슷한 소량의 방사성 물질을 채운 긴 탐침을 이 구멍 속으로 넣으면서, 폭탄의 모든 부분이 제자리를 잡았다.

실험은 1941년 2월에 시작되었다. 되펠과 하이젠베르크가 탐침을 집어 넣으라고 지시하면 빠른 중성자가 우라늄 속으로 들어갈 것이다. 우라늄 원자 몇 개가 폭발해서 파편이 흩어진다. 파편들은 마이트너가 $E=mc^2$이 동작하는 방식을 설명하기 전까지는 아무도 상상조차 하지 못했을 정도로 빠르게 날아간다. 파편들 속에는 중성자도 많이 섞여 있다. 이 중성자가 처음에는 아무 효과 없이 우라늄을 통과하겠지만, 중수를 만나서 여러 번 충돌하면서 느려질 것이다. 이제 중성자가

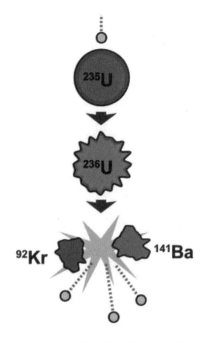

I 중성자를 흡수한 우라늄이 분열되는 과정.

천천히 흔들리면서 퍼져 나가기 때문에 우라늄 핵을 더 잘 건드린다. 중성자에게 얻어맞은 핵 중에서 가장 약한 것들이 흔들리고 떨다가 마침내 쪼개진다.

핵이 쪼개질 때마다 $E=mc^2$에 의해 가이거 계수기에서 딸깍 소리가 나고, 쪼개지는 핵이 점점 더 많아진다. (하이젠베르크의 계산에 따르면) 최초의 몇백만분의 1초 동안에 2,000회 정도의 폭발이 일어난다. 그다음에는 4,000회, 그다음에는 8,000회, 또 그다음에는 16,000회의 폭발이 일어난다. 폭발이 짧은 시간 간격 동안에 빠르게 두 배로 늘어난다. 모든 것이 잘 동작하면 몇분의 1초 동안에 작은 폭발이 수

십억 번 일어나고, 그다음에는 수조 번 일어나며, 이렇게 연쇄 반응이 계속된다. 이 폭발은 보통의 물질 구조를 찢어서 원자 속에 수십억 년 동안 갇혀 있던 에너지를 해방시킨다. 제국의 본부가 임명한 장교들이 운영하는 라이프치히 대학교 지하에서, 자랑스럽게 나치 십자가를 착용하고 강의를 듣는 학생들과 함께 말이다. 수십억 개의 원자를 폭발시키기 위해 어마어마한 실험실에 중성자 기계 수십억 대를 설치할 필요도 없다. 원자 몇 개만 쪼개지면 파편 속에 들어 있는 중성자에 의해 나머지도 쪼개진다. 최초의 우라늄은 연쇄 반응을 지속할 정도로 농축되지 않았지만, 처음에는 이렇게 시작하는 것이다.

교수들이 지시를 내렸다. 되펠의 조수 빌헬름 파셴이 탐침을 집어넣었다. 실험은 1941년 초에 실시되었다. 최초의 중성자가 우라늄 속으로 들어갔다! 모든 사람들이 결과를 기록하는 다이얼을 노려보았다.

아무 일도 일어나지 않았다.

반응이 계속될 만큼 우라늄이 충분하지 않았던 것이다. 하이젠베르크는 당황하지 않았고, 더 많은 양을 주문했다. 주문을 받은 베를린 아우어 사는 치약에서 업종을 바꾸어 여러 가지 우라늄 제품을 도매로 팔고 있었다. 아인슈타인이 루스벨트 대통령에게 경고했듯이 독일의 원료 공급에는 아무 문제가 없었다. (아인슈타인은 이렇게 썼다. "독일은 그들이 점령한 체코슬로바키아의 광산에서 우라늄 판매를 중단했고…… 가장 중요한 우라늄 산지는 벨기에령 콩고입니다.")[9] 점령된 벨기에의 광산 조합은 콩고 광산에서 캐낸 우라늄 수천 킬로그램을 가지고 있었다. 요아힘스

탈의 우라늄이 바닥나자 독일은 이곳으로 눈을 돌렸다.

우라늄을 사용할 수 있는 형태로 가공하려면 많은 노동력이 투입되어야 했는데, 미세한 우라늄 가루는 노동자들에게 위험한 것이었다. 그러나 하이젠베르크는 시대에 뒤진 인권 따위의 개념에 아랑곳하지 않는 인력 조달 기관을 가지고 있었다.[10] 독일의 수많은 수용소에는 어차피 금방 죽일 사람들로 가득했다. 이 중요한 일에 이 사람들을 이용하지 말아야 할 이유가 무엇인가? 전쟁이 진행되는 동안 베를린 아우어의 중역들은 작센하우젠 수용소에서 조용히 여성 '노예'[11]를 사들여서 우라늄 가공에 투입했다. 1940년 4월에 하이젠베르크는 우라늄을 빨리 보내달라고 요청했고,[12] 원자폭탄 개발의 군대 측 관리자는 최대한 빨리 생산하라고 베를린 아우어 사를 재촉했다. 그해 여름부터 공급이 시작되었고, 1941년에는 더 많은 양이 빠르게 공급되었다.

그해 가을에 더 유망한 실험 결과가 나왔고, 다음 해인 1942년 봄에 마침내 돌파구가 열렸다. 저장 용기에서 중성자가 쏟아져 나왔다. 그 양은 반응을 일으키기 위해 집어넣은 중성자보다 13퍼센트가 많았다. 아인슈타인이 처음 언급한 지 거의 40년 만에 이 에너지가 방출된 것이다. 이것은 마치 좁은 깔때기를 지하에 깊이 박았더니 깔때기를 통해 거센 바람(방출된 에너지)이 나온 것과 같았다. 히믈러의 신뢰가 입증되었다. 승리자 하이젠베르크는 아인슈타인의 방정식이 말한 힘을 꺼내어 나치 독일에게 보여주었다.

아인슈타인은 하이젠베르크의 성공에 대해 알게 되었다. 카이저 빌헬름 물리학 연구소의 소장은 네덜란드 사람이었는데, 그도 결국은 쫓겨나서 미국으로 왔고, 바이러스 하우스와 라이프치히 대학교에서 수행된 연구에 대해 새로운 동료들에게 알려주었다.

아인슈타인은 루스벨트 대통령에게 또 다른 편지를 썼다. "저는 이제 독일이 카이저 빌헬름 물리학 연구소에서 수행한 비밀 연구에 대해 알게 되었습니다."[13] 그러나 이번에는 답장을 보내는 의례적인 친절조차 없었다. 과학계에서 엄청난 명성을 가진 백발의 외국인이라면 함부로 하기가 어렵다. 하지만 전쟁이 가까워지자 긴장이 고조되었고, 이제 FBI는 그의 말을 불신할 만한 이유가 있었다. 아인슈타인은 사회주의자에다 시온주의자였고, 게다가 무기 제조사들의 초과 이득에 반대하는 발언도 했다. FBI는 군 정보 당국에 다음과 같은 보고서를 전달했다.

그의 급진적인 배경으로 볼 때, 본 수사국은 면밀한 조사 없이 아인슈타인 박사에게 비밀에 관련된 일을 맡기기를 권장하지 않습니다. 그러한 배경을 가진 사람이 짧은 시일 안에 충성스러운 미국 시민이 되기는 어렵기 때문입니다. [14]

미국이 마침내 원자폭탄 개발에 발 벗고 나선 것은 영국에서 온 성마른 방문객의 도움이 컸다. 러더퍼드가 키운 또 다른 영특한 젊은이 마크 올리펀트는 1941년 여름에 연합군에 두 가지 큰 기여를 했다. 첫 번째로 그는 공동 자전관(cavity magnetron)이라는 커다란 선물을 가지고 워싱턴에 도착했다. 이 발명품을 이용하면 방 하나 크기의 레이더를 비행기에 장착할 정도로 작게 만들 수 있고 정밀도도 훨씬 높일 수 있었다. 워싱턴에서 올리펀트는 서방의 원자폭탄 연구의 지도자 라이먼 브릭스가 영국의 비밀 보고서를 금고에 감춰두고 아무 조치도 하지 않았다는 것을 알았다. 올리펀트는 버클리로 가서 물리학자 어니스트 로렌스에게 상황이 얼마나 긴급한지 설명했다. 이것이 그의 두 번째 기여였다.

로렌스는 물리학자로서 특별히 영특하지 않았지만,[15] 거대하고 강력한 기계를 사랑했다. 그의 단순한 성품은 거대한 기계를 만들 때 어디에 초점을 맞추어야 하는지 알아내는 데 도리어 도움이 되었다. 새뮤얼 앨리슨(당시에 시카고 대학교에 있었다)은 이렇게 회상했다. "브릭스는 우라늄으로 만든 작은 정육면체를 책상 위에 두고 내부 사람들에게 보여주었고…… 우라늄 1파운드를 통째로 갖고 싶다고 말했다.…… 하지만 로렌스라면 40톤을 갖고 싶다고 말했을 것이다."[16]

1941년 가을에 브릭스가 밀려나고 로렌스를 포함해서 더 효율적인 지도자들이 들어왔으며, 12월(진주만 공습으로 미국이 전쟁에 참가했을 때)에 진짜로 프로젝트가 시작되었다. 이것을 맨해튼 프로젝트라고 불렀는데, 표면적으로는 맨해튼 공병대의 일부로 되어 있었다.

| 공동 자전관은 전자기파를 만들어내는 자전관의 한 종류로 1940년 영국 버밍햄대학의 존 랜달과 해리 부트가 개발했다.

브릭스가 싫어했던 망명자들이 반드시 필요한 사람들이었다. 예를 들어 유진 위그너는 놀라울 정도로 조용하고 겸손한 헝가리 사람이었다. 조용하고 겸손한 성품은 위그너 가문의 내력이었다. 제1차 세계대전이 일어나자, 유진의 아버지는 황제가 위그너 가문의 견해에 좌우되지 않을 것이라고 매우 타당하게 지적하면서 정치적 토론을 멀리했다. 신중한 아버지는 뛰어난 학생인 유진이 대학교에서 전공을 정할 때 성공할 가능성이 희박한 이론물리학 대신에 실용적인 공학 학위를 받게 했다.[17]

그러나 위그너는 물리학에서 성공했다. 1930년대에 유럽에서 쫓겨난 위그너는 하이젠베르크가 했던 계산을 미국에서 수행하는 데 핵심적인 역할을 했다. 그것은 반응을 어떻게 출발시키는지에 대한 계산이었다. 그는 공학을 배웠기 때문에 이 일을 하이젠베르크보다 훨씬 더 훌륭하게 해냈다. 예를 들어 원자로에 넣을 우라늄을 어떤 모양으로 만들어야 할까?[18] 가장 효과적인 형태는 공 모양이다. 공 모양일 때 가장 많은 수의 중성자가 중심부로 들어갈 수 있다. 그다음으로 좋은 것(공 모양으로 정밀하게 가공하기가 너무 어려운 경우)은 계란 모양이다. 그다음이 원통형이고, 그다음이 정육면체이며, 가장 나쁜 것이 평판 모양이다.

하이젠베르크는 라이프치히 대학교에 설치한 장비에서 평판을 선택했다. 평판이 이론적으로 계산하기 가장 쉽다는 단순한 이유에서였다.[19] 그러나 경험이 많은 공학자는 이론에 얽매이지 않는다. 공학에서는 계란 모양이나 다른 모양을 사용할 때 필요한 여러 가지 비공식적인 요령이 있다. 위그너는 이것을 알고 있었고, 가족들의 강요로 실용적인 공학 학위를 받은 비슷한 처지의 망명자들도 마찬가지였다. 이것이 가장 중요했다. 대개 교수들은 권위적이고, 2차 대전 이전의 독일 교수들은 특히 더 심했다. 전쟁이 계속되면서, 독일의 하급 연구자들은 공학적 가정 등에서 하이젠베르크의 실수를 발견했다. 그러나 하이젠베르크는 거의 언제나 아랫사람들의 말을 경청하지 않았고, 감히 말도 꺼내지 못하게 화를 내면서 꾸짖었다.

그렇다고 해도, 당시에는 원자폭탄을 만드는 경쟁에서 미국이 승리한다고 아무도 장담할 수 없었다. 미국은 대공황에서 겨우 빠져나왔고, 산업 기반의 상당 부분이 여전히 녹슬고 버려져 있었다. 하이젠베르크가 원자폭탄 연구를 시작할 무렵에 독일군은 세계 최강이었다. 독일군은 세계의 어떤 국가보다 더 압도적인 장비를 보유하고 있었다. 미군은 1차 대전 때의 구식 장비까지 포함해야 겨우 2개 사단을 운영할 정도여서, 세계 10위권 밖에 있는 벨기에 정도의 수준이었다.[20]

또한 독일에는 세계 최고의 기술자들과 강력한 대학들(수많은 유대인을 추방했지만)이 있었다. 무엇보다도 독일은 출발이 빨랐다. 하이젠베르크와 동료들이 전력을 다해 연구에 매달린 2년 동안에 브릭스는 자기 책상에서 꾸물대고 있었다. 이런 일들이 얽혀서 누가 이 방정식을 먼저 사용하는가를 결정하게 되었다. $E=mc^2$은 더 이상 순수 연구의 상징이 아니었다. 연합국은 점점 더 빠르게 질주하고, 독일의 노력은 방해 공작을 만난다.

노르웨이 습격

영국 정보부는 독일의 원자폭탄 개발 계획을 처음부터 감시하고 있었고, 여기에서 한 가지 약점을 알아냈다. 그것은 우라늄은 아니었다. 설사 누군가가 그럴 수 있다 해도, 벨기에는 파괴해야 할 우라늄이 너무 많았다. 하이젠베르크도 아니었다. 암살조가 베를린이나 라이프치히까지 갈 수 없었고, 가족 여름 휴양지인 바바리안 알프스도 너무 멀었으며, 여기도 분명히 경비가 삼엄할 것이다.

가장 취약한 목표물은 중수였다. 원자의 연쇄 반응을 일으키려면 최초의 폭발 때 나오는 중성자를 감속시켜야 한다. 이렇게 해야 느려진 중성자가 다른 핵을 찾아서 때릴 수 있고, 그것들을 흔들어서 숨어 있는 에너지를 꺼낼 수 있다. 하이젠베르크는 이 용도로 중수를 사용하려고 했지만, 중수를 보통의 물에서 분리하려면 막대한 에너지를 사용하는 거대한 공장이 필요했다.

하이젠베르크 진영의 몇몇 신중한 사람들은 안전하게 독일 땅에 자체 공장을 세워서 중수를 생산하자고 제안했다. 그러나 군부의 후원을 등에 업은 하이젠베르크는 훌륭한 중수 공장이 노르웨이의 수력 발전을 이용해서[1] 돌아가고 있다는 것을 알고 있었다. 최근까지 노르웨이는 독립국이었지만, 이제는 정복된 지역일 뿐이었다.

이것이 운명을 가르는 결정이었다. 독일의 국수주의자들은 자기네 나라가 오랫동안 갇혀서 숨이 막힐 지경이라고 생각했다.[2] 새로운 제국이 유럽을 지배할 권리가 있다는 생각에 동조한 하이젠베르크는 노르웨이 공장을 이용하는 방안을 옹호했다. 전쟁 중에 그는 흥분에 들떠 속국들을 방문했고, 한때 동료였던 현지 협력자들의 사무실을 확보했다. 네덜란드에 갔을 때는, 자신도 강제수용소에 대해서 들었지만 민주주의는 활력이 충분하지 않고, 독일이 지배해야 한다고 말해서 헨드릭 카시미르를 깜짝 놀라게 했다.[3]

노르웨이 공장은 오슬로에서 꼬불꼬불한 길을 따라 150킬로미터 더 가야 만나는 산악 지대인 베모르크의 협곡에 있었다. 전쟁 전까지 이 공장에서는 한 달에 12리터만을 생산해서 연구용으로 공급하고 있었다. 독일의 화학회사 연합인 거대한 이게파르벤은 시장 가격보다 더 비싸게 살 테니 더 많이 생산해달라고 제안했지만, 노르웨이의 관리자들은 나치를 돕기 싫어서 거절했다. 몇 달 뒤에 이게파르벤의 기술자들이 다시 한 번 요청했다. 이번에는 독일군이 노르웨이군을 격파한 뒤였고, 그들의 뒤에는 기관총으로 무장한 군대가 있었다.

| 노르웨이 베모르크에 있는 이 중수 공장에서 독일의 원자폭탄 개발에 필요한 중수를 생산했다.

베모르크의 직원들은 받아들일 수밖에 없었고, 생산 속도를 높여서 1941년 중반에는 연간 1,500리터를 생산했다. 1942년 중반에는 생산 속도를 더 높여서 연간 5,000리터가 되었고, 라이프치히와 베를린을 비롯해서 여러 연구 센터로 중수가 꾸준히 운송되었다.

이 공장은 난공불락의 요새로 여겨졌기 때문에 경비병이 수백 명밖에 없었다. 공장 전체가 철조망과 조명등으로 둘러싸여 있고, 단 하나뿐인 현수교를 통해서만 들어올 수 있었다. 노르웨이의 저항 세력은 소규모이고 훈련도 제대로 받지 못해서 이렇게 거대한 시설을 공격할 만큼 위협적인 존재가 아니었다. 깊은 산속에 있는 이 공장은 주변의 높은 봉우리 때문에 1년에 다섯 달 동안 햇볕이 전혀 들지 않았다. 공장에 있는 사람들은 건강을 유지하기 위해 케이블카를 타고 위로 올라가서 햇볕을 쬐어야 했다.

영국 정부는 이곳을 공격 목표로 정했다. 베모르크가 해안에 있었다면 영국 해군이 침투를 시도할 수 있겠지만, 이곳은 내륙으로 160킬로미터 들어가 있어서 제1 공수사단의 팀이 선택되었다. 그들은 뛰어난 군인들이었다. 주로 런던의 노동자 출신으로 대공황에서 살아남기 위한 주먹싸움으로 단련되었고, 이제 20대가 되어서 무기, 무전, 폭약 등에 대해 본격적인 훈련을 받았다. 그들은 물론 자신들이 어디로 가는지 알지 못했다. 그것은 임무가 시작되는 날 알게 될 것이었다. 그때까지 그들은 낙하산 부대 시합에 나가서 미군을 꺾어야 하는 것으로 알고 있었다. 원자폭탄 개발의 향방이 그들의 손에 달려 있다는 것을 본인들은 전혀 모르고 있었다.

글라이더 부대 두 팀이 스코틀랜드 북부의 어둠을 뚫고 새로운 고속 핼리팩스 폭격기에 견인되어 날아올랐다. 그들은 모두 합쳐서 약 30명이었다. (요즘에는 글라이더가 개인용 장비로 인식되지만, 헬리콥터가 일반화되기 이전인 당시에는 글라이더가 지금보다 훨씬 더 컸고, 모터가 없는 작은 수송기와 같았다.) 끔찍한 밤이었다. 산 아래에 묻혀 있는 어마어마한 광맥 때문에 나침반 바늘이 엉뚱한 방향으로 돌아갔고, 비행사 한 사람은 산맥의 끝자락으로 글라이더를 몰고 갔다.

다른 팀의 글라이더 비행사는 오스트레일리아 사람이었다. 그는 눈보라로 방향도 유지하기 힘든 북반구의 밤에 이러지도 못하고 저러지도 못하는 상황에 빠졌다. 글라이더가 핼리팩스 폭격기에 매달린 채 계속해서 높이 날면 날개와 케이블에 얼음이 두껍게 얼어서 추락할 것이다. 그렇다고 너무 빨리 견인줄을 끊고 글라이더의 고도를 낮추면, 산악 지대의 강한 회오리바람 때문에 경로에서 벗어날 것이다. 마침내 이 오스트레일리아인이 조종하는 글라이더는 두꺼운 구름 속에서 견인줄을 끊고 풀려났다. 그러나 뭔가가 잘못되어서 글라이더가 추락해 땅에 세게 부딪혔다.

두 추락 지점에는 생존자가 여러 명 있었다. 몇몇 대원들은 스스로 모르핀 주사를 놓고 암페타민을 먹으면서 다친 몸을 이끌고 눈 속을 뚫고 농가를 찾아 도움을 청했다. 그러나 그들은 모두 독일군이나 지역 협력자들에게 잡혔다. 대부분은 즉시 총살되었고, 나머지는 몇 주일 동안 고문당한 다음에 같은 운명을 맞이했다.

*   *   *

몇 년 전까지만 해도 옥스퍼드 대학교 밸리올 칼리지의 유망한 천문학자였던 R. V. 존스는 이제 겨우 20대를 지나서 공군 정보장교로 일하고 있었다. 옥스퍼드 대학교에서는 영리함을 자랑하기 위한 논쟁에나 등장했던 윤리적 딜레마를 이제 그는 실생활에서 겪고 있었다. 공수특전단 30명을 보냈지만 모두 죽었다. 공장 근처에도 가보지 못했다.

존스는 몇십 년 뒤에 이렇게 회상했다. "두 번째 공격의 결정이 나

| 베모르크 중수 공장에서 생산했던 중수 앰플.

에게 맡겨졌다. 2차 공격에서 어떤 일이 일어나든 나는 런던에 안전하게 있어야 한다는 상황 때문에 또다시 30명을 사지로 보낸다는 결정이 특히 힘들었다.……"[4]

"나는 이렇게 생각했다. 1차 공격이 비극으로 끝나기 전에 우리는 이미 결정했고, 따라서 기분이 어떻든 간에 중수 공장을 폭파해야 한다. 전쟁 중에 사망자가 나오는 건 어쩔 수 없고, 1차 공격 요청이 옳았다면 이것을 반복하는 것도 옳다."

이번에는 노르웨이 사람들이 이 일을 맡았다. 영국에 있던 6명의 지원자가 선택되었다. 한 사람은 오슬로의 배관공이었고, 다른 사람들은 보통의 기계공들이었다. 당시의 기록에 따르면 영국 당국은 공수부대 수십 명이 실패한 일에 노르웨이 사람들이 성공할 거라고 믿지 않았다. 예를 들어 거사가 끝난 뒤의 탈출에 대해서는 거의 신경을 쓰지 않았다. 하지만 달리 무슨 대책이 있는가? 중수가 계속 독일로 운반되면 라이프치히의 연구가 진전될 것이고, 베를린의 바이러스 하우스에서도 연구가 진전될 것이다.

노르웨이 사람 6명은 가능한 한 많은 훈련을 받은 다음에 케임브리지 외곽의 사치스러운 안전 가옥, 즉 S.O.E. 특수훈련소 61호로 이동했다. 그들은 여기에서 최종 준비를 하면서 날씨가 좋아지기를 기다렸다. 수다스러운 영국 여자 친구들이 있었고, 케임브리지로 외출해서 가끔씩 저녁 식사도 했다. 그러다가 1943년 2월에 날씨가 좋아진다는 예보가 있었고 이 안전 가옥은 갑자기 텅 비었다.

그들은 노르웨이에 낙하산으로 침투한 다음에 겨우내 외딴 오두막에서 기다리던 다른 노르웨이인 선발대와 합류했다. 그들은 함께 크로스컨트리 스키를 타고 몇 주 뒤에 베모르크에 도착했다. 이때가 토요일 밤 9시쯤이었다.

"반대편 산 중턱에 목표물이 내려다보였다.…… 마치 중세의 성처럼 우뚝 선 거대한 공장은 절벽과 강으로 둘러싸여 가장 접근하기 어려운 곳에 있었다."[5]

이것은 아인슈타인의 조용한 생각에서 시작되어서 가장 멀리 간 파도였다. 무장한 노르웨이 사람 몇 명이, 깊은 눈 속에서 거친 숨을 몰아쉬면서, 한밤중에 불을 밝힌 성채를 노려보고 있었다. 독일이 경비병을 많이 배치하지 않은 이유는 명확했다. 거기로 갈 수 있는 유일한 방법은 수백 미터 깊이의 바위 협곡에 걸려 있는 현수교를 건너는 것이었다. 경비병들은 방어벽 뒤에 몸을 숨기고 있지만 다리 위에서 총격전을 펼쳐서 사살할 수 있을 것이다. 물론 그런 일이 일어나면 독일군은 근처 마을 사람들을 죽일 것이다. 양쪽 다 이것을 알고 있었다. 한 해 전에 텔라바그 섬에서 무전기가 발각되자 독일군은 섬 안에 있는 모든 집과 배를 불태웠고, 섬 주민들은 여자와 아이까지 남김없이 수용소로 보내버렸다. 런던의 존스는 분명히 이런 일을 바라지 않을 것이다. 공장을 내려다보는 9인의 노르웨이 용사들도 결코 그런 일이 벌어지도록 행동하지 않을 것이다. 그러나 그들은 포기할 수 없었고, 공장에 침입할 다른 방법을 찾아보았다.

 그들은 영국에 있을 때 정찰기가 찍은 항공사진을 아주 크게 확대해서 자세히 살펴보았고, 크누트 헤우켈리드 대원이 협곡을 따라 조금 멀리 뻗어 있는 관목 덤불을 찾아냈다. 그는 이렇게 말했다. "나무가 자라는 곳을 따라 한 사람씩 내려갈 수 있다."[6] 대원 한 사람이 전날 정찰해서 이것을 확인했다. 그들은 배낭이 무겁다고 투덜대면서 기어서 내려갔다. 강을 건널 때는 얼음판 위로 불길하게 물이 스며 나왔다. 그런 다음에 배낭이 무겁다고 더 심하게 투덜대면서 공장을 향해 올라갔다. 동료들을 실망시키지 않기 위해 대원들은 모두 은밀하게 발걸음을 재촉했다. 속도 때문에 금방 심신이 지쳐갔다.

 그들은 공장 외곽에서 멈추었고, 초콜릿을 먹으면서 원기를 보충했다. 터빈이 돌아가는 소리가 요란하게 들렸다. 라이프치히와 베를린에서 주문한 양이 많아서 공장이 24시간 가동하고 있었다. 중무장한 9명의 남자들이 무슨 말을 했을까? 한 사람은 몰래 잇새에 낀 음식을 빼려고 이를 쑤시다가 놀림을 당했다. 다른 사람들은 좀 더 심각하게, 베모르크를 향해 스키로 출발하기 전날 만났던 두 쌍의 젊은 부부에 대해 말했다. 낙하산 부대원 한 사람이 그들 중 한 사람과 같은 학교를 다녔지만, 처음에는 무기를 가진 낯선 사람들이 두려워 가까이 오지 않았다. 그들은 학교 시

| 노르웨이 출신으로 중수 공장 폭파 작전에 나선 크누트 헤우켈리드.

절의 친구를 알아보지 못했지만, 나중에는 결국 알아보았다. 낙하산을 타고 돌아온 대원은 요즘의 노르웨이 사정이 너무나 궁금했지만, 서로 대화하는 것은 위험한 행동임을 양쪽 다 알고 있었다. 대원들은 부부들의 오두막에 켜진 등불과 화롯불에서 나는 연기를 의식하면서 밤을 지새워야 했다. 그들은 집 생각을 떨쳐버리려고 소총과 수류탄과 폭약을 점검하고 스키를 닦았다.

대원 한 사람이 시계를 보았고, 짧은 휴식이 끝났다. 그들은 배낭을 메고 문을 향해 갔다. 대원들 중에 전직 배관공이 있다는 것이 장점이었다. 그는 큼지막한 철사 절단기를 들고 철조망을 서슴없이 잘랐다. 그들은 안으로 들어갔다.

이때가 중요한 순간이었다. 하이젠베르크와 독일군 무기국은 '기계'를 건설하고 있었다. 그것은 우라늄, 훈련된 물리학자들, 저장 용기, 중성자 원천이 결합된 거대한 장치였다. 모든 부분이 제자리에 있어야 우라늄 원자 가운데 있는 질량이 사라지면서 $E=mc^2$의 폭발이 일어날 수 있다. 우라늄 원료를 '기폭'시킬 정도로 중성자의 속도를 충분히 늦추는 역할을 하는 중수는 기계에서 제자리에 들어가야 할 마지막 부분이었다. 독일은 병력과 레이더 기지와 지역 협력자와 친위대 심문관들을 동원하여 $E=mc^2$의 힘을 끌어내는 '기계'를 막으려는 영국 공수부대를 격퇴했다.

이제 남은 것은 9인의 노르웨이 용사들뿐이었다. 한 무리는 경비병 막사 바깥에 자리를 잡았다. 다른 무리는 공장으로 나 있는 거대한 주출입문을 감시했다. 이 문을 폭파해서 열 수도 있지만, 보복을 당하기는 마찬가지일 것이다. 공장에서 일한 적이 있는 기술자 한 사람이 저항 세력에게, 공장 옆쪽에 잘 사용하지 않는 전선 도관이 있다고 알려주었다. 가져간 폭약을 모두 짊어진 두 대원이 이 도관의 입구를 찾아내어 기어들어갔다.

　내부의 직원들은 이게파르벤을 사랑하지 않았고, 그들이 계속하기를 원했다. 10분 안에 폭약이 설치되었다. 직원들은 모두 빠져나갔고, 두 사람이 재빨리 뒤따라갔다.

　새벽 한 시쯤에 약한 폭발음이 들렸고, 창문으로 잠깐 동안 섬광이 보였다. 중수를 분리하는 18개의 '셀(cell)'은 가슴 높이의 두꺼운 철제 상자로, 무지막지하게 튼튼한 가스 보일러 같았다. 9명이 메고 올라갈 정도의 폭약으로 이것을 완전히 파괴하기는 불가능했다. 대신에 노르웨이 사람들은 바닥에 작은 플라스틱 폭약을 설치했다. 폭약으로 구멍이 뚫렸고, 날카로운 파편에 맞아 노출된 관이 절단되었다.

　푄이라고 부르는 따뜻한 바람이 불기 시작했고, 노르웨이 사람들은 골짜기로 내려가는 길에 눈이 녹는 것을 느꼈다. 탐조등이 켜지고 공습경보 사이렌이 울렸지만, 탈출에 방해가 되지는 않았다. 지형이 울퉁불퉁해서 숨어서 이동하는 데 문제가 없었다. 그들이 기어올라서 스키를 타고 가는 동안 중수는 공장의 하수구를 통해 강으로 흘러들고 있었다.

12

|

미국의 반격

이 작전은 연합국에 시간을 벌어주었지만, 원자폭탄 개발의 책임자를 잘못 뽑으면 이 시간조차 아무 소용이 없을 터였다. 버클리 대학교의 물리학자 어니스트 로렌스가 책임자로 거론된 적도 있었지만, 그가 사람을 다루는 재주를 보면 하이젠베르크가 더 신중해 보일 지경이었다.[1] 1920년대와 1930년대에 미국의 물리학 기반은 매우 약해서[2] 원자폭탄을 만들기 위해서는 더 뛰어난 유럽 망명자들에게 크게 의지해야 했다. 그들을 이끌 인물로 사우스다코타 출신의 어깨가 넓은 로렌스보다 나쁜 사람은 없었다.

1938년에 이탈리아에서 온 망명자 에밀리오 세그레는 로렌스의 연구실에서 한 달에 300달러를 받는 일자리를 잡았다. 세그레에게는 신의 선물이었다. 그는 유대인이었고, 그와 젊은 아내가 이탈리아로 돌아가면 대학교에 자리를 잡을 가능성이 없었다. 게다가 그들은 독일인의 손에 맡겨질 것이고, 수많은 친척들이 당했듯이 아이들이 살해당할 수도 있었다. 세그레는 로렌스가 한 일에 대해 이렇게 회상했다.

1939년 7월에, 내 상황을 알게 된 로렌스는 나에게 팔레르모로 돌아갈 것인지 물었다. 나는 사실대로 말했고, 그는 즉시 내 말을 자르면서 이렇게 말했다. "그러면 내가 왜 자네에게 한 달에 300달러씩이나 줘야 하지? 지금부터는 116달러를 주겠네."

나는 당혹스러웠고, 오랜 세월이 지난 지금까지도 그가 1초도 생각하지 않고 그런 말을 한 것 같아 놀랍다.[3]

원자폭탄 프로그램을 총괄한 레슬리 그로브스는 로렌스보다는 조금 나아서, 최소한 곧 닥칠지 모를 죽음을 들먹이며 부하들을 위협하지는 않았다. 그가 뭔가를 건설하는 데 능했다는 점은 로렌스와 비슷했다. 그는 MIT에 잠시 다닌 뒤에 미국 육군사관학교를 4등으로 졸업했고, 펜타곤 건물 공사의 책임을 맡았다. 원자폭탄을 개발하기 위해서는 거대한 원자로를 건설해야 했는데, 냉각수를 얻기 위해 큰 강 옆에 지어야 했다. 또 독성이 있는 우라늄 구름을 여과하기 위해 수백 미터 길이의 공장을 건설해야 했다.[4] 그로브스는 이 모든 일을 제시간에 예산을 초과하지 않고 해냈다.

그러나 그로브스는 자주 화를 냈는데, 당시의 미국에서는 용인되는 정도였다. 그는 소리치면서 위협했고, 사람들이 보는 앞에서 조수들을 모욕했다. 화를 내는 그의 목에는 핏줄이 울퉁불퉁하게 솟구쳤다. (그는 자기보다 훨씬 똑똑한 이론물리학자들을 다룰 때도 화를 잘 참지 못했다.)

1943년 4월에 뉴멕시코 주의 로스앨러모스에서 원자폭탄을 위한 비밀 연구소가 공식적으로 출범했을 때 그로브스가 청중들 앞에서 연설했다. 당시에 젊은 연구원이었던 로버트 윌슨은 나중에 이렇게 회상했다. "그는 이 계획이 성공할 것 같지 않으며, 실패한 뒤에 국회에 나가 얼마나 많은 돈을 헛되이 썼는지 해명하는 역할을 자기가 맡을 것이라고 말했다. 회의를 시작하면서 열정을 끌어올리기 위해 할 수 있는 최악의 발언이었다."[5]

이런 관리자가 일을 맡으면 성공할 수 있는 일도 망쳐버리기 마련이다. 예를 들어 영국은 1941년에 이미 제트 엔진을 생산하기 시작했지만, 무능한 관리자 때문에 영국 공군에 도움이 될 만큼 많이 공급하지 못했다. 그로브스는 건설 기술자들이 설계도를 판독하도록 동기를 부여할 수 있었지만, 미지의 지적 영역에서 성공을 확신하도록 이론물리학자들에게 영감을 주는 일에는 분명히 실패했다. 그러나 하이젠베르크가 라이프치히 대학교에서 실험에 성공하고 나서 후속 실험을 준비할 무렵인 1942년 가을에, 그로브스는 천재적인 결정을 내렸다. 그는 지나칠 정도로 민감하고 섬세한 J. 로버트 오펜하이머에게 로스앨러모스의 과학자들을 감독하게 했다.

이 일로 오펜하이머는 건강을 해쳤다. 최초의 원자폭탄이 폭발할 때쯤 오펜하이머는 180센티미터의 키에 53킬로그램밖에 나가지 않았다. 맨해튼 프로젝트에서 한 일은 도리어 그의 발목을 잡았고, 나중에는 미국 정부의 배척으로 자기가 예전에 작성했던 비밀문서를 보려고 해도 감옥에 갈 지경이 되었다. 그러나 그는 이 일을 해냈다.

오펜하이머의 최고의 강점은 이상하게도 마음속에 숨겨진 자신감의 결여에서 나왔다. 물론 그의 겉모습은 전혀 달랐다. 그는 하버드 대학교를 3년 만에 완벽한 학점으로 졸업했고, 러

| 미국의 원자폭탄 개발사업 맨해튼 프로젝트의 중심이 된 과학자 J. 로버트 오펜하이머.

더퍼드의 연구실에서 연구했다. 괴팅겐 대학교에서 박사 학위를 받은 오펜하이머는 20대에 미국 최고의 이론물리학자가 되었다. 그는 노력 없이 모든 일에 뛰어난 것 같았다. 그가 버클리 대학교에 있을 때 대학원생 레오 네델스키에게 강의를 대신 맡아달라고 부탁한 적이 있었다. 오펜하이머는 이렇게 말했다. "별로 어렵지 않아. 책에 다 나와 있으니까."[6] 네델스키는 책을 찾아보았지만 네덜란드어로 되어 있어서 머뭇거리자, 오펜하이머는 이렇게 대답했다. "하지만 이건 쉬운 네덜란드어로 되어 있어."

하지만 그의 능력은 깨지기 쉽고, 미친 듯하고, 불확실했다. 그의 가족들이 모두 비슷했다. 그의 아버지는 뉴욕 의류업계에서 성공했고, 모든 것을 '적절하게' 한다고 주장하는 상류층 여성과 결혼했다.

그녀에게는 여름 별장과 하인들과 클래식 음악이 있었다. 여름 캠프에서 그녀는 다른 아이들에게 오펜하이머와 함께 놀아달라고 부탁했지만, 오펜하이머는 늘 괴롭힘을 당했다. 한번은 벌거벗은 채로 얼음 창고에 갇혀서 밤을 새운 적도 있었다. 러더퍼드의 연구실에서는 자기가 최고의 연구자가 아니라는 사실에 괴로워하다가 친구의 목을 조르려고 했다. 괴팅겐 대학교에서 그는 손으로 제본한 자기만의 책을 가지고 있었고, 보모를 고용할 여유가 없는 대학원생 부부에게 '농꾼'처럼 산다고 비난했다. 그러면서 왜 남들이 자기에게 잘난 척한다고 하는지 모르겠다면서 괴로워했다.

그 결과로, 오펜하이머는 다른 사람의 약점이나 마음속의 의심을 귀신같이 알아챘다. 그는 버클리 대학교 교수 시절에 동료 연구자들을 몰아댈 때, 그들이 스스로 가장 약하다고 생각하는 분야를 실수 없이 알아냈다. 그는 약점이 있다는 것이 어떤 느낌인지 잘 알고 있었다. 자신의 연구에서도 약점을 잘 알고 있었고, 가끔씩 극도의 자기혐오에 빠져들었다. 중요한 돌파구를 찾았을 때만 이 느낌이 조금 줄어들 뿐이었다.

로스앨러모스에서 그는 바뀌었다. 전쟁 기간 동안 비아냥대는 일이 없어졌다. 하지만 다른 사람의 가장 깊은 공포나 욕망을 알아내는 능력은 그대로 남아서 최고의 지도자가 되었다.

원자폭탄을 개발하기 위해서는 근래에 박사 학위를 받은 젊은 물리학자들이 많이 필요했다. 이런 사람들이 MIT의 레이더 연구소나 다른 유명한 전시 연구를 떠나 알려지지 않은 뉴멕시코 기지로 넘어오

I 물리학자 리처드 파인만(가운데)과 대화 중인 오펜하이머(파인만 오른쪽).

게 하려면 봉급을 더 많이 주거나 장래의 직업을 보장하는 정도로는 충분하지 않다는 것을 오펜하이머는 즉시 알아챘다. 미국 최고의 물리학자들이 와야 젊은 연구자들도 따라올 것이다. 오펜하이머는 먼저 권위 있는 물리학자들을 데려왔다. 박사급 연구자들은 빠르게 따라왔다. 그는 권위를 무시하는 천재 리처드 파인만까지 자기편으로 끌어들였다. (국가 비상사태를 맞아 조국이 당신을 원한다고 파인만에게 말하면, 그는 뉴욕 출신답게 코웃음을 치면서 거절할 것이다.) 그러나 오펜하이머는 파인만이 그렇게 적대적인 이유를 알고 있었다. 그의 젊은 아내는 결핵에 걸렸고, 당시에는 항생제가 나오기 전이라서 그녀는 곧 죽을 운명이었다. 오펜하이머는 전시에 금처럼 귀한 기차표를 구해서 그녀가 뉴멕시코로 오도록 주선했고, 로스앨러모스에서 가까운 병원에 입원하도록 돌보아주어서 파인만이 자주 들를 수 있게 했다. 파인만의 회고에 따르면, 그는 언제나 함께 일한 관리자들을 통쾌하게 곯려주었다. 하지만 로스앨러모스에서 보낸 2년 동안은 예외였다. 그는 오펜하이머가 요청한 모든 일을 해냈다.

오펜하이머의 재능은 원자폭탄 개발에서 가장 어려운 문제를 해결해야 할 때 잘 드러났다. 미국은 완전히 다른 두 종류의 폭탄을 만들고 있었다. 로렌스가 이끄는 테네시의 팀은 단순하게 천연 우라늄에서 가장 폭발적인 성분만 추출하려고 했다.[7] 충분한 양이 축적되면 이것이 폭탄이 될 것이다. 테네시 공장은 로렌스처럼 꾸밈없는 미국인들의 취향대로 간결한 공법을 채택했다. 이 방법을 추진한 사람들은 주로 미국 토박이들이었다.[8]

워싱턴 주의 팀은 좀 더 복잡한 방법을 선택했다. 그들은 보통의 우라늄을 완전히 새로운 원소로 바꾸려고 했다. 중세의 연금술사들은 몇 세기에 걸쳐 납을 금으로 바꾸려고 노력했고, 심지어 위대한 뉴턴조차 이 연구에 몰두했다. 워싱턴 주의 팀은 보통의 우라늄을 악마처럼 강력한 플루토늄 금속으로 바꾸려고 했다. 이 난해한 방법을 추진한 사람들은 좀 더 이론적인 분위기에서 공부한 유럽 출신의 망명자들이 대부분이었다.

국방부는 테네시의 로렌스와 단순한 미국인들을 좋아했지만, 외국인들이 추진한 워싱턴 프로젝트가 최상임이 알려졌다. 로렌스가 소리치고 열변을 토하면서 닦달했지만, 테네시 공장(길이가 1600미터에 이르는 거대한 공장을 짓는 데 1940년대 물가를 기준으로도 십억 달러가 넘게 들었다)이 가동된 지 몇 달이 지난 뒤에도 정제된 우라늄의 양은 봉투 하나를 채우지 못할 정도였다. 아무도 이것을 가지고 폭탄을 만들 수 없었다.

워싱턴 팀이 플루토늄을 만들어냈지만, 로스앨러모스 사람들은 이것으로 폭발을 일으킬 수 없다는 것을 금방 알아냈다. 플루토늄이 폭발하지 않기 때문이 아니라, 너무 쉽게 폭발하는 것이 문제였다. 단순한 우라늄 폭탄을 만들기는 (테네시 팀이 충분한 양의 우라늄을 얻기만 하면) 어렵지 않다. 폭발이 일어나는 양이 25킬로그램이라고 하면, 20킬로그램을 공으로 만들고 중심에 구멍을 낸다. 커다란 포로 나머지 5킬로그램을 쏘아 구멍에 집어넣으면, 빠르게 임계 질량에 도달해서 U_{235} 형태의 우라늄이 에너지로 바뀌면서 폭발이 일어난다.

새로운 물질인 플루토늄은 우라늄과 다르다. 두 부분을 쏘아서 하나로 합치면, 플루토늄은 두 부분이 완전히 달라붙기 전부터 폭발하기 시작한다. 이렇게 되면 플루토늄이 액체 또는 기체 상태로 되어 흩어져 버리고, 더 이상 반응이 진행될 수 없다.

여기에서 오펜하이머가 통찰력과 관리의 재능을 발휘했다. 플루토늄 두 조각을 합치는 방법은 포기해야 한다. 워싱턴 주에서 온 플루토늄으로 폭탄을 만들려면, 밀도가 상당히 낮은 플루토늄 공으로 시작해야 한다.[9] 이것은 폭발하지 않을 것이다. 그다음에는 이 공을 폭약으로 감싸서 폭발시키는데, 모든 것을 정확히 동시에 폭발시켜야 한다. 이렇게 하면 공이 안으로 밀려들면서 아주 빠르게 합쳐져서, 플루토늄이 흩어지기 전에 $E=mc^2$의 폭발이 일어날 수 있다.

내파(implosion)라고 부르는 이 기술은 계산이 너무 어려워서 반대가 아주 심했다. 플루토늄 공을 주름살 하나 없이 균일하게 안으로 밀어 넣으려면 어떻게 해야 하는가? (파인만은 내파 이론가들의 시도를 처음 접한 뒤에 이렇게 말했다. "냄새가 고약해!")[10] 오펜하이머는 이것을 극복했다. 그는 내파를 최초로 제안한 이론가들을 양성했고, 뛰어난 폭약 전문가를 모집했다. 참여 인원이 너무 많아져서 내분이 일어날 조짐을 보이자, 그는 능숙하게 참가자들을 다루어서 모든 그룹들의 연구가 나란히 진행되도록 조치했다.

한편으로 그는 미국 최고의 폭약 전문가를 데려왔고, 영국 최고의 폭약 전문가도 참여시켰고, 헝가리 사람 존 폰 노이만(세상에서 가장 계산이 빠르며, 나중에 컴퓨터를 만들기도 한 수학자)을 비롯해서 여러 나라의 수많은 사람들을 이 일에 참여시켰다. 그는 파인만까지 참여시켰다! 반면에 헝가리의 물리학자 에드워드 텔러는 이 일에 사사건건 방해가 되었다. 오펜하이머는 이 문제도 깔끔하게 처리했다. 전시에 숙련된 인력이 그렇게 부족한 상황에서도 텔러에게 사무실과 연구팀을 주어서 자기의 소중한 아이디어에 집중하게 해준 것이다. 텔러는 당혹스러울 정도로 자기중심적이고 허영심이 강해서 이 특전을 당연하게 생각했다.[11] 그는 자기만의 즐거움에 빠져서 다시는 다른 사람들을 괴롭히지 않았다.

이 모든 노력과 별도로 오타와 근처의 초크 리버에서 영국인들로만 이루어진 연구팀이 실제적인 동위원소 분리뿐만 아니라 이러한 이론적 문제도 다루었다. 그로브스는 이 연구팀을 신뢰하지 않았지만, 오

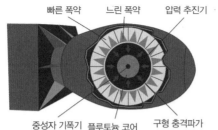

빠른 폭약　느린 폭약　압력 추진기

중성자 기폭기　플루토늄 코어　구형 충격파가
코어를 압축

I 내파형 플루토늄 폭탄의 구조와
작동 원리.

펜하이머는 가능한 모든 도움을 얻으려고 했다.

돈은 문제가 아니었다. 모든 사람들이 독일이 어떤 수준에서 출발했는지 알고 있었다. 한때 로스앨러모스에서는, 금으로 겉을 둘러싸면 밖으로 빠져나가는 중성자를 안으로 되돌려보내는 데 도움이 된다는 계산 결과가 나왔다. (금의 무게도 폭발할 때까지 플루토늄이 흩어지지 않도록 돕는다.) 나중에 로스앨러모스의 도서실 겸 문헌보관소에 근무하던 샬롯 서버에게 작은 꾸러미가 배달되었다.

서버는 하루 종일 도서실에 오는 사람들에게 이 작은 꾸러미를 책상 옆으로 좀 옮겨달라고 부탁하면서 같이 있던 여직원과 함께 즐거워했다.[12] 부탁받은 사람들은 포트 녹스(미국 금괴 보관소가 있는 곳 — 옮긴이)에서 온 이 꾸러미를 옮길 수 없었다. 금은 납보다 밀도가 크고 (그래서 금이 선택되었다), 금으로 된 지름 15센티미터의 자그마한 공은 35킬로그램짜리 역기만큼이나 무거웠다.

그러나 수십 명의 최고급 연구자들과 거의 무제한의 자금에도 불구하고 플루토늄 문제는 여전히 풀리지 않고 있었다. 오펜하이머와 과학자들은 이런 방법으로는 완전한 폭탄을 만들 수 없지 않을까 하고 걱정했다. 이 경우에는 방사성 플루토늄을 축적하는 것이 최상의 방법일 것이다. 어쩌면 하이젠베르크의 중수로도 이 일을 위해 설계되었을 수 있다. 오펜하이머는 1943년 8월 21일에 다음과 같은 보고서를 받았다.

(독일은) 말하자면 장치를 한 달에 두 개씩 생산할 수 있다. 이것은 특히 영국의 가장 중요한 곳에 투하되겠지만, 우리가 전쟁에 패배하기 전에 여기에 대처할 희망이 있다.……[13]

이 보고서의 저자 중 한 사람은 텔러였다. 그의 의견은 무시해도 되겠지만 또 다른 저자인 한스 베테는 로스앨러모스 이론 부서의 지도자였고, 대단히 분별 있는 사람이었다. 1933년까지 튀빙겐 대학교에서 가이거와 함께 교수로 있었던 그는 유럽에 남아 있는 물리학자들과 긴밀하게 연락하고 있었다. 베테와 텔러가 마음에 두고 있었던 그 '장치'는 완전한 폭탄으로, 현재 단계에서는 가능할 것 같지 않지만 독일이 만들어낼지 누가 알겠는가?

방사성 금속 분말이 몇 킬로그램만 런던에 방출되어도 이 도시의 일부는 몇 년 동안 사람이 살 수 없게 될 것이다.[14] 독일에는 이미 발전된 운반 무기가 있다는 걱정스러운 보고도 있었고, 하이젠베르크의 사람 중 하나가 초음속 '보복' 무기(V-2 미사일)가 만들어지고 있는 페네뮌데에 모습을 드러냈다고 한다. 훨씬 간단한 제트 비행체(V-1)도 만들어지고 있었고, 이런 무기에 방사성 탄두를 싣고 디데이 이전에 영국 남부를 공격하거나 디데이 이후에 프랑스의 연합군 집결지를 공격하면 엄청난 사상자가 발생할 것이다.

이 위협은 매우 심각해서 아이젠하워는 가이거 계수기를 받아들였고, 훈련된 전문가들과 함께 디데이를 위해 영국으로 가는 부대에 배치했다.[15] 오펜하이머가 플루토늄 내파 문제로 헤매던 1943년 말에 닐스 보어가 코펜하겐에 있는 자기의 연구소에서 탈출해서 로스앨러모스로 왔다. 보어는 친절하고 영향력이 있는 물리학계의 원로였다. 여러 해 동안 하이젠베르크, 오펜하이머, 마이트너의 조카 로베르트 프리슈까지 중요한 사람은 죄다 보어의 연구소에 머물면서 그와 함께 연구했다.

이제 보어가 심각한 소식을 가지고 왔다. 그가 빠져나온 뒤인 12월 6일에 독일 헌병이 그의 연구소에 침입했다. 거기에 있던 노벨상 금메달은 약탈당하지 않았다. 헤베시가 메달을 강한 산에 녹여서 용액을 아무렇지 않게 선반에 두었던 것이다.[16] 그러나 헌병들은 연구소 건물에 살던 보어의 동료를 체포했고, 입자 가속기의 초기 형태인 강력한 사이클로트론을 해체해서 독일로 가져갔다. 사이클로트론은 플루토늄을 만들 수 있는 장치이다.

한편으로 영국군 정보 당국은 특공대가 습격한 뒤에 연합군이 폭격까지 했는데도 베모르크의 공장이 다시 가동하고 있다는 것을 알아냈다. 이게파르벤의 기술자들은 미친 듯이 이 공장을 수리했다. 부품 교체를 서둘렀고, 생산이 어느 때보다 더 빨라졌다. 노르웨이 저항 세력은 이곳에서 생산된 중수가 1944년 2월에 모두 독일로 운송

될 것이라고 알려주었다.

무엇을 해야 하나? 고민스러운 순간이었다. 이것은 연합국의 물리학자들이 1년 뒤에 원자폭탄을 사용할 것인가 하는 질문에서 느낄 고민과 비슷했다. 또 다른 직접 공격은 불가능했다. 베모르크 공장은 철통같은 방어를 갖추고 있었기 때문이다. 공장에서 나오는 주요 도로도 경비가 삼엄했다. 정규군이 배치되었고, 친위대가 파견되어 있었으며, 정찰기를 위한 보조 비행장도 개설될 예정이었다.

중수를 독일로 운반하는 과정에서 유일한 약점은 노르웨이 해안으로 가기 위해 베모르크에서 틴쇼 호수를 건너는 연락선에 실어야 한다는 점이었다. 이것은 1944년 2월 중순으로 예정되어 있었다.

열차가 배에 실려 있는 동안에 침몰하면 호수가 깊어서 중수를 건져 올릴 수 없다.[17] 그러나 틴쇼 호수는 베모르크 공장에서 일하는 사람들과 가족들이 노르웨이의 다른 지역으로 가는 길목이었고, 인기있는 관광지이기도 했다. 나들이 나온 평범한 가족들이 언제나 이 연락선을 탔다.

거대한 선을 위해 누구를 죽일 것인가?

$E=mc^2$이 제안하는 힘 때문에 물리학자들은 끔찍한 윤리적인 타협을 해야 했고, 이것은 누구나 할 수 없는 큰 문제였다. 크누트 헤우켈리드는 공장을 습격한 뒤에 남은 노르웨이인 중의 하나였고, 거친 하르당에르 고원에 숨어서 엄청난 수색 작전에도 들키지 않고 살아남았다. 이제 그는 파괴 공작에 필요한 여러 가지 재주를 익혔다.

그는 마을로 잠입해서 믿을 만한 사람과 협력했고, 폭약과 시한장치를 조립하고 시험했다. 그러나 이런 일은 문제가 아니었다. 그는 동포들을 구하기 위해 멀리 여행했고, 위험을 무릅쓰면서 살아가고 있었다. 이제 그는 동포들을 죽여서 차가운 물속으로 깊이 가라앉히려 하고 있었다.

노르웨이 부대에서 런던으로:
다음과 같이 보고함: ……작전의 결과가 보복을 감수할 만한 가치가 있는지 의심스러움. 작전의 중요성을 판단할 수 없음. 가능하면 오늘 저녁에 응답 바람.

런던에서 노르웨이로:
상황을 고려했음. 중수의 파괴는 대단히 중요하다고 생각됨. 너무 참혹한 결과 없이 이루어지기를 바람. 임무 완수를 위한 최고의 희망을 전함.[18]

헤우켈리드가 할 수 있는 최선은 베모르크의 직원들에게 부탁해서 운송 날짜를 사람의 왕래가 가장 적은 20일 일요일로 정하는 것뿐이었다. (베모르크 공장에서는 언제나 노동조합이 강했고, 고위직에 있는 저항 세력의 도움을 받을 수 있었다.) 헤우켈리드는 토요일 밤에 현지인 두 사람과 함께 정박해 있는 연락선에 도착했다. 그들은 안전하게 승선했지만, 폭약을 설치하기 위해 배의 바닥을 조사하다가 젊은 노르웨이인 경비원에게 발각되었다. 그러나 헤우켈리드의 일행 한 사람이 이 경비원과 지역 스포츠클럽 동료였다. 경비원은 그들이 꾸며낸 이야기에 바로 고개를 끄떡이면서 동의했다. 헤우켈리드와 또 다른 사람인 롤프 쇠를리가 독일인들에게 들키지 말아야 하고, 짐을 둘 곳이 필요하다고 둘러댔던 것이다. 두 사람이 이야기를 하면서 뒤처져 있는 동안에 헤우켈리드와 쇠를리는 폭약을 설치했다. 선체 앞쪽에 설치해서 폭발이 일어나면 배가 앞으로 기울어서 스크루가 공중에 들려서 쓸모없게 되고, 기울어진 배에 물이 차서 바로 침몰할 것이다. 헤우켈리드는 30분 안에 이 일을 끝냈다.

> 경비원을 두고 떠날 때, 나는 어떻게 해야 할지 망설였다.…… 나는 베모르크의 노르웨이인 경비원 두 명을 생각했다. 그들은 공격이 끝난 뒤에 수용소로 보내졌다. 나는 노르웨이 사람을 독일에 넘겨주고 싶지 않았다. 그러나 경비원이 사라지면 독일 사람들이 의심할 수 있다.
> 나는 마음을 굳게 먹고 경비원과 악수하면서 고맙다고 말했다. 그는 확실히 내 말에 어리둥절해 했다.[19]

모든 사람들이 헤우켈리드와 같은 입장이었다. 베모르크의 수석 기술자 알프 라르센은 그날 이른 저녁에 만찬회를 했는데, 초청된 바이올린 연주자가 다음 날 배를 타야 한다고 말했다. 라르센은 말려야 했고, 이 아름다운 곳에 좀 더 오래 있으면서 스키를 타면 정말로 좋다고 권했다. 그러나 바이올린 연주자가 그냥 떠나겠다고 하자 라르센 더 이상 우길 수가 없었다. 공장의 연락원 한 사람은 연로한 어머니가 배를 탈 계획이라고 말했다.

폭약은 오전 10시 45분에 터졌다. 배는 400미터 깊이의 물 위에 있었다. 열차의 화차가 갑작스럽게 기울어지면서 부서져서 문이 열렸다. 공장에서 일하는 사람의 어머니는 배에 타지 않았다. 아들이 어머니를 집 밖으로 나가지 못하게 했던 것이다. 그러나 바이올린 연주자는 배에 탔다. 배에는 53명이 타고 있었다. 건장한 독일 경비원들은 기울어가는 배에서 제때에 빠져나왔지만, 여자들과 아이들은 한쪽으로 밀려났다. 10명 이상의 승객이 배 안에 갇혔다.

중수통 중에서 정제가 덜 된 것들은 호수 위에 둥둥 떴고, 밖으로 나오기는 했지만 구명보트를 타지 못한 사람들(바이올린 연주자는 다행히 구명보트를 탔다)은 구조선이 올 때까지 이 통에 매달려 있었다. 그러나 농축된 중수가 들어 있는 통은 천천히 자유 낙하하여 그 안에 무엇이 들어 있는지 보여주었다. 통 속의 H_2O 분자는 보통의 물보다 무거운 핵으로 되어 있어서, 마치 무거운 추를 단 것처럼 침몰하는 연락선과 무고하게 갇힌 승객들 주위를 서서히 돌면서 호수 바닥으로 가라앉았다.

1년 6개월 뒤인 1945년 8월에, 정제된 우라늄(U_{235}) 23킬로그램이 4,500킬로그램에 달하는 폭약, 강철 충진재, 케이스, 폭파 제어장치와 함께 육중한 트레일러에 실려 있었다. 일본에서 비행기로 6시간 거리에 있는 티니안 섬에서 B-29 폭격기 탑재를 기다리고 있었다. 오펜하이머는 로스앨러모스에서 최종 작전을 감시하고 있었다.

오펜하이머가 단순한 사람이었다면 자신의 성과를 자랑스러워했

| 중수를 실은 틴쇼 호수의 연락선이 폭파된 후 핵무기 개발 경쟁에서 미국이 선두를 차지했다.

을 것이다. 연구자와 공장과 조립 부품들로 이루어진 '기계'를 만드는 일에서 독일의 하이젠베르크는 실패했고, 미국의 오펜하이머는 성공했다. 공장과 원자로를 운영하기 위해서 강물을 끌어들였고, 수만 명의 직원들을 수용하는 도시를 건설했으며, 새로운 원소를 만들어냈다. 이것은 거대한 성취였다.

페르미가 사용한 최초의 중성자원은 채드윅의 설계에 따라 로마에서 만든 것으로, 손바닥 위에 올려놓을 정도였다. 페르미가 그다음에 만든 장치는 1940년에 뉴욕에서 얼마 안 되는 연구비를 털어서 만든 것으로, 커다란 서류 캐비닛 몇 개 크기였다. 1942년에 오펜하이머가 미국 정부의 연구비 조달을 감독할 때, 페르미는 시카고 대학교 경기장 지하의 스쿼시 코트를 채울 만큼 큰 장치를 만들었다. 2년 뒤에 만들어진 최종판은 원자폭탄 개발 비용이 최고로 투입되었을 때이고, 워싱턴 주 중부에 위치한 핸퍼드 인근 12억 제곱미터 부지에 만들어졌다. 이때 만들어진 원자로는 지지 구조물까지 포함하면 페르미가 1934년에 설립한 로마 연구소 전체보다 더 컸다. 이 모든 역사를 아는 사람이 그 앞에 서면 경외감이 들 수밖에 없었다.

플루토늄 문제는 해결되었다. 수학자와 폭파 전문가들이 폭약을 어떤 형태로 해야 플루토늄 공을 부드럽게 내파시킬 수 있는지 알아낸 것이다. 워싱턴 주에 세워진 원자로에서 일정하게 생산된 플루토늄으로 많은 폭탄을 만들 수 있게 되었다. 테네시 공장은 크게 성공하지 못했지만 폭발성 물질을 조금 얻을 수 있었다. 테네시에서 생산된 것이 미국이 가진 U_{235}의 거의 전부였고, 이 우라늄은 사이판 섬에서 적재되었다.

하이젠베르크의 연구는 방해를 받았다. 1945년 초에 독일로 진출한 연합군이 공장 전체를 찾아냈다. 일부는 지하에 만들어진 이 공장에는 완성된 제트 추진 비행체가 여러 줄로 늘어서 있었고, 로켓 추진 비행체도 몇 대 있었다. 그러나 작년에 틴쇼 호수에서 중수를 침몰시켰기 때문에 원자폭탄 제조는 느리게 진전될 수밖에 없었다. 이런 사정에서도 하이젠베르크는 계속하려고 노력했다. 1942년에 개발비가 축소될 기미가 보이자, 그는 나치 최고위급 회의에서 원자폭탄의 잠재적인 힘에 대해 열성적으로 설명하면서 개발비 지원을 유지하려고 했다. 이제 패전이 거의 확실해졌지만 하이젠베르크는 헤힝겐의 작은 마을에서 연구를 계속했다. 여기에서 그는 아인슈타인의 부자 삼촌(가족의 사업을 도와주어서 아인슈타인이 대학교 입학을 준비할 수 있게 해주었던)이 살았던 집에서 바로 길 건너편에 숙소를 잡았다.

베를린과 라이프치히에서 옮겨온 장치들은 정찰기가 찾지 못하도록 교묘하게 숨겼다.[20] 장치들은 마을에서 가까운 동굴에 설치되었다. 동굴은 절벽의 한쪽에 나 있고 절벽 위에 교회가 있어서, 하늘에서는 교회만 보였다. 하이젠베르크의 몸짓은 언제나 화려했다. 24세가 되던 해의 어느 날 밤에 북해의 휴양지 섬에서 양자역학을 처음으로 생각해낸 그는 가까운 언덕에 올라가서 동이 틀 때까지 기다리면서 카스퍼 다비트 프리드리히(1774~1840, 독일의 낭만주의 풍경화가 — 옮긴이)의 그림에 나오는 낭만적인 인물 흉내를 냈다. 그는 가끔씩 동굴밖으로 나와서 마을에서 가장 높은 곳인 교회로 가서, 혼자서 파이프 오르간으로 웅대하고 격렬하게 바흐를 연주했다.

원자 반응은 이전에 라이프치히에서 한 연구보다 훨씬 발전되었다. 마지막에 독일 연구자들은 연쇄 반응에 필요한 핵분열 빈도의 절반쯤까지 도달했다.[21] 하이젠베르크는 더 이상 나아가지 못할 것을 알았다. 마침내 미국의 체포조가 알프스에 숨어 있는 하이젠베르크를 찾아냈다. 이웃 마을에서는 아직도 독일군이 저항을 계속하고 있었지만, 그는 기다렸다는 듯이 항복을 받아들였다.

하이젠베르크는 1946년에 풀려나자 독일에서 영웅으로 환영받았지만, 오펜하이머는 전쟁이 끝나기도 전에 앞으로의 삶이 그리 순탄치 않으리라는 것을 알았다. 1930년대 말에 그는 좌익이었다. 버클리 대학교의 물리학 교수는 이런 일로 고통을 받지 않겠지만, 그가 로스앨러모스의 책임자가 되자 FBI는 모든 것을 파헤쳤다. 그는 군 정보 당국과의 첫 번째 면담에서 세부적인 일에 거짓말을 했다. 중요 인사 여러 명이 그를 내보내려고 했지만 그로브스가 보호했고, 그 보복으로 적들은 오펜하이머를 괴롭혔다. 그가 책임자로 있는 동안 전화는 도청당했고, 숙소에도 도청 장치가 설치되었다. 과거의 친구들이 조사를 받았고, 여행할 때는 미행이 따라붙었다. 그의 아내는 술을 마시기 시작했고, 많이 마셨다. 그는 아직 공격당하지 않았지만 언제라도 협박을 받을 수 있었다. 그가 샌프란시스코에 갔을 때도 FBI가 미행을 했고, 그는 과거에 친했던 여자 친구와 여러 날 밤을 함께 보냈다.

무엇보다도 오펜하이머는 틴쇼 호수의 침몰로 독일의 핵 개발이 끝장났다는 것을 알았고, 태평양의 섬에서 일본에 대한 핵 폭격을 준비하고 있다는 것도 알고 있었다. 오늘날의 시각에서는 일본에 원자폭탄을 떨어뜨리지 않았으면 본토 침공으로 더 끔찍한 일이 일어났을 것이라고 말한다. 그러나 당시로는 그렇게 분명하게 말할 수 없었다. 일본군의 주력은 미군에게 위협이 되지 않았다. 중국에 고립된 일본군을 미국 잠수함들이 일본으로 돌아가지 못하게 막고 있었다. 위쪽에는 러시아군이 도사리고 있어서 일본군이 집결하기 전에 격파할 수 있었다. 일본의 산업은 거의 불에 타버렸다. 1945년 초에 전략폭격기들이 30~60개의 크고 작은 도시들의 파괴 임무를 맡았다. 8월까지 그들은 일본의 도시 58개를 불태웠다.[22]

태평양 전선의 대부분을 이끌었던 더글러스 맥아더는 침공이 필요 없다고 보았다. 합동참모본부 의장 윌리엄 레이히 제독은 나중에 원자폭탄이 필요하지 않았다고 분개했다. 전략폭격 사령관 커티스 르

메이도 같은 의견이었다. 자기 부대를 지키기 위해서는 수천 명의 적을 죽이는 것에 전혀 거리낌이 없는 아이젠하워조차도 원자폭탄에 강하게 반대했다. 그는 연로한 전쟁부 장관 헨리 스팀슨에게 이렇게 설명했다. "나는 두 가지 이유로 반대한다고 그에게 말했다. 첫째 일본은 이미 항복할 준비가 되어 있고, 그 끔찍한 것으로 때릴 필요도 없다. 둘째, 나는 우리나라가 그런 무기를 최초로 사용하는 것을 증오한다. 글쎄…… 그 늙은 신사가 화를 내면서……."[23]

이것이 필요하지 않다는 느낌은 워낙 강해서 먼저 시범을 보여야 한다거나, 최소한 항복 문서의 문구를 조절해서 일왕의 자리를 보장해야 한다는 주장이 있었다. 오펜하이머는 이런 모임에 여러 번 참석했고, 자세히 경청하다가 필요하면 사용하되 일왕을 보호한다는 조항을 지지한다고 (조금 애매하게) 주장했다.

이 논의들은 받아들여지지 않았다. 트루먼의 가장 강력한 조언자 제임스 번스(1882~1972, 당시의 국무장관—옮긴이)는 라이먼 브릭스와 같은 세대였지만 기질은 훨씬 거칠었다. 번스는 싸울 때는 가진 것을 모두 써서 싸워야 한다는 분위기에서 성장했다. 그는 1880년대에 사우스캐롤라이나 주에서 자랐고, 아버지가 없어서 교육도 많이 받지 못했다. 오래전에 사우스캐롤라이나 주에 갔던 사람들에 따르면, 놀랍게도 배심원 12명 중에 눈과 귀가 모두 성한 사람이 드물었다고 한다. 사우스캐롤라이나는 여전히 개척자 사회의 분위기가 남아 있어서 싸움이 났다 하면 깨물거나 후벼 파거나 칼을 휘두르는 일이 보통이었다. 일왕을 보호한다는 조항(일본 사람들을 진정시킬 수 있는 내용이다)을 뺀 것은 번스였다. 잠수함 봉쇄가 강화될 때까지 기다리거나, 러시아인들이 전진해서 더러운 짓을 하도록 두는 것도 가능한 방법이었다.

> 1945년 6월 1일, 대통령 '임시위원회' 메모:
>
> 번스 씨가 권고하고, 위원회가 동의한 사항으로…… 폭탄을 최대한 빨리 일본에 사용하고, 노동자들의 주거지로 둘러싸인 군수 공장에 사용하며, 사전 경고 없이 사용할 것.[24]

오펜하이머는 이 결정을 받아들였다. 하지만 한편으로는 (특히 워싱턴에서 떠나 있을 때) 확신할 수 없었다. 그러나 무슨 상관이란 말인가? 그는 이 힘을 꺼내는 데 기여했지만, 이제는 아무 관련이 없는 사람이었다. 그보다 높은 레슬리 그로브스는 장군이었다. 로스앨러모스는 미국 육군이 주도한 사업이었고, 군대는 사용하기 위해 무기를 만든다.[25]

원자폭탄이 비행기에 실릴 예정이었다.

13

오전 8시 16분, 일본 상공

휙휙 소리를 내며, 빙글빙글 돌면서, 폭탄('날개가 달린 길쭉한 쓰레기통')¹이 B-29 폭격기에서 떨어지는 데 43초가 걸렸다. 투하되는 순간에 폭탄 중간쯤에 나 있는 작은 구멍으로 전선이 끌려 나왔다. 전선이 1차 기폭장치의 시계 스위치를 켰다. 폭탄의 검은 강철 케이스 뒤쪽에 작은 구멍이 더 많이 나 있었고, 자유 낙하가 진행되는 동안 이 구멍으로 공기 표본이 채취되었다. 지상에서 2,000미터 높이까지 떨어졌을 때, 기압 스위치가 켜져서 2차 기폭장치가 가동되었다.

땅에서 보면 B-29 폭격기의 은빛 윤곽이 겨우 보이지만, 폭탄(길이 3미터에 폭 0.8미터)은 너무 작아서 보이지 않는다. 약한 전파 신호가 폭탄에서 나와서 아래에 있는 시나 병원으로 내려간다. 이 전파 신호의 일부는 병원 벽에 흡수되지만, 대부분은 반사되어 다시 하늘로 올라

| 전쟁에 사용된 최초의 원자폭탄 리틀 보이. 1945년 8월 6일 히로시마에 투하되었다.

간다. 폭탄 뒤쪽의 회전 날개 근처에 채찍처럼 생긴 얇은 안테나가 여러 개 붙어 있었다. 이 안테나들은 반사된 전파 신호를 수집하고, 돌아오는 데 걸린 시간으로 지상에서의 높이를 잰다.

580미터 상공에서 마지막으로 반사된 전파 신호가 수신된다. 존 폰 노이만을 비롯한 연구자들의 계산에 따르면 폭탄이 너무 높은 곳에서 터지면 대부분의 열이 공중으로 흩어지고, 너무 낮은 곳에서 터지면 땅이 움푹 파인다. 600미터보다 조금 낮은 곳이 폭파에 가장 이상적인 높이이다.[2]

전기 충격으로 인한 기폭으로 재래식 폭약이 폭발한다. 정제된 우라늄의 일부가 폭탄 안쪽에 있는 포로 밀려들어간다. 처음에 이 포는 해군의 함포를 그대로 베낀 무거운 장치였다. 몇 달 뒤에야 오펜하이머 측의 사람 중 하나가 함포는 여러 발을 쏴도 견뎌야 하기 때문에 그렇게 무겁다는 것을 깨달았다. 물론 이 포는 단 한 번 쓰기 때문에 무거울 필요가 없다. 2톤이 넘는 포 대신에 겨우 1/5에 불과한 포가 만들어졌다.

우라늄 덩어리 하나가 1.2미터쯤 이동해서 얇아진 포신 안으로 들어가고, 발사되어 다른 우라늄 덩어리에 충돌한다. 지구 어디에서도 정제된 우라늄이 수십 킬로그램의 공으로 축적된 적이 없다. 내부에는 돌아다니는 중성자가 꽤 있다. 우라늄 원자는 전자들로 빽빽하게 둘러싸여 있지만, 중성자는 전하를 띠지 않기 때문에 전자의 영향을 받지 않는다. 중성자는 전자의 장벽을 뚫고 들어간다. 그중 많은 것들이 (앞에서 보았듯이, 태양을 향해 행성을 지나쳐 날아가는 우주탐사선처럼) 그냥 통과해버리지만, 몇몇 중성자는 중심에 있는 작은 핵에 충돌한다.

핵 속에는 양전하를 띤 양성자가 있기 때문에 대개 외부 입자가 들어오지 못한다. 그러나 중성자는 전하를 띠지 않기 때문에 양성자와도 아무 상관이 없다. 이곳에 도달한 중성자는 핵을 때리고, 균형을 무너뜨려서 흔들리게 한다.

지구에 묻혀 있는 우라늄 원자들은 45억 년 이상 된 것들이다. 지구가 형성되기 전에 있었던 아주 강력한 힘만이 전기적으로 서로 반발하는 양성자를 한데 묶을 수 있었다. 우라늄이 한번 형성된 다음에는, 강한 핵력이 접착제처럼 작용해 이 양성자들을 긴 세월 동안 유지한다. 그동안 지구가 냉각되고, 대륙이 형성되고, 아메리카가 유럽에서 분리되고, 북대서양이 서서히 생겨났다. 지구 반대편에는 화산이 분출하여 일본 열도가 만들어졌다. 이제 여분의 중성자 하나가 이 안정성을 깨뜨린다.

핵의 강한 접착력을 깰 정도로 흔들림이 커지면, 양성자가 가진 전기의 힘으로도 핵이 쪼개질 수 있다.[3] 핵 하나는 아주 가볍고, 핵의 조각은 더 가볍다. 이것이 속도를 얻어서 우라늄의 다른 부분을 때려도 열이 크게 발생하지 않는다. 그러나 우라늄의 밀도가 연쇄 반응을 일으키기에 충분하면, 파편 두 조각은 금방 4개, 8개, 16개로 늘어난다. 원자 속에서 질량이 '사라지면서' 이것이 에너지로 변해 핵의 파편에 속도를 가한다.[4] 이제 $E=mc^2$이 작동한다.

계속해서 두 배로 불어나는 과정은 겨우 몇백만분의 1초 만에 끝난다. 폭탄은 여전히 습한 아침 공기에 떠 있고, 바깥쪽 표면에 희미하게 물방울이 맺힌다. 43초 전에 폭탄은 9,500미터 상공의 차가운 공기 중에 있었고, 지금은 580미터 상공으로 내려와서 26.5도로 조금 따뜻한 공기 중에 있기 때문이다. 거의 모든 반응이 일어나는 동안에 폭탄은 겨우 몇분의 1센티미터쯤 떨어진다. 바깥에서는 강철 표면이 이상하게 비틀려서 안에서 무슨 일인가 일어나고 있다고 겨우 짐작할 수 있을 뿐이다.

연쇄 반응은 두 배로 불어나기를 80번 거듭하고 나서 끝난다. 마지막 몇 단계에서 부서진 우라늄 파편이 아주 많아진다. 이 파편들이 매우 빠르게 날아다녀서, 주위의 금속이 뜨거워지기 시작한다. 마지막 몇 번이 결정적이다. 정원 연못에 수련이 매일 두 배씩 늘어난다고 하자. 80일째에 수련이 연못을 완전히 뒤덮는다. 그러면 연못의 반이 여전히 덮이지 않고 햇볕을 받는 날은 언제인가? 바로 79일째이다.

이 시점에서 $E=mc^2$의 활동은 모두 정지된다. 질량은 더 이상 '사라지지' 않고, 새로운 에너지도 더 이상 나타나지 않는다. 이 핵들의 운동에너지가 열에너지로 바뀐다. 손을 마주 비비면 손바닥이 따뜻해지는 것과 마찬가지이다. c^2이라는 어마어마한 값이 곱해지므로, 우라늄 파편은 정지한 금속을 엄청난 속도로 비벼댄다. 파편들은 빛의 속도의 몇분의 1 정도로 날아다닌다.[5]

비비고 때리면서 폭탄 내부의 금속이 따뜻해진다. 처음에는 체온에 가까운 온도(37도)까지 올랐다가 물이 끓는 온도(100도)에 도달하고, 그다음에는 납이 끓는 온도(560도)에 도달한다. 연쇄 반응이 계속 진행되면 더 많은 우라늄 원자가 쪼개지면서 온도가 5000도(태양 표면 온도)에 이르고, 그다음에는 수백만 도(태양 중심의 온도)가 되며, 이렇게 계속된다. 짧은 시간 동안에, 공중에 떠 있는 폭탄 속에서는 우주가 창조될 때와 비슷한 상황이 일어난다.[6]

열이 밖으로 나온다. 열은 우라늄을 싸고 있는 강철 충진재와 폭탄 전체를 감싸는 강철 케이스를 쉽게 뚫고 나오지만, 여기에서 멈춘다. 열보다 더 무서운 것이 먼저 나온다. 엄청난 양의 X선이 위로, 옆으로 나오고, 나머지는 아래로 넓게 호를 그리면서 내려간다.

이 모든 일이 공중에 떠 있는 채로 일어난다. 파편들은 스스로를 냉각시키려고 하며, 그 상태로 있으면서 에너지의 많은 부분을 쏟아낸다. 이렇게 0.0001초 동안 X선을 방출한 다음에, 열의 공이 다시 팽창하기 시작한다.

이제야 겨우 중심의 폭발이 보이기 시작한다. X선을 내뿜는 동안에는 보통의 광자가 함께 나올 수 없다. 외곽에 희미한 광채만 나타날 뿐이다. 완전한 섬광이 나타날 때는, 하늘이 찢어져서 열린 것 같다. 은하계 저 멀리에나 있을 거대한 태양 같은 물체가 나타난다. 지

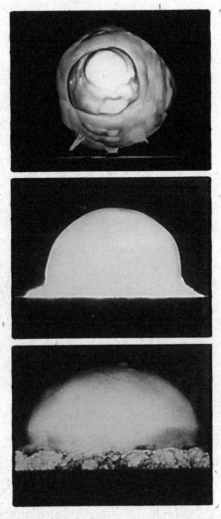

l 원자폭탄의 폭발, 맨위부터 최초 수밀리 초, 팽창하
면서 지상을 때리고, 버섯구름을 일으키기 직전

Ⅰ 핵폭발의 상징 버섯구름. 이 버섯구름은 1945년 8월 9일 나가사키 원폭에서 피어오른 구름이다.

구에서 보는 태양보다 수백 배 더 큰 빛의 덩어리가 하늘을 채운다.

이 세상의 것이라고 할 수 없는 이 물체는 0.5초 동안 최대로 타오르다가 2, 3초 만에 스러진다. 이 '스러짐'은 주로 열이 밖으로 빠져나가면서 일어난다. 갑자기 불꽃이 일어난다. 빛 덩어리의 표면이 찢어지면서 거대한 장막이 되어 아래에 있는 사람들을 뒤덮는다. 히로시마는 죽음의 땅이 되었다.

연쇄 반응으로 생긴 에너지의 최소 1/3이 이 섬광으로 방출된다. 나머지도 곧 뒤따른다. 열이 주위의 공기를 밀어내고, 공기는 이전까지는 결코 도달한 적이 없는 속도를 얻는다. 어쩌면 먼 옛날에 거대한 운석이나 혜성이 충돌했을 때 이런 속도가 나왔을지도 모른다. 이 공기는 가장 강력한 태풍보다 몇 배 빠르고, 소리보다 훨씬 더 빠르기 때문에 도리어 조용하다. 조금 뒤에는 조금 느리게, 다시 한 번 공기 진동이 일어난다. 그다음에는 주위의 공기가 밀려들어서, 공기가 빠져나간 빈자리를 채운다. 이때 잠시 동안 공기 밀도가 거의 0이 된다. 폭발 지점에서 멀리 있어서 살아남은 생명체들은 아주 잠깐 동안, 우주의 진공에 노출된다.

발생한 열 중에서 소량은 밖으로 퍼져 나가지 못한다. 이 열은 뇌관과 안테나와 폭약이 있던 곳 근처에서 떠돌다가, 몇 초 뒤에 위로 솟구친다. 이 열은 위로 올라가면서 부풀어 오르고, 충분한 높이가 되면 퍼져 나간다.

이렇게 해서 거대한 버섯구름이 피어오르면서, 지구라는 행성에서 $E=mc^2$의 작동이 끝났다.[7]

5

영원한 삶

E=mc²

원폭이라는 비극이 눈부신 빛을 내며 하늘과 우주로 번졌을 때, $E=mc^2$의 작동은 지구에서만이 아닌 우주에서도 끊임없이 재현되고 있었다. 태양의 따뜻함과 블랙홀의 깊은 어둠 속에도 이 방정식은 있다. 굳이 그렇게 먼 곳에서 찾을 필요도 없다. 사무실 천장에 달린 화재 경보기와 영화관의 비상구 표시등, 텔레비전 속에도 $E=mc^2$는 깃들어, 지금 이 순간에도 우리와 함께 살아가고 있다.

태양의 불꽃

1945년에 히로시마 상공의 핵폭발로 생긴 섬광은 달 궤도에까지 도달했다. 그중 일부는 반사되어 지구로 되돌아왔고, 나머지의 많은 부분은 계속 날아가서 태양을 넘어서 무한으로 날아갔다. 그 번득임은 목성에서도 보일 정도였다.

은하의 관점에서 볼 때, 이것은 가장 사소한 번득임이었다.

우리의 태양만 해도 매초 원자폭탄의 수백만 배에 해당하는 폭발이 일어난다. $E=mc^2$은 지구에만 적용되지 않는다. 혼신의 힘을 다한 특공대와 조바심에 찬 과학자와 냉랭한 관료들이 합심해서 만들어낸 결과는 겨우 한 방울에 불과했고, 이 방정식이 토해내는 어마어마한 포효에 미약한 속삭임을 보탰을 뿐이다.

하필 폭탄에 이 방정식이 처음 적용된 것은, 기술의 급격한 발전과 전시의 압력으로 일어난 역사의 우연일 뿐이다. 아인슈타인을 비롯한 물리학자들은 오래전부터 이것을 알고 있었다. 이번에는 더 넓은 관점에서, 이 방정식이 지구를 벗어나 우주 전체를 휩쓰는 모습을 살펴보자. 이 방정식은 별의 탄생에서 생명의 사멸까지 우주의 모든 것을 통제한다.

*　*　*

1890년대에 방사능이 발견된 후로, 연구자들은 우라늄이나 그 비슷한 연료가 넓은 우주에서도 작용할 것이라고 추측했다. 특히 태양이 계속 빛나는 이유를 여기에서 찾으려고 했는데, 태양을 설명하기 위해 뭔가 더 강력한 것이 필요했기 때문이다. 다윈의 통찰과 지질학의 발견에 따르면 지구는 수십억 년 동안 햇볕을 쬐면서 존재해야 했다. 태양이 그토록 오랫동안 빛을 내려면 석탄이나 다른 보통의 연료로는 충분하지 않다.

하지만 불행하게도 천문학자들은 태양에 우라늄이 있다는 증거를 찾지 못했다. 모든 원소들은 분명하게 볼 수 있는 흔적을 남기며, 분광기라는 광학 장치로 이 흔적을 확인할 수 있다. 그러나 분광기로 태양을 보면 신호는 명확했다. 태양에는 우라늄이나 토륨이나 방사성을 띤 어떤 원소도 없었다.

태양을 비롯해서 멀리 있는 항성들을 판독해보면, 거기에는 언제나 철이 있었다. 그것도 엄청나게 많은 금속 철 덩어리가 있었다. 아인슈타인이 마침내 특허청에서 벗어난 1909년에 나온 최상의 증거는 태양의 66퍼센트가 순수한 철로 되어 있다는 것이었다.

이것은 실망스러운 결과였다. 우라늄은 $E=mc^2$에 따라 에너지를 내뿜을 수 있다. 우라늄 핵은 워낙 크고 아주 많은 것들로 채워져 있어서 쪼개지지 않고 유지되기 어렵다. 철은 다르다. 철의 핵은 상상할 수 있는 것들 중에서 가장 완전하고 가장 안정되어 있다. 쇠로 된 공(녹아 있는 상태든, 기체 상태이든, 이온화된 상태이든)은 수십억 년 동안 열을 낼 수 없다.

$E=mc^2$과 여기에 관련된 방정식으로 우주 전체를 설명한다는 통찰은 갑자기 막혀버렸다. 천문학자들은 대기 상층부를 통해서 거대한 우주와 항성들을 들여다보면서 궁금해 했다.

$E=mc^2$을 지구의 속박에서 풀어준 사람은 젊은 영국 여인 세실리아 페인이었다. 그녀는 자신의 상상력이 얼마나 멀리 갈 수 있는지 알아보기를 좋아했다. 불행하게도 그녀가 1919년에 케임브리지 대학교에 입학해서 처음 만난 선생님들은 그러한 탐구에 관심이 없었다. 그녀는 전공을 바꾸고 또 바꿨다. 그러다가 천문학을 공부하게 되었다. 페인이 뭔가를 하겠다고 결심하면 그 효과는 인상적이었다. 그녀는 대학교 천문대에 간 첫날 밤에 야간 근무 조교를 놀라게 했다. 그녀의 회상에 따르면, "조교는 계단을 뛰어 내려가서 숨을 몰아쉬면서 이렇게 말했다. '어떤 여자가 뭘 막 물어봐요.'"[1] 그러나 그녀는 쫓겨나지 않았고, 몇 주일 뒤에도 비슷한 일이 일어났다. "나는 마음속에 떠오

른 질문을 가지고 자전거를 타고 태양물리학천문대로 갔다. 이마에 금발을 늘어뜨린 젊은 남자가 건물 지붕에 걸터앉아서 지붕을 수리하고 있었다. 나는 그에게 외쳤다. '뭘 좀 물어볼 게 있는데요. 슈타르크 효과는 왜 별의 스펙트럼에서 관측되지 않을까요?'"

이번에는 상대방이 도망가지 않았다. 그는 천문학자인 에드워드 밀른이었고, 두 사람은 친구가 되었다. 페인은 예술을 전공하는 친구들을 흥미진진한 천문학의 세계로 끌어들였다. 친구들이 그녀의 말을 잘 이해하지 못해도, 그녀의 주위에는 많은 사람들이 모여들었다. 뉴넘 칼리지에 있는 그녀의 방은 거의 언제나 친구들로 북적댔다. 한 친구는 이렇게 썼다. "……편안하게 마루에 드러누워서(그녀는 안락의자를 싫어했다), 그녀는 윤리학부터 코코아를 만드는 새로운 방법까지 태양 아래의 모든 것들에 대해 말했다."

러더퍼드는 당시에 케임브리지 대학교에서 가르치고 있었지만, 페인을 데리고 무얼 해야 할지 몰랐다. 그는 남학생들에게 엄포를 놓으면서도 다정하게 대했지만, 여학생에게는 엄포를 놓으면서 꽤 흉악하게 대했다. 그는 강의에서 그녀에게 잔인하게 대했고, 남학생들 앞에서 홍일점인 그녀를 웃음거리로 만들려고 했다. 하지만 그녀는 이런 일로 좌절하지 않았다. (그녀는 함께 배우는 학생들 중에서 가장 뛰어난 학생들과 같은 수준을 유지했다.) 그러나 40년이 지나 하버드 대학교에서 교수로 은퇴한 뒤에도, 시끄럽게 떠들어대는 젊은 남학생들이 줄줄이 앉아서 선생에게 잘 보이려고 조바심치던 모습을 여전히 기억했다.

이 대학교에는 조용한 퀘이커 교도인 아서 에딩턴도 있었는데, 그

| 스펙트럼 분석을 통해 태양의 성분을 밝힌 세실리아 페인.

는 기꺼이 페인을 지도 학생으로 받아들였다. 에딩턴은 결코 경계심을 늦추지 않았지만(학생들과 차를 마실 때도 대개 미혼의 누나가 함께 있었다), 20세의 페인이 가진 순수 사고의 잠재력을 경이롭게 생각했다. 물론 에딩턴이 이런 생각을 밖으로 드러내는 일은 아주 드물었다.

에딩턴은 완전히 구름으로 뒤덮인 행성에 사는 생명체가 저 위의 보이지 않는 우주의 모습을 어떻게 추론할 수 있는지 보여주기를 좋아했다. 이 상상의 존재들은 저기 밖에 빛나는 공이 있다고 추론한다. 우주에 떠다니던 기체 구름이 뭉쳐서 밀도가 높은 덩어리가 되고, 내부에 핵반응이 일어나서 빛을 낸다.[2] 이것이 태양이 될 것이다. 이 빛나는 공들은 밀도가 높아서 주위에 돌아다니는 행성을 끌어당길 수 있다. 이 상상의 행성에 갑자기 바람이 불어서 구름에 구멍이 뚫리면, 이 존재들은 그들이 생각했던 대로 빛나는 별과 주위를 도는 행성들로 이루어진 우주를 볼 것이다.

지구상의 누군가가 태양 속의 철에 대한 문제를 풀어서 에딩턴의 상상을 실현할 수 있다면 멋진 일일 것이다. 에딩턴이 페인에게 별의 내부에 관한 과제를 주었을 때, 이것은 적어도 에딩턴의 상상을 실현하는 출발점이 될 수 있었다. "나는 이 문제에 매혹되어 밤낮으로 몰두했다. 생생한 꿈속에서 나는 거대한 베텔기우스의 중심부에 있었다. 꿈속에서는 해답이 아주 명료했지만, 밝은 낮에는 그렇지 않았다."[3]

그러나 이 친절한 교수의 후원이 있어도 여자는 영국에서 이 분야의 박사 학위 연구를 할 수 없었다. 그녀는 결국 하버드로 갔고, 거기에서 더 활짝 피어났다. 그녀는 무거운 모직 옷을 1920년대의 가벼운 미국 패션으로 바꾸었다. 그녀가 지도 교수로 선택한 할로 섀플리는 유망한 천체물리학자였다. 그녀는 학생 기숙사에서 발견한 자유와 대학교 세미나의 신선한 주제들을 사랑했다. 그녀는 열정으로 폭발했다.

그런데 이런 열정이 모든 것을 망쳐버릴 수 있었다. 젊은 연구자에게 설익은 열정은 위험하다. 새로운 분야에 열광한다는 것은 그 분야의 교수와 학생들의 기존 방식에 맞추려고 노력해야 한다는 뜻이다. 그러나 독창적인 재능을 지닌 학생들은 대개 이런 일을 피하고 비판적인 거리를 유지한다. 아인슈타인은 취리히 공대의 교수들을 특별히 좋아하지 않았다. 그는 그들을 기계적으로 일하는 사람으로 보았다. 자신들이 가르치는 것의 배경에 대해 결코 질문하지 않는 사람이라는 것이었다. 패러데이는 자신의 종교에 대한 내적인 느낌을 채워주지 못하는 설명에 만족할 수 없었다. 라부아지에는 선배들이 물려준 공허하고 부정확한 화학이 못마땅했다. 페인의 경우에는 아이비리그 동료 학생들과 알아가는 과정에서 이런 거리가 필요했다. 그녀가 도착한 지 얼마 되지 않았을 때 이런 일이 있었다. "나는 래드클리프 칼리지의 기숙사에서 함께 살던 친구에게 어떤 다른 친구가 좋다고 말했다. 그녀는 내 말에 깜짝 놀랐고, 이렇게 대답했다. '하지만 걔는 유대인이야!' 나는 솔직히 어리둥절했다.…… 그들은 흑인들에 대해서도 똑같이 생각하고 있었다."[4]

페인은 천문대의 뒷방에서 일어나는 일도 어렴풋이 알게 되었다. 1923년에 컴퓨터라는 말은 전기 장지가 아니라 계산을 전담하는 사람을 뜻했다. 하버드에서는 뒷방에서 일하는 등이 굽은 노처녀들을 부르는 말이었다. 그들 중 몇 사람은 한때 일급의 과학적 재능을 갖고 있었지만(어떤 이는 이렇게 말했다. "나는 언제나 미분적분학을 배우고 싶었지, 하지만 감독관은 그걸 원하지 않았어.")[5] 별의 위치를 측정하거나 이전의 결과를 정리하느라 바빠 오래전에 그런 재능을 잃어버렸다. 그들은 결혼을 하면 해고될 수 있었고, 봉급이 적다고 불평해도 마찬가지였다.

리제 마이트너는 베를린에서 연구를 시작할 때 어려움을 겪었지만, 여기처럼 비참하고 인생을 짓밟는 성차별은 없었다. 하버드의 '컴퓨터' 몇 명이 수십 년 동안 등이 휘도록 일을 해서 100,000개가 넘는 스펙트럼선을 측정하는 데 성공했다. 그러나 이것이 무엇을 의미하는지, 최근의 물리학 발전에 어떻게 맞아 들어가는지 이해하는 일은 거의 언제나 그들의 몫이 아니었다.

I 계산을 전담하는 여성 연구자들. 당시 여성의 임금이 더 낮았기 때문에 하버드 천문대장 에드워드 피커링은 여성들을 고용해 계산 작업을 맡겼고 이들은 '하버드 컴퓨터스' 혹은 '피커링의 하렘'으로도 불렸다.

페인은 이 계층으로 밀려날 수 없었다. 분광기의 선들을 판독할 때 중첩되어서 애매할 때도 있다. 페인은 교수들이 스펙트럼을 어떻게 분리하는지는 그들의 선입관에 크게 좌우되는 게 아닌가 하고 의심하기 시작했다. 예를 들어 다음과 같은 글을 읽어보자.

note

very

onew

illg

etit

이것은 쉽지 않다. 그러나 "not everyone······"으로 읽으면 금방 알 수 있다. 세실리아 페인은 1920년대에 보스턴에서, 스펙트럼 해석에 대한 새로운 이론을 확인하고 발전시키는 연구로 박사 학위를 해야겠다고 생각했다. 그녀의 연구는 방금 본 예보다 더 복잡했다.[6] 태양의 스펙트럼선은 언제나 여러 원소의 조각들이 섞여 있기 때문이다. 게다가 높은 온도 때문에 생기는 왜곡도 있었다.

페인이 어떤 연구를 했는지 비유를 통해 알 수 있다. 천문학자들이 태양에 대량의 철이 있다고 본다면(지구와 소행성에는 철이 많기 때문에 이 견해는 그럴듯해 보였다) 분광기에서 나오는 스펙트럼의 일련의 애매한 선들을 판독하는 방법은 한 가지밖에 없다. 예를 들어 이렇게 나왔다고 하자.

theysaidironagaien

이것을 이렇게 읽을 수 있다.

theysaid**Iron**agaien

agaien은 철자가 이상하지만 지나치게 걱정할 필요가 없다. 남아도는 e는 분광기의 오류 때문일 수도 있고, 태양 내부의 이상한 반응이나 다른 원소에서 왔을 수도 있다. 잘 맞지 않는 것들은 언제나 있다. 그러나 페인은 열린 마음으로 대했다. 다음과 같이 읽으면 어떨까?

그녀는 스펙트럼선들을 보고 또 보면서, 이 애매성들을 점검했다. 모든 사람들은 선들을 한 가지 방식으로 해석해서, 철의 증거로 읽히도록 했다. 그러나 조금 다르게 해석해서 철(Iron)이 아니라 수소(Hydrogen)로 읽히도록 해도 지나친 일은 아니었다.

페인이 박사 학위를 마치기도 전에 이 결과는 천체물리학자들 사이에 소문으로 퍼지기 시작했다. 분광기 데이터에 대한 이전의 설명은 태양의 2/3 이상이 철로 되어 있다는 것인데, 이 젊은 여인의 해석은 태양의 90퍼센트 이상이 수소로 되어 있다는 것이고, 나머지도 대부분은 그다음으로 가벼운 헬륨으로 되어 있다는 것이다. 그녀가 옳다면 별이 어떻게 타는지에 대한 이해가 달라질 수 있다. 철은 매우 안정되어서 태양 속에서 $E=mc^2$을 통해 열로 바뀐다는 것은 상상할 수 없다. 하지만 수소라면 어떤 일이 일어날지 어떻게 알겠는가?

전통의 수호자인 늙은 과학자들은 알고 있었다. 수소는 아무것도 할 수 없을 것이다. 수소는 거기에 없으며, 거기에 있을 수 없다. 그들의 경력(모든 세밀한 계산들, 거기에서 나오는 권력과 후원 관계)은 태양의 주성분이 철이라는 견해를 바탕으로 하고 있었다. 무엇보다, 이 여성은 분광기 선들을 태양의 깊은 내부가 아니라 외곽 대기에서 받은 것이 아닐까? 어쩌면 단순히 온도에 의해 선이 이동했거나 화학적인 혼합 때문에 그렇게 판독할 수도 있다. 지도 교수조차 페인이 틀렸다고 주장했고, 지도 교수의 지도 교수인 고압적인 헨리 노리스 러셀도 그녀가 틀렸다고 했다. 러셀의 눈 밖에 나면 기댈 곳이 없어진다. 러셀은 대단히 거만한 사람이어서 절대로 자기가 틀렸다고 인정하지 않았다. 게다가 그는 미국 동부 연안의 천문학에 관련된 연구비와 직위 선임에 막강한 영향력을 갖고 있었다.

한동안 페인은 어쨌든 맞서 싸우려고 했다. 그녀는 증거를 다시 보여주고, 수소로 해석해도 철로 해석하는 것과 똑같이 적절하다고 보여주었다. 게다가 유럽의 이론물리학자들이 내놓은 새로운 통찰도 수소가 태양의 진정한 에너지원이라는 암시를 주었다. 하지만 이런 것은 아무 상관이 없었다. 페인은 심지어 에딩턴에게도 도움을 받으려고 했지만, 그는 물러섰다. 확신이 없었을 수도 있고, 러셀 때문에 조심했을 수도 있다. 아니면 중년의 독신 남성으로서 젊은 여자가 감정을 가질 것이 부담스러웠을 수도 있다. 케임브리지 대학교 태양물리학천문대 시절의 친구인 금발의 젊은 에드워드 밀른은 이제 유명한 천문학자였다. 그는 페인을 도와주고 싶어도 충분한 힘이 없었다. 페인과 러셀 사이에 편지가 오갔지만, 이 연구를 받아들이게 하려면 그녀는 자기의 주장을 철회해야 했다. 그녀는 논문을 발표할 때 굴욕적인 문구를 넣을 수밖에 없었다. "수소가 엄청나게 많다는 것은 사실이 아님이 거의 확실하다."[7]

그러나 몇 년 뒤에 페인의 연구가 옳다는 것이 명백해졌다. 다른 팀의 독립적인 연구에서도 그녀와 같은 결과가 나온 것이다. 그녀는 명예를 회복했고, 교수들이 틀렸음이 입증되었다.

　　　　＊　　＊　　＊

　　페인의 선생들은 결코 진정으로 사과하지 않았고, 가능한 한 그녀의 경력을 깎아내리려고 애썼다. 하지만 이제 $E=mc^2$을 적용해서 태양의 불을 설명하는 길이 열렸다. 그녀는 올바른 연료가 우주에 흔히 떠다니고 있음을 보였다. 우리가 보는 태양과 모든 항성들은 실제로 $E=mc^2$의 거대한 펌프장이다. 항성은 수소의 질량을 꽉꽉 눌러서 완전히 없애버리는 것으로 보인다. 그러나 사실 항성은 단순히 수소가 방정식의 등호를 건너가도록 미는 것이고, 질량으로 보이던 것이 등호를 건너면서 폭발적인 에너지로 바뀌어 넘실대면서 터져 나오는 것이다. 여러 연구자들이 세부적인 것을 알아내려고 노력했고, 한스 베테가 중요한 성과를 얻었다. 그는 1943년에 오펜하이머에게 전달된 독일의 위협에 관한 보고서의 공저자이기도 했다.

　　지구에서는 대기 중의 수소 원자들이 단순히 서로 날아서 지나갈 뿐이다. 바위산으로 짓누른다고 해도 수소들은 서로 달라붙지 않는다. 그러나 태양 중심에 가까운 곳에 갇혀서 무거운 물질이 수십만 킬로미터 두께로 짓누르면, 수소 핵들은 서로 충분히 가까워지면서 합쳐져서 헬륨 원소가 된다.

　　이것이 이야기의 전부라면 그리 중요하지 않다. 그러나 수소 핵 네 개가 서로 합쳐질 때마다, 베테와 여러 연구자들에 따르면, 그것들은 마이트너와 조카 프리슈가 스웨덴의 눈 속에서 그날 오후에 알아낸 것과 같은 핵의 산수를 따른다. 수소 핵 네 개의 질량은 1+1+1+1이

될 수 있다. 그러나 그것들이 합쳐져서 헬륨이 되면, 그 합은 4와 같지 않다! 헬륨 핵을 주의 깊게 측정하면, 이것은 0.7퍼센트쯤 가벼워서 3.993단위밖에 되지 않는다. 모자라는 0.7퍼센트가 포효하는 에너지가 된다.

이것은 너무 작아 보이지만, 태양의 부피는 지구의 백만 배쯤이며, 이 막대한 부피에 들어 있는 수소를 연료로 쓸 수 있다. 일본에 떨어진 폭탄은 도시 전체를 파괴했지만, 이것은 겨우 우라늄 몇십 그램을 없애면서 에너지로 바꾸었을 뿐이다. 태양이 훨씬 더 강력한 이유는 1초에 4백만 톤의 수소를 순수한 에너지로 바꾸기 때문이다.[8] 태양의 폭발은 40조 킬로미터나 떨어진 센타우루스 자리 알파별에서도 명확하게 보이며, 우리 은하의 나선 팔에 있는 가상의 행성에서도 분명히 보인다.

태양은 어제 당신이 깨어났을 때도 그만큼의 폭발을 일으켰다. 수소 4백만 톤이 아인슈타인의 1905년 방정식에 따라 질량에서 에너지로 건너갔고, 어마어마한 숫자 c^2이 곱해졌다. 이 에너지는 500년 전에 파리에 동이 틀 때도 뿌려졌고, 마호메트가 처음으로 메디나로 도망갔을 때도, 중국에 한나라가 들어섰을 때도 뿌려졌다. 사라지는 수백만 톤에서 나온 에너지는 공룡이 살아 있을 때도 매초 쏟아졌다. 지구가 궤도에 있는 한 이 맹렬한 불은 한결같이 지구를 양육하고, 따뜻하게 해주고, 보호해준다.

⑮

|

지구 창조하기

세실리아 페인의 연구는 태양을 비롯한 모든 항성들이 거대한 $E=mc^2$의 펌프장임을 보여주었다. 그러나 수소를 태우는 것만으로는 금방 불모의 죽은 우주가 되기 쉽다. 우주의 역사 초기에는 수소 별들이 헬륨을 만드는 동안 우주가 엄청나게 빛났을 것이다. 그러나 원래의 수소 연료가 마침내 다 소모되어 $E=mc^2$으로 설명되던 불이 점점 희미해지면, 어마어마한 양의 헬륨 잿더미만 남아서 떠다닐 것이다. 거기에서는 다른 어떤 것도 창조되지 않을 것이다.

우리가 알고 있는 우주를 창조하기 위해서는, 행성과 생명이 의존하고 있는 탄소, 산소, 실리콘을 포함해서 여러 원소를 만들어내는 장치가 필요하다. 이러한 원소들은 수소를 연소시켜 헬륨으로 바꾸는 단순한 장치가 만들 수 있는 것보다 훨씬 더 크고 복잡하다.

페인은 별이 철로 이루어져 있다는 일치된 견해에 도전할 만큼 독립성이 강했고, 이것이 통찰의 첫 단계를 열었다. 별에는 수소가 많이 있어서 1+1+1+1이 정확히 4가 되지 않으면서 생기는 에너지를 내뿜고, 따라서 불꽃이 계속 유지된다는 것이다. 그러나 헬륨이 생기면서 불꽃은 멈춘다. 이번에는 누가 또 독립성이 강해서 $E=mc^2$에 의해 헬륨보다 더 복잡한 원소를 만들어내는 과정을 보여줄까?

1923년에 페인이 하버드로 갔을 때, 영국의 요크셔에서는 7살짜리 꼬마가 1년 내내 동네 영화관만 드나들다가 무단결석 지도원에게 들켰다. 어린 프레드 호일은 영화를 보는 게 학교에 다니는 것보다 더 유익하다고 우겼지만(그는 자막을 보면서 글을 혼자서 익혔다), 자기 뜻과 달리 거의 강제로 학교로 돌아가야 했다. 태양에서 수소가 헬륨으로 바뀐 다음의 주요 단계를 해결하는 것은 이 아이가 자라서 할 일이었다.

호일이 학교로 돌아가고 1년쯤 뒤에, 선생님은 학생들에게 들꽃을 수집해 오라고 했다. 학생들이 교실로 돌아오자 선생님은 꽃의 이름들을 불러주면서, 그중 하나가 꽃잎이 5장이라고 말해주었다. 호일은 자기가 꺾어 온 꽃을 살펴보았는데, 꽃잎이 6장이었다. 흥미로운 일이었다. 꽃잎 수가 적으면 이해할 수 있다. 가져오는 동안에 하나가 떨어졌을 수도 있기 때문이다. 하지만 꽃잎 수가 더 많으면 어떻게 이해할 수 있는가? 그는 왜 그럴까 하고 곰곰이 생각하다가, 희미하게 불쾌한 목소리를 들었다. 다음 순간에 "손바닥이 날아와서 내 귀를 철썩 때렸다.…… 나중에 결국 그쪽 귀는 들을 수 없게 되었

| 원자폭탄의 내파 원리를 천문학에 적용시켜 별의 폭발을 연구한 프레드 호일.

다. 고개를 살짝 돌려 피하기만 했어도 고막과 중이에 그렇게 큰 충
격을 받지는 않았겠지만, 너무나 갑작스럽게 당한 일이어서 그럴 수
가 없었다."[1]

한참 뒤에 겨우 정신을 차려 집으로 돌아온 호일은 어머니에게 이
일을 이야기했다. "나는 이렇게 말했다. 3년이나 학교를 다녔지만 좋
은 점이 없다면 이제 어떻게 하죠?"[2]

어머니가 이 말에 공감했고, 아버지도 마찬가지였다. 아버지는 서
부전선에서 기관포 사수로 근무할 때 10분마다 기관포로 시험 사격
을 하라는 멍청한 장교들의 명령을 따르지 않은 덕분에 2년 동안이
나 무사히 살아남을 수 있었다. (시험 사격을 하면 적에게 위치가 노출된다.)
호일은 다시 1년을 쉬었다. "나는 매일 아침을 먹고 마치 학교에 가

는 것처럼 집을 나섰다. 그러나 내가 가는 곳은 공장과 작업장이 있는 빙글리였다. 공장에는 천둥처럼 큰 소리를 내며 돌아가는 방적기가 있었다. 대장장이와 목수가 있었고…… 모든 사람들은 내 질문에 대답하는 것을 재미있어 하는 것 같았다."[3]

그러다가 호일은 다시 학교로 돌아왔다. 그의 재능을 알아본 몇몇 친절한 교사들이 장학금을 주면서 도와주었다. 그는 케임브리지 대학교에서 수학을 공부했고, 나중에는 천체물리학을 공부했다. 그의 재능은 매우 뛰어나서, 사람들과 어울리기를 극도로 싫어하는 폴 디랙이 전례를 깨고 지도 학생으로 받아들일 정도였다. 호일은 페인의 지도 교수였던 에딩턴과 함께 차를 마시기도 했다. 지적인 '불명예'에 대한 소문이 돌기도 했지만 페인은 하버드로 가버렸고, 그녀의 이름은 이제 거의 거론되지 않았다. (역사는 다시 쓰였다. 헨리 노리스 러셀과 다른 과학자들은 태양에 수소가 풍부하게 있다는 것을 '언제나' 알고 있었다고 말했다.)

별들이 어떻게 헬륨을 거대한 $E=mc^2$의 연료로 사용하는지에 대한 문제는 1920년대에 페인이 연구한 뒤로 큰 진전이 없었다. 수소 네 개를 압축해서 헬륨으로 만드는 일은 천만 도에 이르는 태양 중심부의 열로 겨우 가능하다. 헬륨 핵을 압축해서 더 큰 원소로 만들려면 더 높은 온도가 필요하다. 그러나 우주에서 별의 중심부보다 더 뜨거운 곳은 어디인가?

자기 방식대로 사물을 통합하는 호일의 습관이 여기에서 빛났다. 2차 대전이 시작될 무렵에 그는 레이더 연구팀에 합류했다. 1944년

12월에 미국과의 정보 교환 임무를 마친 호일은 몬트리올에서 대서양을 건너는 비행기를 기다리고 있었다.

전시에 비행기 편이 드물어서 시간이 많았던 호일은 도시와 그 언저리를 돌아다니다가, 초크 리버(오타와에서 160킬로미터쯤 떨어져 있다)에 있는 영국 연구팀에 대한 정보를 얻었다. 누구도 공식적으로 맨해튼프로젝트에 대한 이야기를 해주지 않았지만, 거기에서 들은 몇 사람"(전쟁 전에 호일이 케임브리지 대학교에 있을 때 그들의 연구에 대해 아는 사람들도 포함돼 있었다)의 이름으로 그는 로스앨러모스에서 비밀 프로젝트가 진행되고 있다고 짐작했다.

폭탄의 재료를 축적하는 가장 쉬운 방법은 원자로에서 플루토늄을 만드는 것이었다. 그는 전쟁이 일어나기 전에 발표된 자료들을 읽고 이미 이것을 알고 있었다. 그는 영국이 원자로 건설을 시도하지 않았다는 것도 알고 있었다. 이런 사실들을 종합해서, 플루토늄으로 폭탄을 만들 때 어떤 큰 문제가 있다는 것을 전문가들이 알아냈다고 그는 결론을 내렸다. 분명히 기폭이 충분히 빠르게 일어나야 하는 문제일 것이다. 그러나 캐나다에서 수학 전문가와 폭파 전문가를 모두 만나 본 호일은 이 문제를 해결할 수 있다는 것을 깨달았다.

오펜하이머와 그로브스는 로스앨러모스의 플루토늄 기폭을 연구하는 구역에 철조망을 치고 무장 경비병과 보안 장교들을 겹겹이 배치했다. 그러나 요크셔의 엄격한 교육 체계를 무력화시킨 남자에게 이런 것은 전혀 방어막이 되지 못했다. 되돌아오는 비행기 편을 배정받을 때쯤 호일은 수백 명에 달하는 오펜하이머의 전문가들이 증명한 것이 무엇인지 윤곽을 알아냈다. 스스로 완전히 폭발하지 않는 플루토늄 같은 물질도 갑작스럽게 안쪽으로 압축하면 폭발이 잘 일어날 것이다. 내파는 연쇄 반응을 일으키기에 충분할 만큼 압력과 온도를 높인다.

원자폭탄을 연구하던 모든 사람들은 내파가 아주 좁은 곳에서만 일어나며, 지름이 몇 센티미터쯤 되는 플루토늄 공에만 적용된다고 생각했다. 그런데 반드시 이렇게 작아야만 할까? 내파는 지구에서 강력한 기술이었다.[5] 호일은 어디에서나 자기 생각을 따라갔다. 이 기술을 별에 적용할 수 없을까?

별에서 내파가 일어나면 더 뜨거워질 것이다. 별의 중심부는 2천만 도 이하가 아니라 (호일이 재빨리 계산해본 결과에 따르면) 1억 도에 가까워질 것이다. 이 정도면 가벼운 핵을 뭉쳐서 더 무거운 원소의 핵을 만들 수 있다. 헬륨을 압착해서 탄소로 만들 수 있다. 내파가 더 진행되면 별이 더 뜨거워져서, 탄소보다 더 무거운 핵도 만들 수 있을 것이다. 이렇게 해서 산소, 실리콘, 황을 비롯한 나머지 원소들도 만들 수 있을 것이다.

물론 별에서 실제로 내부 붕괴가 일어나야 이런 일이 가능한데, 호일은 내부 붕괴가 일어날 수밖에 없는 이유를 찾아냈다. 별이 상대적으로 뜨겁지 않은 2천만 도에서 수소만을 태울 수 있을 때, 만들어진 헬륨이 마치 난로의 재처럼 쌓인다. 수소가 타고 있는 동안에는 열에 의해 헬륨이 별의 상층부로 밀려난다. 그러나 연소가 끝난 다음에는 헬륨을 상층부로 밀어낼 수 없어서, 별이 안쪽으로 무너지게 된다.

이것은 로스앨러모스의 원자폭탄과 마찬가지 상황이다.

별에서 내파가 일어나 안쪽으로 무너지면 온도가 1억 도로 올라가서 헬륨 재를 태우기에 충분한 정도가 된다. 헬륨이 다 소모되고 나면, 더 많은 재가 축적되어서 다음 단계가 일어난다. 탄소는 1억 도에서 탈 수 없으므로, 다시 한 번 별이 안쪽으로 무너진다. 온도가 더 올라가고, 이런 일이 거듭된다. 고층건물을 철거할 때처럼, 각 층을 떠받치는 지주가 한 층씩 차례대로 부서지면서 서서히 주저앉는 것이다. 수소, 헬륨, 탄소의 순서로 연소가 일어나며, 각각의 단계에서 $E=mc^2$이 핵심적인 역할을 한다. 이 과정에서 질량이 에너지로 전환된다.

그다음으로 해결해야 할 세세한 문제들이 더 있었다. 그중 많은 것들을 호일이 직접 해결했지만, 문제를 푸는 아이디어는 원자폭탄에서 그대로 가져왔다. 호일은 지구에서 자그마한 플루토늄 공에 적용된 내파 과정을 머나먼 우주에 떠 있는 지름 수십만 킬로미터의 기체 공(항성)에 적용했다. 그는 별이 어떻게 생명의 원소들을 조리해내는지 알아냈다. 이 중에서도 큰 별들은 연료를 다 쓴 다음에 폭발하면서 흩어지는데, 이때 그 안에서 만들어진 모든 것들이 쏟아져 나온다.

* * *

지구는 오래전에 생성되었지만, 우주는 지구보다 훨씬 더 오래전에 생겼다. 우주가 창조되고 나서 지구가 생길 때까지 오랜 세월 동안에, 폭발한 거성은 수백만 개나 있었다. 이 폭발에서 실리콘, 철, 산소가 뿜어져 나왔고, 이것들이 지구의 성분이 되었다.

별이 폭발하면서 우라늄과 토륨 같은 불안정한 원소들도 많이 생겨났다. 이 원소들이 떠다니다가 지구의 깊은 곳에 들어갔고, 이것들이 폭발하면서 파편들이 주위의 바위를 고속으로 때렸다.

지구가 생성될 때 우주에 떠다니던 부스러기들이 계속 충돌하면서 생긴 열과 함께, 우라늄 등의 무거운 원소에서 나오는 방사능 때문에 지구의 내부는 계속 뜨겁게 유지되었다. $E=mc^2$의 폭발이 거듭되면서 생긴 많은 열로 표면 아래가 휘저어져서 맨 위층에 얇은 대륙이 만들어졌고, 이렇게 해서 지구 표면의 모양이 갖춰졌다.

어떤 곳에서는 얇은 지각이 밀리고 구겨져서 알프스, 히말라야, 안데스 등으로 부르는 주름이 잡혔다. 또 어떤 곳에서는 열이 내부를 휘저으면서 표면에 틈이 벌어졌는데, 이것을 샌프란시스코 만, 홍해, 대서양이라고 부른다. 지구에 갇힌 대량의 수소는 산소와 결합해서 물이 되었고, 벌어진 틈에 고였다. 이렇게 해서 파도가 출렁이는 바다가 생겨났다. 지구 내부 깊숙한 곳의 철은 지구의 자전에 떠밀려서 장중하게 출렁거렸고, 이에 따라 눈에 보이지 않는 자기력선이 뻗어나갔다. 40억 년 뒤에 로열 인스티튜션의 지하 실험실에서 마이클 패러데이가 이것을 똑같이 재현했다. 이 자기력선은 머리 위로 멀리까지 뻗어나가서, 우주에서 오는 최악의 방사선 소나기가 지구 표면에 쏟아지지 못하게 막는다.

(지구 내부에서 $E=mc^2$이 끊임없이 작동하면서 생기는 열 때문에) 화산이 분출

했고, 이것은 깊은 땅 밑에서 나오는 컨베이어 벨트 같은 역할을 했다. 핵심적인 미량 원소들이 공중에 내뿜어져서 비옥한 흙을 만드는 데 도움을 주었다. 함께 내뿜어진 대량의 이산화탄소는 어린 지구의 대기에서 온실 효과를 일으켰고, 생명이 자랄 수 있도록 지표에 온기를 주었다. $E=mc^2$에 의해 원자가 쪼개져 날아가면서 생기는 마찰열이 특별히 집중되면, 수심 수천 미터나 되는 대양의 바닥에서도 심해 화산이 분출할 수 있다. 이렇게 해서 태평양의 파도 위로 하와이 열도가 솟아올랐다.

수십억 년을 뛰어넘어, 탄소 원자로 이루어진 움직이는 덩어리(우리 말이다!)가 별에서 만들어진 산소 사이를 헤집고 다니고, 빅뱅 때의 수소 원자로 이루어진 카페인이 가득한 액체를 휘저으면서, 자신들이 어떻게 생겨났는지에 대해 읽고 있다. 우리는 $E=mc^2$이 항상 작동하는 행성에서 살고 있다.

기술적으로 $E=mc^2$을 가장 먼저 이용한 것이 원자폭탄이었다. 처음에는 맨해튼 프로젝트의 실험실에서 어렵게 만들어낸 몇 개뿐이었지만 금방 아주 많아졌고, 히로시마 이후에 공장과 보조금과 연구소의 거대한 하부 구조가 이루어졌다. 1950년대 말에는 수백 개의 원자폭탄과 수소폭탄이 만들어졌다. 냉전이 끝나고 한참이 지난 현재까지도 수천 개가 남아 있다. 이것들을 만들기 위해 여러 해에 걸쳐 수백 번의 야외 시험이 있었고, 성층권에 어마어마한 양의 방사성 입자가 뿌려졌다. 이 입자들은 지구 곳곳에 떠다니면서 살아 있는 모든 사람들의 신체의 일부가 되었다.[6]

| 1954년 진수된 세계 최초의 핵잠수함 USS 노틸러스.

　핵잠수함은 방사성 원소를 싣고 다니면서 뿜어져 나오는 열로 터빈을 돌린다. 이것들은 무시무시한 무기이지만, 냉전이라는 위험한 국면에서 기묘한 안정성을 가져왔다. 2차 대전 때의 잠수함은 많은 시간 동안 작전을 수행할 수 없었다. 이런 잠수함은 물 위에서 사람이 자전거를 타는 정도인 20km/h의 속도만을 낼 수 있었고, 더 안전하게 물 밑으로 들어가면 사람이 걷는 정도인 6km/h 정도로 이동했다. 이 잠수함이 북대서양이나 태평양을 항진하면 너무 많은 연료를 소모하기 때문에 전시에는 위험을 무릅쓰고 수면에 떠올라 급유를 해야 했으며, 그렇지 않으면 되돌아와야 했다. 미국과 러시아의 핵잠수함은 몰래 사정거리 안으로 들어와서 물 밑에서 몇 주일이고 몇 달이

고 계속 머무를 수 있다. 이러한 위험한 상황에서 두 나라는 상대를 자극할 만한 행동을 극도로 자제할 수밖에 없었다.

땅에서는 $E=mc^2$의 고속 입자의 마찰열로 터빈을 돌리는 거대한 발전소가 건설되었다. 이것이 에너지를 얻는 최선의 방법은 아니었다.[7] 핵발전소에서는 보통의 폭발조차 참혹한 결과를 가져오기 때문이다. 게다가 '무한 책임'만큼 기업의 재무 담당자를 단념시키기 좋은 말은 없다. 핵발전소에서는 방사성 벽, 방사성 시멘트 토대, 방사성 잔류 연료를 처리하는 데 많은 책임이 따른다. 그러나 프랑스에서는 정부가 이 책임을 맡고, 기업에 대한 소송을 금지했다. 이 나라에서는 전력의 80퍼센트를 핵 발전으로 생산한다. 밤중에 에펠탑을 밝히는 전기는 히로시마에서 일어났던 원자의 폭발을 천천히 재현하면서 얻는 것이다.

$E=mc^2$은 우리가 사는 집에서도 작동한다. 주방 천장에 달려 있는 화재감지기에는 대개 방사성 아메리슘이 들어 있다. 이 감지기는 아메리슘의 질량이 줄어들 때의 에너지를 사용해서(정확히 $E=mc^2$에 따라) 연기에 민감한 하전 빔을 만들며, 몇 달이고 몇 년이고 이 빔을 계속 유지할 수 있다.

쇼핑몰과 영화관에서 붉게 빛나는 비상구 표시등도 $E=mc^2$을 이용한다. 비상구 표시등은 불이 나서 전력이 끊겨도 작동해야 하기 때문에 보통의 광원을 사용할 수 없다. 이 표시등에는 방사성 삼중수소가 들어 있어서, 쉽게 부서지는 삼중수소 핵이 질량을 잃으면서 내는 에너지를 이용해서 빛을 낸다.

병원에서는 의료 진단을 위해 이 방정식을 사용한다. PET 스캔(양전자 방출 단층촬영)이라고 알려진 강력한 영상 장치를 사용할 때는 환자가 방사성 산소 동위원소를 들이쉰다. 이 원자의 핵이 쪼개지고, 사라진 질량에서 나온 에너지 선이 몸에서 빠져나오는 것을 기록한다. 이것으로 종양, 혈류, 체내 약물 흡수를 정확히 알아낼 수 있다. 예를 들어 뇌에서 프로작의 작용이 이 방법으로 연구되었다. 암을 치료하기 위해서는 방사성 코발트 같은 물질에서 나오는 방사선으로 종양을 공격한다. 불안정한 코발트 핵이 붕괴되면서 질량이 사라지고, 이때 나오는 에너지가 암세포의 DNA를 파괴한다.

한편으로, 여객기 창문 밖에서는 탄소의 불안정한 변종이 끊임없이 형성되는데, 이것은 은하의 먼 곳에서 오는 우주선(cosmic ray)에 의해 만들어진다. 우리는 일생 동안 이것을 들이마신다. 충분히 민감한 가이거 계수기에 손을 대면 딸깍 소리를 낸다. (이것은 실제로 아인슈타인의 1905년 방정식의 작은 작동을 '듣는' 것이다. 가이거 계수기가 내는 딸깍 소리는 $E=mc^2$이 한 번 또는 그 이상 일어났다는 뜻이고, 체내에 있는 변종 탄소 원자의 불안정한 핵이 고공에서 얻은 여분의 중성자를 내뿜는 것을 알려준다.) 그러나 우리가 숨쉬기를 중단하면(또는 나무가 죽거나 식물이 성장을 멈추면) 더 이상 신선한 탄소가 들어오지 않는다. 이 딸깍 소리는 천천히 사라진다.

이 불안정한 탄소가 그 유명한 C_{14}이다. 고고학은 이것을 시계처럼 이용하면서 크게 발전했다. 탄소 연대 측정에 의해 토리노의 수의가 중세의 조작임이 밝혀졌다. 아마포에 들어 있는 탄소에 의해 이 유물이 14세기의 것임이 드러난 것이다. 라스코 동굴, 인도의 묘지, 마야의 피라미드, 크로마뇽 유적 등에서 탄소 조각을 채취해서 연대를 정확하게 측정할 수 있다.

하늘로 더 높이 올라가서, 미국 국방부 GPS의 인공위성들은 대기 너머에 바둑판처럼 늘어서서 돌고 있다. 이 위성들이 내려보내는 신호는 7장에서 보았듯이 상대성 효과에 의해 시간이 왜곡되어 타이밍이 맞지 않는다. 이것은 아인슈타인의 이론을 도입한 프로그램으로 보정해야 한다. 그리고 마지막으로 살펴볼 것은 이제까지 알아본 모든 것들 중에서 가장 멀리 있는 태양이다. 이 폭발하는 공은 생명으로 가득한 풍경이 진화하는 동안 수십억 년에 걸쳐 지구를 따뜻하게 해주고 있다.

16

블랙홀의 어둠을 본 브라만 소년

태양은 어마어마하게 크지만 영원히 타지는 못한다. 태양계 전체를 따뜻하게 하려면 막대한 연료가 필요하고, $E=mc^2$을 직접 이용하는 용광로에서도 마찬가지이다. 현재 태양의 질량은 2,000,000,000,000,000,000,000,000,000톤이지만, 매일 수백만 톤의 폭발이 일어나면서 7조 톤의 수소가 소모되고 있다. 앞으로 50억 년 뒤에는 가장 쉽게 이용할 수 있는 연료는 떨어질 것이다.[1]

이렇게 되면 태양 중심부에는 헬륨 '재'만 남아 있고, $E=mc^2$의 반응은 상층부로 조금씩 올라가면서 일어난다. 태양의 외곽 층이 부풀어 오르고, 온도가 조금 낮아져서 붉은색으로 빛난다. 태양이 계속 팽창해서 수성 궤도에 도달할 때쯤이면 바위투성이인 수성 표면은 벌써 녹았을 것이고, 남아 있는 조각들은 불꽃 속으로 빨려 들어간다. 수천만 년이 더 지나면 거대한 붉은 태양이 금성 궤도에 이르러서, 금성까지 잡아먹는다. 그다음에는 어떻게 될까?

> 어떤 이는 세계가 불에 타서 끝난다고 하고,
> 어떤 이는 얼어붙어서 끝난다고 한다.[2]

로버트 프로스트는 1923년에 버몬트에서 과수원 농부 흉내를 낼 때 이 시를 발표했다. 그러나 시의 초고를 쓸 무렵은 앰허스트 대학의 교수로 있을 때여서 독서할 시간이 아주 많았다. 당시 대부분의 과학 저술가들은 프랑스의 유명한 자연학자 뷔퐁의 시대부터 빅토리아 후기 시대까지 인기가 있었던, 우주가 크게 냉각되었다는 생각을 받아들였다. 그러나 다른 사람들은 요한계시록에서 나오는 것처럼 불로 종말을 맞이한다고 생각했다.

지구에서 일어날 일은 실제로 둘 다이다. 서기 50억 년 이후에도 지구 표면에 살아 있는 존재가 있다면, 그는 낮에 하늘을 절반이나 채우는 거대한 태양을 볼 것이다. 바다는 끓어서 말라버릴 것이고, 지표의 바위도 녹을 것이다. 어쩌면 생명은 현재로서는 상상할 수 없는 기술을 이용해서 다른 행성으로 이주하거나, 깊은 동굴 속에서 살아남을 것이다. 태양이 하늘을 채우기 훨씬 전에 지구에 생명이 사라질 수도 있다.

태양은 거대한 덩치를 유지하면서 10억 년을 더 버틸 것이다. 이때는 주로 내부의 헬륨 재를 연소시키면서 에너지를 내뿜을 것이다.

그러다가 내뿜는 에너지가 약해지면서 태양이 줄어들기 시작한다. 결국 에너지가 너무 많이 소모되어서 태양이 일정하게 연소할 수 없게 된다.

얼음으로 뒤덮이는 과정은 다음과 같다. 태양의 내부에서 연료가 거의 떨어지면서 표면이 아래로 가라앉는다. 바로 다음에 확산으로 연료가 보충되어서 에너지 출력이 다시 높아지고, 태양의 표면이 위로 솟구친다. 그때마다 충격파가 생기는데, 이것은 비행기가 음속 장벽을 통과할 때 생기는 짤막한 충격파는 전혀 다르다. 지금부터 60억 년 뒤에 올 이 단계가 거인의 마지막 운명이다.

위로 튀어오를 때마다 상당한 질량이 떨어져 나가고, 수십만 년 안에 태양이 아주 볼품없이 작아진다. 태양이 작아지면 중력도 약해진다. 태양이 팽창할 때 지구가 흡수되지 않았다면, (일정한 궤도를 110억 년 동안 유지한 뒤에) 태양이 행성을 놓는다. 태양계는 부서지고, 지구는 날아가버린다.

다음에 무슨 일이 일어나는지에 대해 핵심적인 통찰(여기에서도 $E=mc^2$이 결정적인 역할을 한다)을 한 사람은 수브라마니안 찬드라세카르인데, 20세기 천체물리학의 지도자 중 한 사람인 그는 60년 동안이나 일선에서 연구했다. 그는 19세이던 1930년의 더운 여름에 이 발견을 했다. 대영제국이 죽어가던 시절이지만 찬드라(그는 대개 이 이름으로 불렸다)는 여전히 제국의 지배권 안에 있었고, 케임브리지에서 대학원에 다니기 위해 봄베이에서 영국으로 떠났다.

8월에 아라비아해에 폭풍이 몰아쳐서 모든 사람들이 선실에 틀어

I 에너지와 질량의 관계를 통찰하면서 블랙홀의 개념을 구체화한 수브라마니안 찬드라세카르.

박혀 있었다. 폭풍이 지난 뒤에도 몇 주일을 더 조용히 항해해야 했던 찬드라는 남는 시간을 언제나 생산적으로 보내는 가족의 습관대로 한 다발의 서류와 씨름했다. 제국의 일상적인 인종주의조차 찬드라에게 도움이 되었다. 찬드라는 검은 피부의 브라만이었고, 백인 승객의 아이들이 그와 놀려고 하면(그는 아이가 원하는 대로 해주었을 것이다), 부모가 재빨리 아이들을 데려갔다.

갑판의 의자에 앉아서 아무런 방해도 받지 않으면서 생각에 몰두한 그는 하늘에 있는 아주 이상한 물체에 대해 처음 깨달은 사람 중하나가 되었다. 거대한 별은 무겁고 단단한 중심부와 상층부가 충돌해서 폭발할 수 있다고 알려져 있었다. 그런데 폭발 뒤에 남아 있는 중심부에는 어떤 일이 일어날까?

찬드라는 교양 있는 젊은이였고, 인도와 서구의 문학을 많이 읽었다. 특히 독일어를 잘했던 찬드라는 아인슈타인의 논문을 연구했고, 인도를 방문한 독일의 주도적인 물리학자들을 만났다. 별의 단단한 중심부는 압력이 높다는 것을 알고 있었던 찬드라는 압력이 에너지의 한 형태라는 사실에 대해 생각하기 시작했다.

그리고 에너지는 다른 종류의 질량이다.

에너지는 질량보다 더 퍼져 있지만, $E=mc^2$에 따르면 두 가지가 같은 것의 다른 모습일 뿐이다. 이 방정식의 양변(E와 m)이 실제로 이쪽에서 저쪽으로 건너가고 '바뀔' 필요가 없다. 이 방정식의 진정한 의미는, 우리가 질량이라고 말하는 덩어리가 실제로 에너지라는 것이다. 단지 우리가 그런 모습으로 인지하지 않는다는 것뿐이다. 마찬가지로, 빛이나 압력이 가진 에너지는 그 자체가 질량이다. 이것은 우리가 질량이라고 쉽게 알아볼 수 있는 것보다 더 넓게 퍼져 있을 뿐이다.

찬드라는 별이 블랙홀로 가는 과정을 추적하고 있었다. 그는 빙글빙글 돌면서 심연으로 빠져드는 논리를 따라갈 수밖에 없었다. 압축된 별의 중심부는 더 높은 압력에 짓눌리고, 압력은 에너지의 일종으로 볼 수 있으며, 에너지가 많은 곳 주위의 시공간은 질량이 많을 때와 똑같이 행동한다. 별의 중력은 이 모든 '질량' 때문에 더 강해진다. 더 강한 중력은 별을 더 세게 눌러서 압력이 더 높아진다. 다시, 더 높은 압력은 더 많은 에너지이고, 더 많은 에너지는 더 큰 질량처럼 행동한다. (찬드라는 $E=mc^2$의 엄청난 통찰에 의해 이것을 알아보았다.) 이렇게 해서 중력이 점점 더 강해진다.

별이 충분히 작으면 쌓이는 압력이 그리 높지 않아서, 중심부 주위의 물질이 튼튼하면 견딜 수 있다.[3] 그러나 별이 아주 무거우면 이 과정이 계속 진행된다. 이때는 별의 물질이 얼마나 튼튼한지가 중요하지 않다. 사실 중심부의 물질이 너무 튼튼하면 사정이 더 나빠진다. 거대한 별이 높은 압력에서 예상 외로 잘 견딘다고 가정하자. 상상도 할 수 없는 어마어마한 질량이 내리누른다. 이 압력은 더 많은 에너지가 되고, 이것은 다시 더 큰 질량처럼 행동해서 중력이 더 강해지고, 훨씬 더 세게 내리누른다.

중심부의 물질이 얼마나 단단한지에 무관하게, 별의 내부는 뭉개져서…….

뭉개져서 어떻게 되는가?

찬드라는 젊음의 신선한 사고를 적극적으로 받아들였지만, 그조차도 이번에는 멈춰야 했다. 별의 내부가 실제로 사라진다고 예측할 수 있을까? 이것이 옳다면 우주의 물질에서 틈이 열리는 것이다! 그는 기도하고 식사를 하면서 시간을 보냈다. 또 기독교 선교사의 말을 공손하게 경청하느라 시간을 보냈다. 선교사는 이 독실한 힌두교도에게 인도의 모든 종교는 악마의 작품이라고 설명했다. 찬드라는 이렇게 회상했다. "그는 선교사였고, 다른 사람을 기쁘게 해주려는 열망으로 가득했다. 그런 사람에게 무례하게 굴 필요는 없었다."[4]

찬드라는 갑판의 의자에 앉아 다시 연구에 몰두했고, 이렇게 끝없이 무너져서 생긴 구멍으로 별의 나머지 물질들이 빨려 들어갈 때 어떤 일이 일어날지 말할 수 없다는 것을 깨달았다. 그러나 아인슈타인의 다른 연구에서 별 주위의 시간과 공간이 강하게 왜곡된다는 것이 알려져 있었다. 빛도 탈출할 수 없다. 이 중력의 존재에 끌려가는 근처의 별들은 '텅 빈' 공간에 의해 찢어지는 것이다.

이것은 다른 통찰들과 함께 블랙홀의 현대적 개념의 핵심이었다. 그러나 찬드라가 영국에 도착해서 자기의 이론을 설명하자, 듣는 사람들마다 모두 반대했다. 세실리아 페인에게 영감을 주었던 에딩턴은 이제 너무 늙어서 이런 이상한 이론을 받아들이기 어려웠다. 그는 이것이 그야말로 "별과 같은 허풍이고, 터무니없다"[5]고 선언했다. 그러나 1960년대에 완전히 텅 빈 공간으로 보이는 곳 주위를 도는 별(백조자리 근처를 보면 이것은 약간 가장자리에 있다)의 증거가 나왔다. 이렇게 작은 공간에서 그렇게 강력한 힘을 발휘할 수 있는 것은 블랙홀뿐이었다. 우리 은하의 중심에도 블랙홀의 강력한 증거가 있다. 진정으로 괴물 같은 이 블랙홀은 긴 세월 동안 축적된 거대한 것으로, 평균적으로 1년에 보통의 별 하나를 삼킨다. 시공간은 실제로 '찢어져서' 열렸고, 젊은 찬드라세카르는 이것을 처음으로 보았다.

찬드라는 1930년대에 에딩턴의 적의에 맞서려고 했지만, 찬드라가 옳다고 생각하는 영국의 천체물리학자들도 공개적으로 그를 지지하기를 두려워했다. 그는 결국 영국을 떠났다. 그는 미국에서 더 환영받았고, 시카고 대학교에서 수십 년을 연구해서 1983년에 노벨상을 받았다. 그다음에 일어날 일을 이해하는 데 핵심이 되었던 아라비아해의 항해를 한 지 50년이 지나서였다.

지금부터 60억 년 뒤에 연료가 떨어진 태양에서 지구가 풀려났다면, 지구에 남아 있는 생존자는 오늘날의 밤하늘보다 더 어두운 지평선을 볼 것이다. 별들도 연료를 다 쓴 채 죽어가기 때문이다. 가장 잘타는 별이 먼저 죽고, 나머지도 죽을 것이다.

이 어두운 우주 속에서 지구는 안정되게 날아가지 못할 것이다. 우리 은하는 이미 안드로메다 은하와 충돌하는 길 위에 있고, 몇십억 년 뒤에 지구가 태양에서 벗어나거나 잡아먹힐 때쯤에는 마침내 거대한 충돌이 일어난다. 별들 사이의 공간은 워낙 거대해서 대부분의 어두운 항성들은 서로 충돌하지 않고 그냥 천천히 스쳐 지나가겠지만, 그 소용돌이는 탈출한 지구의 궤적을 다시 한 번 바꾸기에 충분하다.

지구가 우리 은하의 안쪽으로 향하면, 수천만 년 안에 우리는 은하 중심부의 거대한 블랙홀에 흡수되는 영역 안에 있을 것이다. 지구가 밖으로 향하면, 종말이 단순히 지연될 것이다. 지금부터 10^{18}년 (1 뒤에 0이 18개 나오는, 다시 말해 1,000,000,000,000,000,000년) 뒤에, 모든 은하의 별들은 이러한 충돌 때문에 사라진다. 은하 중심부의 블랙홀은 천천히 이동하면서 다른 물체들을 만날 때마다 질량과 에너지를 빨아들인다. 이 블랙홀이 다른 블랙홀을 만나면 합쳐져서 더 큰 포식자가 된다. 이러한 블랙홀의 영역에 들어서면 지구는 몇 시간 안

| 블랙홀 상상도. 블랙홀이 주위를 회전하는 별로부터 기체를 빨아들이면 그 과정에서 기체가 매우 가열되어 X선이 방출된다. 1999년 NASA가 발사한 위성 '찬드라 X선 관측선'은 블랙홀의 가장자리 영상을 잡을 수 있었다.

에 사라지게 된다.

10^{32}년 뒤에는 양성자 자체가 붕괴하기 시작할 수 있고, 보통의 물질은 아주 조금만 남게 될 것이다.[6] 우주에 남은 물질의 종류는 아주 적을 것이다. 우리에게 익숙한 음의 전하를 띤 전자가 있을 것이고, 또 전자의 반물질로 양전하를 띤 것이 있을 것이며, 뉴트리노와 그래비톤과 함께 부풀어 오른 블랙홀이 있을 것이다. 창조의 순간에 생겨나서 아직도 10억 8천만 km/h로 달리는 냉각된 광자도 있을 것이다.

이걸로 끝이 아니다. 충분한 시간이 지나면 블랙홀도 증발할 수 있기 때문이다. 블랙홀이 삼킨 모든 것들이 다시 나올 것이다. 하지만 식별 가능한 형태가 아니라, 동등한 양의 전자기파로 나올 것이다.

우주가 끝날 때의 상태는 창조 때와 흥미롭게 뒤바뀌어 있을 것이다. 태양이 생기기 오래전인 창조의 순간에 우주는 엄청난 밀도로 '농축'되어 있었다. 이렇게 밀도가 높다는 것은 $E=mc^2$에서 대량의 전자기파가 E 쪽에서 m 쪽으로 '밀려갔다'는 뜻이다. 우리에게 낯익은 보통의 물질은 순수한 에너지에서 나왔고, 이것들이 궁극적으로 우리가 아는 항성과 행성과 생명을 만들었다. 그러나 10,000,000,000,000,000,000,000,000,000,000,000,000,000,000,000,000,000,000,000,000,000,000,000,000,000,000,000,000,000,000,000,000년이 지나서 종말이 가까워질 무렵에는 상황이 완전히 다르다.

모든 것이 훨씬 더 퍼져 있고, 훨씬 더 번져 있다.

이때 존재하는 것들은 상상도 할 수 없을 정도로 멀리 퍼져 있을 것이다. 초기에 있었던 활동적인 시기는 끝날 것이다. 이것은 우주 최후의 간주곡일 뿐이다. 이제 질량과 에너지가 서로 변환되는 일은 매우 드물어진다. 모든 것이 거대한 침묵에 잠긴다.

아인슈타인의 방정식이 하는 일은 끝난다.

아인슈타인의 다른 업적들

아인슈타인이 유명해진 것은 E=mc²을 비롯해서 1905년에 했던 연구 때문이 아니다. 그의 업적이 그것뿐이었다면 그의 명성은 이론물리학의 영역으로 국한되었을 것이고, 대중들에게 널리 알려지지 않았을 것이다. 1930년대에 그는 또 하나의 유명한 망명자로 조용하게 살았을 것이고, 1939년에 원자폭탄의 위험을 알리는 편지를 루스벨트 대통령에게 전달할 정도의 거물이 되지는 못했을 것이다.

물론 그렇게 되지는 않았다. 아인슈타인은 E=mc²을 구축한 이론적 기반을 더 발전시켰고, 세계에서 가장 유명한 과학자가 되었다.

아인슈타인이 1905년에 발표한 이론은 물체들이 부드럽게 이동하고 중력가속도가 큰 역할을 하지 않을 때로만 한정되었다. E=mc²은 이런 경우에만 올바른데, 이런 제한을 없애도 여전히 올바를까? 이러한 한계로 고민하던 아인슈타인은 1907년에 더 넓은 이론에 대한 암시를 얻었다. "베른 특허청에서 의자에 앉아 있다가, 갑자기 어떤 생각이 번쩍 떠올랐다.…… 나는 깜짝 놀랐다."[1]

그는 나중에 이것을 '내 인생에서 가장 행복한 생각'[2]이라고 불렀다. 몇 년 뒤인 1910년에 그는 이 생각을 발전시켜서 우주의 구조를 성찰하고, 이 구조가 어떻게 우주 속의 한 위치에 있는 물체의 질량과 에너지에 영향을 주는지 밝혀냈다. 아인슈타인이 물리학에서는 최고였지만 수학에서는 그저 쓸 만한 정도였기 때문에 이 연구에 여러 해가 걸렸다. 그는 미국에서 어느 여중생의 편지에 답장을 하면서 이렇게 쓴 적이 있다. "수학이 어렵다고 너무 걱정하지 말거라. 분명히 내가 너보다 훨씬 더 큰 어려움을 겪는단다."[3] 물론 아인슈타인의 수학 실력이 이 정도로 나쁘지는 않았지만, 그의 초기 원고를 검토한 헤르만 민코프스키는 이렇게 말했다. "아인슈타인이 자기의 난해한 이론을 표현하는 방법은 수학적으로 진부하다. 그는 취리히에서 나에게 수학을 배웠으니까 나는 이렇게 말할 자격이 있다."

하지만 아인슈타인에게는 대학교 시절에 노트를 빌려준 친구 마르셀 그로스만이 있었다. (그는 아버지의 영향력으로 아인슈타인이 특허청에 자리를 얻도록 도와주기도 했다.) 그로스만은 아인슈타인과 오랜 시간 동안 함께 앉아서 최신 수학 중에서 어떤 도구를 쓰면 좋을지 설명해 주었다.

1907년의 '가장 행복한 생각'에서 나온 아인슈타인의 아이디어는, 어떤 점에 더 많은 질량 또는 에너지가 있으면 그 주위로 시공간이 더 많이 휜다는 것이었다. 그가 이전에 도달했던 것보다 훨씬 더 강력한 이 이론은 훨씬 더 많은 것을 아우르고 있었다. 이제 1905년의 이론은 '특수' 상대성이 되었고 새 이론에는 일반 상대성이라는 이름이 붙었다.

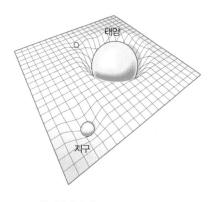

| 휜 시공간의 예

지구처럼 작은 물체는 질량과 에너지를 아주 적게 가지므로, 시공간을 조금만 휘게 한다. 더 강력한 태양은 시공간을 훨씬 더 강하게 잡아당긴다.

이것을 요약하는 방정식은 엄청나게 단순해서, 흥미롭게도 $E=mc^2$의 단순성을 연상시킨다. $E=mc^2$을 살펴보면, 한쪽은 에너지 영역이고 다른 쪽은 질량 영역이며, '=' 기호의 다리가 이것들을 연결한다. $E=mc^2$의 핵심은 에너지=질량이라는 것이다. 아인슈타인의 새롭고 더 넓은 이론은 모든 '에너지-질량'이 주변의 '시공간'과 어떻게 얽혀 있는지 보여준다. 기호로 나타내면 에너지-질량=시공간이 되어서, $E=mc^2$에서 양쪽 변을 차지했던 E와 m이 새로운 방정식에서는 같은 변에 놓인다.

질량이 실린 지구는 우리 주위에 굽이치며 퍼져 있는 '곡면'을 굴러가면서 자동적으로 최단 경로를 찾는다. 중력은 더 이상 비활성의 공간에 퍼져 있는 그 무엇이 아니라, 우리가 특정한 시공간 속에서 이동할 때 감지하는 것이다.

그러나 문제는, 이것이 터무니없어 보인다는 것이다! 텅 빈 공간과 시간이 어떻게 휠 수 있는가? 넓은 맥락에서 $E=mc^2$을 포함하는 확장된 이론이 옳다면, 분명히 이런 일이 일어날 수 있다. 아인슈타인은 명쾌하고 강력해서 아무도 이 이론이 옳다는 것에 이의를 달 수 없는 시험을 할 수 있다는 것을 깨달았다.

무엇으로 이것을 시험할 수 있을까? 이 검증은 이론의 핵심인 공간이 휘는 그림에서 나왔다. 빈 공간이 진짜로 끌리고 휜다면, 멀리서 오는 별빛이 태양 주위에서 '신비스럽게' 휘는 것을 볼 수 있을 것이다.

평소에는 빛이 태양에 의해 휘는 것을 볼 수 없다. 태양의 가장자리에서 아주 가까운 곳을 통과하는 별빛만 휘는데, 태양이 너무 밝아서 별빛이 보이지 않기 때문이다.

그렇지만 일식이 일어나면 어떻게 되는가?

모든 영웅에게는 조력자가 필요하다. 모세에게는 아론이 있었고, 예수에게는 제자들이 있었다. 그러나 아인슈타인에게는 불쌍한 프로인틀리히가 있었다.

에르빈 프로인틀리히는 베를린에 있는 프러시아 왕립 관측소의 초급 조교였다. 세상에는 프로인틀리히보다 더 운이 나쁜 사람도 있을 것이다. 어쩌면 타이타닉호에 탔다가 살아남은 다음에 힌덴부르크호(독일의 비행선으로, 1937년에 화재 사고로 승객 97명 중 36명이 사망했다. ― 옮긴이)를 탄 사람도 있을 것이다. 프로인틀리히가 거의 그랬다. 그는 아인슈타인 교수의 예측이 옳다고 입증하는 관측을 수행해서 일반 상대성을 수호함으로써 연구 경력을 쌓으려고 했다. 그는 1913년에 취리히로 신혼여행을 떠났고, 이 유명한 교수와 일식 관측에 대해 이야기할 때 신혼의 아내와 함께 있었다.

바로 다음 해에 크리미아에 일식이 예측되었다. 프로인틀리히는 모든 것을 세심하게 준비했고, 일식이 일어나기 두 달 전인 1914년 7월에 벌써 크리미아에 도착했다. 당시에 크리미아는 독일 국적을 가진 사람이 머물기에 가장 나쁜 곳이었다. 한 달 뒤에 전쟁이 일어났다. 프로인틀리히는 체포되어 오데사의 감옥에 갇혔고, 장비는 압수당했다. 그는 독일군에게 사로잡힌 러시아 장교들과 포로 교환으로 풀려났지만, 그때는 이미 일식이 지나간 뒤였다.

그는 포기하지 않았다. 1915년에 베를린으로 돌아온 프로인틀리히는 멀리 있는 이중성 근처에서 휘는 별빛을 측정하면 아인슈타인 교수를 도울 수 있다고 생각했다. 2월에 그는 새로운 이론을 지지하는 결과를 얻었고, 아인슈타인은 편지로 친구들에게 희소식을 알렸다. 그러나 4개월 뒤에 천문대에서 일하는 프로인틀리히의 동료들은 그가 별의 질량을 잘못 추정했다는 것을 알아냈다. 아인슈타인은 모든 것을 철회해야 했다. 대부분의 사람들에게는 이 정도로 충분했지만 (프로인틀리히의 젊은 아내도 말렸겠지만), 프로인틀리히는 다시 시도하겠다고 결심했다. 행성들 중에서 가장 무거운 목성 주위에서 휘는 별빛을 측정하면 어떨까? 뢰머가 이미 이전 시대에 그렇게 설득력 있게 과학적인 문제를 풀지 않았는가? 프로인틀리히는 이것을 아인슈타인에게 제안했다. 아인슈타인은 이 진지한 젊은이를 좋아했고, 12월에 프러시아 천문대에 편지를 보내서 그가 이 관측을 시도하도록 허락해달라고 부탁했다.

그를 그냥 크리미아의 감옥으로 돌려보내는 편이 차라리 덜 고통스러웠을 것이다. 프로인틀리히의 상관은 누가 감히 간섭하느냐고 격노했다. 그는 프로인틀리히를 해고하겠다고 위협했고, 동료들 앞에서 모욕했으며, 목성 궤도 주변을 관측할 수 있는 장비에 절대로 손대지 못하게 했다.

그러나 이것은 문제가 아니었다. 프로인틀리히는 다시 희망을 얻었다. 1919년에 일어날 일식에 대비해서 새로운 대규모 일식 탐사대가 계획되고 있었다. 해외여행만 가능하다면, 그는 마침내 소원을 이룰 것이다.

1918년에 1차 대전이 끝났다. 이제 독일인이 다른 나라를 여행하는 데 장애물이 없어졌다! 대규모 탐사대가 조직되었을 때 프로인틀리히가 무슨 생각을 했는지는 기록되어 있지 않지만, 결과가 발표되었을 때 그가 어디에 있었는지 우리는 정확히 안다. 그는 베를린에서 이 소식을 신문으로 읽었다.

그는 초청받지 못한 것이다.

탐사대를 이끈 것은 앞에서 등장한 적이 있는 신중한 영국인이었다. 작은 금속 테 안경을 끼고 중간 키에 겨우 중간쯤 되는 체중의 아서 에딩턴은 말을 하다가 생각할 시간이 필요하면 말꼬리를 길게 늘이는 일이 잦았다. 그의 훌륭한 영국식 예절과 온화한 외양 속에는 강한 결단력을 가진 영혼이 맥박치고 있었다. 1930년대에 찬드라가 만난 에딩턴은 딱딱하게 굳어 있었지만, 1차 대전 무렵의 에딩턴은 젊음의 열정에 넘치고 있었다.

매년 5월 29일에 태양은 밝은 별이 엄청나게 많은 히아데스 성단 앞에 놓인다. 이 사실만으로는 아무 도움도 되지 않는다. 이 특정한 날에 일식이 일어나지 않는다면 별빛이 태양 주위에서 휘는 것을 볼 수 없다. 한낮의 이글거리는 햇빛에 묻혀서 별빛이 전혀 보이지 않기 때문이다. 그런데 1919년에는 정확히 5월 29일에 일식이 일어날 예정이었다. 에딩턴은 이렇게 썼다. "1917년 3월에 왕립천문대장(프랭크 다이슨)이 이 놀라운 기회에 대해 관심을 불러일으켰고, 준비가 시작되었다. ······"[4]

에딩턴은 자기가 이 일을 하지 않으면 감옥에 가야 했다는 사실에 대해서는 말하지 않았다. 퀘이커 교도인 에딩턴은 평화주의자였고, 1차 대전 중에 영국의 평화주의자들은 중부의 혹독한 강제수용소로 가야 했다. 평화주의자 수용소를 경비하는 군인들 중에는 최근에 전방에서 돌아왔거나 실전에 배치되지 못한 것을 수치스럽게 여기는 사람들이 많았는데, 이 사람들이 더 가혹하게 굴었다. 상황은 거칠었다. 학대와 폭행은 항상 있었고, 사망자도 여러 명 있었다.

케임브리지 대학교에 있는 에딩턴의 동료들은 에딩턴이 이런 일을 겪기를 바라지 않았고, 장차 국가의 과학에 중요하다는 이유로 그의 징집을 보류해달라고 전쟁부에 요청했다. 국무부에서 이것을 확인

I 태양의 중력장에 의해 빛이 휘는 정도를 측정하여 아인슈타인의 이론을 실험적으로 검증한 아서 에딩턴.

하는 편지를 에딩턴에게 보냈고, 그는 여기에 서명해서 되돌려 보내기만 하면 되었다.

수용소에 가면 어떤 일을 당할지 에딩턴도 잘 알고 있었다. 그러나 나중에 미국 시민권 운동에서 퀘이커 교도들이 보여주었듯이, 평화주의자가 된다는 것은 겁쟁이가 되는 것과 같지 않았다. 에딩턴은 친구들의 성의를 보아 편지에 서명했다. 하지만 추신을 덧붙여서, 자기가 과학적 유용성 때문에 징집이 보류되지 않는다면 양심적 반대자로서 보류를 요청한다고 국무부에 설명했다. 국무부는 에딩턴의 설명에 감명을 받지 않았고, 그를 수용소에 보내는 절차를 시작했다.

왕립천문대장 프랭크 다이슨이 일식이 좋은 기회라고 주의를 환기시킨 것은 바로 이 시점이었다. 다이슨이 에딩턴을 이 탐사대에 보낸다면, 에딩턴은 그러한 추신에도 불구하고 징집이 보류될 수 있을까? 다이슨의 연구는 항해와 관련이 있었기 때문에 그는 해군부와 친했다. 해군부는 국무부에 언질을 주었다. 에딩턴은 풀려났고…… 그가 이 탐사대를 이끈다는 조건이 붙었다. 그들은 준비할 시간이 2년 있었다.

물론 탐사하는 동안에 비가 왔지만, 에딩턴이 탐사한 아프리카 콩고 북부의 해안에서 떨어진 섬에서는 늘 그랬다. 그리고 프로인틀리히가 이 탐사대에 동행하지 않았다는 점을 기억하자. 비가 그쳤고, 에딩턴은 좋은 사진 건판 두 장을 얻었다. 하지만 현상 작업은 영국에서 해야 했고, 몇 달 동안 결과는 아무도 알 수 없었다.

아인슈타인은 결과 확인이 늦어져도 아무렇지 않은 척했다. 그러나 9월 중순에도 감감무소식이자 친구 에렌페스트에게 편지를 썼고, 애써 조바심을 감추면서 탐사에 대해 들은 게 없는지 물었다. 영국과 긴밀하게 연락이 닿는 에렌페스트도 아는 것이 없었다. 그는 에딩턴이 영국으로 돌아왔는지조차 잘 모르고 있었다.

에딩턴은 몇 주일 뒤에 케임브리지로 돌아왔지만, 사진 건판이 문제였다. 사진 건판은 서아프리카로 가는 배로 운송되어 습기가 많은 섬의 천막에 보관되어 있다가, 일식이 시작될 때 폭우 속에서 날라서 카메라 속으로 들어갔다 나왔으며, 다시 한 번 대양 정기선으로 운반되었다. 멀리 있는 별의 움직임에서 에딩턴이 찾는 물리적인 분리는 십분의 1아크초 정도였다. 이것은 작은 사진건판에서 겨우 1밀리미터쯤 된다. (두꺼운 연필 선이 1밀리미터 정도이다. 시력이 아주 좋다면 폭이 1/20밀리미터인 먼지를 겨우 알아볼 수 있다.) 에딩턴에게는 마이크로미터가 있었지만, 이 미소한 변위가 예측과 정확하게 일치해야만 아인슈타인이 옳다고 판정할 수 있었다. 이런 상황에서 에딩턴은 예측이 옳다고 확신할 만큼 명확하게 알 수 없었다. 서아프리카에서 온 건판의 감광제는 긴 운송 과정과 열 때문에 젤리처럼 되었고, 에딩턴이 정직했다면 필요한 만큼 세밀하게 측정할 수 없었을 것이다.

하지만 아인슈타인의 이론은 워낙 매력적이어서 케임브리지의 누구도 포기하고 싶지 않았다. 거대한 태양이 우주의 시공간을 휘게 해서 먼 데서 오는 별빛이 방향을 바꾼다는 생각은 엄청난 일이었다. 이렇게 되려면 '전통적'인 질량만으로는 부족하다. 1905년의 방정식도 들어가야 한다. 태양에서 뿜어내는 모든 열과 빛(그 모든 '에너지')도 또 다른 형태의 '질량'으로 작용하여 태양의 덩치에 보태진다. (찬드라가 1930년대에 항해하면서 얻은 핵심적인 아이디어였다.)

다행스럽게도 대영제국에는 여러 가지 전통이 있었다. 그중에서도 으뜸인 교훈은, 어떤 일은 언제나 잘못되어간다는 것이었다. 탐험가, 정복자, 젊은 아들들과 금속 테 안경을 낀 퀘이커 천문학자들도 일생 동안 제국의 탐사에 대한 이야기를 들으면서 이 교훈을 얻었다.

에딩턴은 이 교훈에 따라 똑같은 탐사대를 하나 더 조직했다. 이 탐사대는 다른 종류의 망원경을 가지고 다른 대륙인 브라질 북부로 갔으며, 망원경 조준 장치도 다른 방식을 사용했다. 실패할 가능성에 대비하는 것은 언제나 좋은 전통이었고, 이것은 제대로 맞아떨어졌다. 브라질 팀의 건판이 돌아왔고, 더 큰 건판에 사용하기 위해 엄청난 크기의 특수한 마이크로미터를 제작했다. 에딩턴과 동료들이 측정을 거듭했고, 축하 전보가 폭발적으로 타전되기 시작했다. 얼마 전에 트리니티 칼리지의 특별연구원이었던 버트런드 러셀은 옛 친구 리틀우드에게 메시지를 받았다. "친애하는 러셀. 아인슈타인 이론은 완전히 확인되었다네. 예측된 변위는 $1''.71$이었고, 관측된 값은 $1''75\pm0.06$이었네."[5]

축하는 화려했다. 왕립천문학회는
왕립학회의 합동 모임에 초청되었다.
이 모임은 1919년 11월 6일에 피커
딜리에 있는 벌링턴 하우스의 커다란
방에서 열렸다. 케임브리지를 비롯한
각지에서 과학자들이 킹스 크로스와
리버풀 가의 역으로 모여들어 택시를
탔다. 과학자가 아닌 사람들도 뭔가
획기적인 발표가 있다는 소식을 듣고
모여들었다. 한 방문객이 그날 저녁
을 이렇게 묘사했다. "극적인 광경이
었다. 전통적인 의식이 거행되는 무

| 1919년 5월 29일 촬영된 이 일식 사진은 아인슈
타인의 이론이 옳았음을 증명했다.

대 뒤에는 뉴턴의 초상이 걸려 있어서, 위대한 과학이 200년이 지난
뒤에 최초로 수정된다는 것을 일깨워주었다."[6]

다이슨이 연설을 했고, 에딩턴이 연설을 했다. (그 자리에 징집 보류
자를 감시하는 국무부 담당자가 있었는지에 대한 기록은 남아 있지 않다.) 그다음
에는 연로한 의장이 일어나서 연설했다.

이것은 뉴턴 시절 이후로 중력 이론과 관련해서 나온 가장 중요한 결과이
며, 뉴턴과 밀접한 관련이 있는 이 학회에서 이 결과를 발표하는 것은 매우
뜻깊은 일입니다.……
아인슈타인의 추론이 바르다고 인정되면 이것은 인간의 사고가 낳은 가장

위대한 업적의 결과가 될 것입니다.[7]

1차 대전이 막 끝났고, 이 발견은 놀라웠다. 전쟁을 겪은 뒤에 신은 길을 잃은 것 같았지만, 이제 우주에 새로운 질서가 예견되었다. 게다가 독일과 영국이 사이좋게 이것을 발견했다는 것이다. 낡은 체제(1차 대전의 학살을 이끌었던 그 체제)에서 명성을 얻었던 왕실과 장군과 정치가와 예술가들은 신망을 잃었다. '존경할 만한 사람'이 모두 사라진 상황에서, 갑자기 아인슈타인이 언론에 의해 지구에서 가장 유명한 사람이 되었다. 〈뉴욕 타임스〉 1919년 11월 11일자 머리기사는 다음과 같았다.

"하늘에서 빛이 비껴 나가다. 일식 관측 결과에 과학계가 열광하다."
"아인슈타인 이론의 승리: 별이 보이는 위치 또는 계산된 위치에서 벗어나 있지만, 걱정할 필요는 없다."

또 이 모임은 발표된 결과가 무엇을 의미하는지 아는 사람이 12명뿐이라는 헛소문이 도는 계기가 되었다. 〈뉴욕 타임스〉에는 과학에 정통한 기자들이 몇 사람 있었지만, 그들은 모두 뉴욕에 있었다. 모임에 관한 취재가 런던 지사로 넘겨졌고, 헨리 크라우치가 벌링턴 하우스의 기사를 담당했다. 잘못된 사람에게 일을 맡긴 역사에서 이것은 라이먼 브릭스의 수준이었다. 크라우치는 이야기를 흥미롭게 만들어야 한다는 것을 알았다는 점에서 훌륭한 기자였다. 하지만 그는

무슨 일이 일어났는지 거의 맥락을 파악하지 못했다 그는 골프 전문 기자였다.[8]

그러나 그는 철저한 〈뉴욕 타임스〉 사람이었고, 그 분야에 대해 잘 모른다고 물러설 사람이 아니었다. 그는 자료를 수집했고, 머리기사를 담당한 기자는 그가 가져온 이야기에서 핵심을 빼버렸다.

현명한 사람 12명만 아는 책: 용감한 출판사가 출간을 결정하자 아인슈타인은 온 세상에서 이 책을 이해할 수 있는 사람은 12명뿐이라고 말했다.

모두 기자가 꾸며낸 이야기였다. 아인슈타인은 책을 쓰지 않았고, 용감하게 출간을 결정한 출판사도 없었다. 또 이 모임에 참석한 대부분의 물리학자들과 천문학자들은 주제를 쉽게 이해했다. 크라우치는 대중들이 이 이론을 이해하기 어렵다는 잘못된 인상을 심어주었고, 이 영향은 아직도 남아 있다.

이것은 상대성 이론의 명성을 드높여주었을 뿐이다. 거의 모든 종교에서 성직자와 예언자 사이에는 엄청난 차이가 있다. 성직자는 하늘에 뚫린 구멍 아래에 서 있기만 하고, 저 위에 숨겨진 진실이 쏟아져 내려오도록 둘 뿐이다. (언론 담당 비서나 핵 기술자가 그 예이다.) 그러나 예언자는 뚫린 구멍 위로 직접 올라가보는 사람이다. 그들은 저 위를 탐험하고 나서 다시 땅으로 내려온다. 사람들은 그의 얼굴 표정이나 그가 가져온 강력한 방정식을 보고 저 위의 사정을 짐작한다. 보통 사람들은 그 영역에 대해서 믿기는 하지만 절대로 직접 가보지 못한다.

마틴 루터 킹 주니어와 넬슨 만델라는 인종 간의 화합을 가져오는 예언자로 여겨졌다. 그들의 말은 저 높은 곳에서 내려왔다는 느낌에서 힘을 얻어 세상에 퍼졌다. 1차 대전이 끝난 뒤 유럽에서 아인슈타인의 발견은 나중의 킹 목사나 만델라의 발언과 같은 존경을 받았다. 게다가 처음에는 아인슈타인의 연구를 이해하는 사람이 많지 않았기 때문에, 이것이 제시하는 모든 느낌(초월에 대한 갈망과 아인슈타인의 성스러운 도서관에서 나오는 지식에 대한 열망)은 곧 아인슈타인 자신의 모습으로 옮겨갔다. 이런 이유로 사람들은 슬프게 생각에 잠긴 듯한 그의 독특한 표정에 매료되었다. 그의 사진은 나중에 마틴 루터 킹의 강렬한 사진과도 잘 어울렸다. 이 사진의 주인공도 평범하고 유한한 인간이 닿을 수 없는 위대한 무언가를 슬프게 바라보는 듯하다.

아인슈타인은 명성을 거부하려고 했다. 그는 신문의 과장된 기사를 읽고 재미난 상상력의 묘기라고 했다. 결과가 공식적으로 발표된 지 2주 뒤에 그는 런던 〈타임스〉에 편지를 써서, 독일은 자기를 자랑스럽게 독일인이라고 부르고, 영국은 자기를 스위스 유대인이라고 하지만, 그의 예측이 틀렸다면 독일은 자기를 스위스 유대인이라고 할 것이고 영국은 자기를 독일인이라고 부를 것이라고 했다. 사실 그는 틀렸다. 그의 천문학적 예측과 1905년의 방정식은 모두 옳았지만, 영국의 반유대주의자인 케인스 같은 사람들은 그를 비난했다('잉크로 뒤덮인 말썽꾸러기 유대인 소년').[9] 또 히틀러가 권력을 잡자 독일 정부는 그를 유대인으로 부르는 정도를 넘어서 그를 죽이자는 주장을 지지했다. 유럽을 떠난 아인슈타인은 영국을 거쳐서 미국에서 여생을 보내게 되었다. 1939년에는 루스벨트 대통령에게 편지를 보내서 간접적이기는 하지만 원자폭탄 개발에 기여했다. 이 일만 제외하면 아인슈타인은 뉴저지 주 프린스턴의 머서 가 112번지에서 조용하게 교수의 삶을 살았다.

그는 프린스턴('왜소한 반신반인들이 죽마를 타고 거들먹대는 이 마을')[10]에 떠도는 아이비리그 학자들의 속물근성을 결코 좋아하지 않았다. 가끔씩은 10대 여학생들이 몰려와서 킬킬대기도 했고, 멍하게 쳐다보는 관광객도 있었다. 고등학문연구소(그는 집에서 3킬로미터 떨어진 이곳으로 늘 걸어 다녔다)의 젊은 과학자들은 겉으로 공손했지만, 실상은 많은 사람들이 자기를 쓸모없는 늙은이로 본다는 것을 그는 알고 있었다.

이런 것들만 아인슈타인을 괴롭히는 것은 아니었다. 그의 목표는 언제나 신이 우주를 창조할 때 의도한 것이 무엇이었는지 알아내는 것이었다. 그는 꾸준히 연구했고, 우주에서 알려진 모든 힘을 명확하고 예측 가능한 방식으로 통일하는 이론을 만들려고 했으며, 자기가 생각하는 최상의 길을 갔다.

그에게도 후회스러운 일이 여러 가지 있었고, 이런 일들을 떠올릴 때마다 괴로워했다. 그중 하나는 생각하기조차 끔찍했지만, 그가 몸담고 있는 연구소의 소장인 오펜하이머를 만날 때마다 떠오를 수밖에 없었다. 오펜하이머는 맨해튼 프로젝트를 이끌면서 $E=mc^2$이 (아인슈타인은 참여하지 않았지만) 히로시마와 나가사키를 거대한 죽음의 땅으로 만들 수 있다는 것을 입증했다. 아인슈타인은 오랜 세월을 함께한 비서에게 이렇게 말했다. "독일이 원자폭탄을 만들지 못할 것을 알았다면, 나는 손 하나 까딱하지 않았을 거야. 손가락 하나조차 말이야."[11]

세월이 지나면서 그는 자신의 능력이 점점 떨어진다는 느낌이 들었다.[12] 어떤 눈치 없는 조교가 여기에 대해 물어보았다.[13] 아인슈타인은 이제는 어떤 아이디어가 추적해볼 가치가 있는지 판단하기 어렵다고 대답했다. 한 분야의 핵심 아이디어를 가장 날카롭게 찾아내던 젊은 시절과는 큰 차이가 있었다. 언젠가 그는 친구에게 이렇게 말했다. "장대한 발견은 젊은이의 일일세, 나에게는 과거의 일이지."[14]

그는 도심에서 벗어난 머서 가의 소박한 통나무집에서 노년의 일상을 살아갔다. 여동생 마야도 미국으로 와서 아인슈타인과 함께 있었다. 그녀는 1946년에 심각한 뇌졸중으로 쓰러졌다. 그때 이후로 거의 매일, 그녀가 죽을 때까지 6년 동안, 아인슈타인은 하던 일을 멈추고 그녀의 방으로 가서 몇 시간 동안 큰 소리로 책을 읽어주었다. 낮에는 가정부의 힐난 섞인 잔소리를 듣는 일이 매일의 의식처럼 이어졌고, 정신 질환을 앓고 있는 둘째 아들에 대한 슬픔을 떨쳐버리려고 애썼다. 바흐의 이중 협주곡과 퍼셀이나 헨델의 바로크 삼중주를 바이올린으로 연주하면서 함께 즐겼던 친구가 찾아오기도 했다. 가끔씩 2층의 서재에 편안하게 앉아서, 연필로 가지런하게 적어놓은 수식들을 보면서 무슨 일이든 할 수 있었던 과거로 돌아가기도 했다.

그리고 그가 상상했던 성스러운 도서관의 책을 다시 읽을 수 있으리라고 생각했다.

l 노년의 아인슈타인. 그는 신이 우주를 창조할 때 의도한 것이 무엇인지 알고자 했으며,
그 목적을 위해 최선을 다했다.

다른 주요 배역들의 뒷이야기

마이클 패러데이는 데이비의 자리를 물려받았고, 아내와 함께 로열 인스티튜션으로 이사한 뒤에 평생 그곳에서 살았다. 그는 50대까지도 계속해서 중요한 발견을 했다. 많은 사람들이 그에게 가르침을 청했지만, 그는 결코 개인적으로 제자를 두지 않았다.

앙투안 로랑 라부아지에가 처형된 뒤에, 그의 유해는 1789년의 습격에도 파괴되지 않고 남은 자기가 만든 통행료 징수 관문을 통과해 파리 밖으로 운구되었다. 그 죽은 지 몇 달 뒤에, 이 처형을 지시한 마라의 동료 로베스피에르의 유해도 같은 관문으로 운구되어 같은 묘지에 묻혔다. 그들이 묻힌 공동묘지는 원래 황무지였고, 사람들은 이 묘지를 '에랑시(Errancis, 불구자)'라고 불렀다. 라부아지에의 명령으로 **공동농장**의 두꺼운 벽에 만든 관문의 잔해는 아직도 남아 있어서 몽소 공원과 당페르 로슈로 역 지하철 출구 근처에서 볼 수 있다.

장 폴 마라의 집으로 한 젊은 여자가 찾아왔다. 라부아지에가 체포되기 몇 달 전에 찾아온 샤를로트 코르데라는 이 여자를 경호원이 막아섰지만, 위험한 정적에 대한 소식을 알려야 한다고 우기자 결국 그녀를 들여보내주었다. 마라는 피부병 때문에 매일 오래도록 욕조 속에 있었는데, 그녀가 찾아왔을 때도 욕조 속에 있었다. 위험한 정적이란 그녀의 가족(마라가 처형을 지시한)이었고, 마라는 그녀가 다가서면서 칼을 꺼내는 것을 보았다. 그녀는 마라를 칼로 찔러 죽였다. 이 암살은 나중에 사회적인 소재를 다루는 화가 다비드의 그림에 의해 불멸의 장면이 되었다.

마리 안 폴즈는 겨우 13세에 라부아지에와 결혼했고, 남편이 처형당했을 때 35세였다. 혁명정부의 박해를 많이 받았고 풍요로웠던 아파트는 텅 비었지만, 그녀는 대부분의 박해자들보다 더 오래 살았고, 노년기를 평온하게 보냈다.

올레 뢰머는 덴마크로 돌아가서 자기를 가르친 윤리학 교수의 딸과 결혼했다. 카시니가 인재를 모은다는 소식을 뢰머에게 알려준 이도 이 윤리학 교수였다. 뢰머는 공공도로 수석검열관이 되었고, 그다음에는 코펜하겐 시장이 되었으며, 나중에는 경찰국장이 되었고, 여러 해 동안 대법관과 동등한 지위에 있었다. 그는 여가 시간에 개선된 온도 측정 장치를 만들었는데, 코펜하겐을 방문한 사업가 다니엘 파렌하이트는 이 장치가 약간의 장점이 있다고 생각했다. 뢰머는 1710년에 죽었는데, 영국에서 진행된 실험으로 빛의 속도에 대한 그의 생각이 옳았다는 것이 최종적으로 입증되기 17년 전이었다.

장 도미니크 카시니는 뢰머보다 오래 살았고, 빛은 측정 불가능한 속도로 달린다는 자신의 (잘못된) 주장에 동의하는 사람들만 계속 승진시켰다. 그가 세운 왕조는 거의 200년이나 지속되다가, 4대째에 증조부의 자랑스러운 관측소(라부아지에가 감방의 창문 밖으로 내다보던 건물)를 닫으면서 막을 내렸다.

1997년에 유럽우주국(European Space Agency, ESA)의 탐사선을 실은 우주선이 토성 탐사를 위한 7년간의 여행을 위해 발사되었다. 이 우주선은 뢰머가 획기적인 예측을 하기 위해 이용했던 목성을 지나갔다. 이 우주선의 이름은 '카시니'로 명명되었다. 프랑스는 ESA에 많은 지원금을 내고 있다.

볼테르는 독설과 저술 활동을 계속하면서 아주 오래 살았다. 그의 작품집은 인쇄된 것으로 1만 쪽이 넘으며, 그가 죽고 몇 년 뒤에 일어난 대혁명에 커다란 영향을 주었다. 뒤 샤틀레가 죽은 뒤로 볼테르는 과학에 관한 글을 발표하지 않았다.

에밀리 뒤 샤틀레가 죽기 전에 끝낸 원고(《자연철학의 수학적 원리》의 주해서)는 당시의 과학계에서 큰 성공을 거두었다. 초판은 파리 국립도서관에서 볼 수 있다. 시레이의 별장은 대혁명 기간 동안 폐쇄되어 버려졌지만, 나중에 복구되었다. 그녀의 첫아들은 살아서 이것을 보지 못했다. 그는 루이 16세의 대사로 영국에 파견되었는데, 대혁명 기간 중에 프랑스로 돌아왔다가 왕정에 봉사했다는 빌미로 체포되어 단두대에서 죽었다. 뒤 샤틀레는 한때 이렇게 썼다. "내가 왕이라면…… 여성의 가치는 더 높아지고 남성들에게는 새로운 경쟁자가 생길 것이다."[1]

앙리 푸앵카레는 아인슈타인이 1905년에 논문을 발표하고 나서 7년을 더 살았고, 프랑스 밖에서는 자기를 상대성의 창시자로 여기지 않는 것을 여전히 받아들이지 못했다. 말년에 그는 창조성에 대해 웅변적이고 사색적인 에세이를 남겼다. 그는 또한 프랑스에서는 아인슈타인 이론을 연구하는 사람은 아무도 성공할 수 없도록 방해했다.

밀레바 마리치 아인슈타인은 남편이 다른 여자를 만나기 시작해서 결혼이 파경에 이르렀을 때도 남편의 능력에 대한 신뢰에는 변함이 없었다. 아인슈타인이 노벨상을 받게 되면 상금을 이혼 위자료로 주겠다고 했을 때, 그녀는 아인슈타인이 노벨상을 받을 것을 당연시했다. (아인슈타인은 1922년에 노벨상을 받았고, 약속대로 상금을 곧바로 밀레바에게 넘겨주었다. 그런데 아인슈타인의 노벨상 수상 공적은 상대성 이론이 아니었다. 스웨덴 한림원은 여전히 상대성 이론이 완전히 증명되었다고 보지 않았던 것이다.)

밀레바는 이혼한 뒤에 재혼하지 않았고, 대학교 졸업시험을 다시 볼 기회를 놓쳐서(그녀의 학점은 교직을 얻기에 조금 부족했다) 이렇다 할 직업을 얻지 못했다. 밀레바의 첫아들은 버클리 대학의 공학 교수가 되었지만, 밀레바는 평생 동안 정신병원을 드나든 둘째 아들을 돌보느라 지쳐버렸다. 밀레바는 1948년에 취리히에서 쓸쓸하게 홀로 죽었다.

미셸 베소는 베른 시절부터 아인슈타인의 절친한 친구였고, 아인슈타인은 특수 상대성의 아이디어에 대해 베소에게 처음으로 이야기했다. 베소는 성공한 기계 기술자로 부유한 가정생활을 누렸다. 두 번 결혼했던 아인슈타인은 노인이 된 1950년대에도 베소와 편지를 주고받았고, 나이가 들수록 더 자주 연락했다. 1955년 초에 베소가 죽자 아인슈타인은 유족에게 보낸 편지에 이렇게 썼다. "조화로운 삶을 끌어가는 재능에다 드물게 예리한 지성이 합쳐졌고, 그것도 특별히 뛰어난 정도로…… 고인에게 내가 가장 경탄했던 것은 한 여자와 그렇게 오래 살 수 있었고, 평화로울 뿐만 아니라 언제나 하나가 되어 살아가는 능력이었습니다. 저는 슬프게도 두 번이나 실패했던 일이지요.……"[2]

마야 아인슈타인은 오빠가 볼링공에다 어린이용 괭이까지 들이댔지만, 오빠의 가장 친한 친구가 되었다. 1906년에 마야는 오빠와 가까이 있고 싶기도 하고 다른 이유도 있어서 취리히로 왔고, 그 도시의 대학교에서 당시에 여자로서는 매우 드물게 박사 학위(로만스어 전공)를 받았다. 아인슈타인이 그 대학교에서 강의를 시작하자 마야(와 베소)는 그가 처음 맡은 강의에 매번 나갔다. 아인슈타인의 강의를 들는 학생이 얼마나 적은지 학교 당국이 알지 못하게 하기 위해서였다.

어니스트 러더퍼드는 1937년에 갑자기 장파열로 죽었다. 주말 별장에서 정원 손질에 지나치게 열중한 나머지 그랬을 가능성이 있다. 그가 아내에게 마지막으로 남긴 말은 뉴질랜드의 넬슨 칼리지에 장학금을 보내달라는 부탁이었다. 그는 이 학교에서 배워서 가난한 시골에서 벗어났고, 장학금을 받아 영국으로 유학을 떠났다. 그가 남겨놓고 떠난 **캐번디시 연구소**는 핵 연구 분야에서 다시는 그와 같은 업적을 내지 못했다. 새로운 소장은 때를 놓치지 않고 연구 방향을 생물학으로 돌렸다. 그 덕분에 젊은 미국인 제임스 왓슨이 이 연구소의 자원을 이용하여 물리학에 기반을 둔 프랜시스 크릭과 협력하여 DNA 구조를 탐구했다.

한스 가이거는 러더퍼드의 밑에서 매우 유용한 방사선 계수기를 만든 젊은이다. 그는 독일로 돌아가서 금방 학계의 유력한 지위에 올랐다. 그는 영국 유학을 다녀왔지만, 그 기간 동안 관용과 자유의 가치를 배우지는 못했으며 기성 물리학자들 중에서 가장 열렬하게 히틀러를 지지했고, 나치의 십자 표식을 가슴에 단 학생들을 환영했다. 또 유대인 동료들을 배척했는데, 오랫동안 자기를 도와준 사람도 예외가 아니었다. 한스 베테 같은 사람들은, 가이거가 외국에 자리를 얻도록 도와달라는 사람들의 부탁을 차갑게 거절하는 일을 즐기는 것 같았다고 말했다.

제임스 채드윅은 1939년에 독일이 폴란드를 침공할 때 가족과 함께 유럽 대륙에서 휴가를 즐기고 있었다. 집주인이 전투가 벌어지는 곳은 멀어서 체포될 염려가 없다고 안심시켰지만, 그는 부랴부랴 가족을 영국으로 돌려보냈다. 그로브스 장군은 오펜하이머에게 당당히 맞서는 채드윅을 보고 깊은 감명을 받아서 그를 워싱턴의 권력 중심부로 끌어올려주었고, 채드윅은 맨해튼 프로젝트에서 가장 뛰어난 행정가가 되었다. 그는 1970년대까지 살았지만, 원자폭탄을 만들었다는 죄책감 때문에 "그때부터 수면제를 먹을 수밖에 없었다. 그것이 유일한 치료 방법이었다. 그때 이후로 결코 멈추지 않았다. 28년 전부터이고, 그 28년 동안 단 하룻밤도 수면제 없이는 잠을 이룰 수 없었다."[3]

엔리코 페르미는 이탈리아에서 함께 일한 거의 모든 사람들과 잘 지냈고, 미국에서도 마찬가지였다. 그는 미국 구어를 익히려고 열심히 노력했으나 근교에 처음 얻은 집의 잔디밭에서 잡초를 뽑아버려야 했을 때 미국에 동화되려는 노력이 실패했다고 인정했다. 페르미 부부는 이렇게 생각했다. 잡초도 거기에서 자랄 권리가 있지 않은가?

그는 맨해튼 프로젝트의 성공에 핵심적인 역할을 했지만, 이 일에 참여한 많은 과학자들과 같이 중년의 나이에 암에 걸렸다. 그는 입원해 있던 마지막 몇 달 동안 병실에서 특별히 조용했다. 힌두교도인 찬드라세카르가 문병을 와서 무슨 말을 해야 할지 망설이자 미소를 띠며 자기가 코끼리로 환생할 수 있는지 물으면서 그를 편하게 해주었다.

페르미랩은 미국에서 가장 큰 고에너지 물리학 연구소로, 시카고에서 남서쪽으로 30마일 떨어져 있다.

오토 한은 리제 마이트너가 주도한 연구로 노벨상을 받았다. 그는 이것이 실수였다거나, 마이트너에게 공동 수상이라도 해야 한다고 말하기는커녕, 그녀를 이야기에서 제외하기 시작했다. 제2차 세계대전이 끝난 뒤 처음 한 인터뷰에서 그는 마이트너가 초급 조수일 뿐이었다고 말했다. 나중에 그는 마이트너의 이름을 거의 들어본 적도 없는 척했다(정말로 그렇게 믿었을까?).

마이트너가 베를린에서 사용하던 실험대가 뮌헨에 있는 독일 박물관(Deusches Museum)에 오랫동안 전시되어 있었다. 마이트너가 핵심적인 실험에 사용한 모든 장치가 모여 있는 이 실험대에는 '**오토 한의 실험대**'라는 이름표가 붙어 있었다.

오토 한의 명성에 따라, 원자번호 105번의 새로운 원소에 **하늄**이라는 이름이 붙었다. 그러나 1997년에 이 이름은 주기율표에서 사라졌다. 이 원소는 공식적으로 두비늄이라는 이름이 붙었는데, 이것이 만들어진 러시아의 도시 이름을 딴 것이다.

프리츠 슈트라스만은 오토 한이 한 짓에 실망했고, 나중에 노벨상의 상금 10퍼센트를 주겠다는 한의 제안을 거절했다. 그는 전쟁 중에도 자유주의적인 동정심을 유지했고, 베를린에 있는 아파트에서 유대인

피아니스트 안드레아 볼펜슈타인을 몇 달 동안 숨겨주었다. 예루살렘에 있는 야드 바솀 홀로코스트 박물관은 이 일을 기념하며 슈트라스만을 기리고 있다. 제2차 세계대전이 끝난 뒤에 슈트라스만은 마이트너에게 보낸 편지에서 독일로 돌아오라고 했고, 그녀가 돌아오지 않겠다고 해도 자기는 이해한다고 썼다.

리제 마이트너는 평생의 파트너인 한이 자기에게 한 일 때문에 상처를 입었지만, 한이 자기 나라인 독일에서 과거에 일어난 일을 무엇이든 숨기려고 한 탓으로 돌렸다. 그녀는 스톡홀름을 떠나 영국으로 갔고, 1960년대에는 바짝 마른 할머니가 되어 책방들을 돌아다녔다. 80대 중반이 될 때까지 마이트너는 젊은 조카에게 물어볼 것들을 노트에 기록했다. 여기에는 최신 이론물리학에서부터 'highfaultin(거만하다는 뜻의 구어)'이나 'juke box(자동 전축)'처럼 당혹스러운 단어까지 있었다. 세계적으로 유명한 한이 죽은 지 몇 주일 뒤인 1968년 10월에, 그녀는 거의 잊혀진 채 세상을 떠났다.

1970년대에 페미니스트 학자들이 그녀의 업적을 다시 밝혀내기 시작했다. 1982년에 주기율표 상 109번 원소인 새로운 화학 원소가 만들어지자, 여기에 **마이트너륨**이라는 이름이 붙었다.

로베르트 프리슈는 마이트너의 젊은 조카로 독일군이 침공하기 전에 덴마크를 빠져나왔다. 무사히 영국에 도착했지만 적성 국가 국민이라는 이유로 레이더에 관련된 비밀 연구에서 배제된 프리슈는 남아

도는 시간을 이용하여 당시에 추정된 것보다 훨씬 적은 양의 우라늄으로도 폭탄을 만들 수 있다는 계산을 해냈다. 이 연구를 기반으로 한 보고서가 라이먼 브릭스의 금고에 잠자고 있다가 풀려나서 마침내 미국의 원자폭탄 개발 계획을 촉발시켰다.

프리슈는 로스앨러모스에서 중요한 역할을 했지만 1945년 3월에 케임브리지로 돌아왔다. 그는 우연히 캐번디시 연구소에 있었고, 그때 젊은 프레드 호일도 이 연구소로 왔다. 호일은 항성의 내부에서 원소들이 만들어지는 과정을 연구하고 있었고, 이것 때문에 몇 가지 핵의 질량을 알아야 했다. 프리슈가 이것을 알려주었다.

제2차 세계대전이 끝난 뒤에, 이제 이름이 '오토'가 된 프리슈는 변함없이 영국을 사랑했다. 그는 영국의 나쁜 날씨는 최근의 일이라는 생각을 고집했다. 그렇지 않으면 사람들이 그렇게 자주 날씨에 대해 이야기할 이유가 없다는 것이었다. 1947년에 그는 케임브리지 대학교에서 자기 이름을 딴 프리슈 석좌 교수직에 취임해달라는 제안을 받고 크게 기뻐했다. 이제 프리슈는 어니스트 러더퍼드처럼 일찍 이민 온 사람들이 쌓은 전통을 공유할 수 있게 되었다.

J. 로버트 오펜하이머는 일본에 원자폭탄이 투하되자마자 예전의 냉소적인 태도로 돌아와서, 갑자기 로스앨러모스에 남은 사람들이 2류라고 떠들고 다녔다. 그는 또한 에드워드 텔러와 새로 생긴 원자력위원회(Atomic energy commission, AEC)의 대표 루이스 스트라우스에게도 독설을 퍼부었다. 원자력위원회는 오펜하이머가 1930년대에 좌

익에 가담했던 일을 들춰냈고, 수소폭탄에 대해 윤리적으로 지지하지 않았던 것도 문제가 되었다. 1954년에 그는 정부의 모든 공직에서 배제되었다.

레슬리 그로브스는 언제나 오펜하이머를 각별히 좋아했다. 육군에서 은퇴하여 레밍턴 랜드의 이사가 된 그는 1954년 청문회 때 오펜하이머를 진심으로 두둔했다(거의 모든 군 관련자들이 그랬듯이). 그로브스는 언제나 오펜하이머를 '진짜 천재'로 보았다. 그는 이렇게 말했다. "……로렌스는 매우 영특하지만, 천재는 아니다. 단지 아주 열심히 노력하는 사람이다. 하지만 오펜하이머는 모든 것을 알고 있다. 어떤 주제에 대해 물어도 그는 모든 것을 알려준다. 그가 모르는 분야도 있는데, 스포츠에 대해서는 모른다."

에밀리오 세그레는 로렌스의 연구실에 있는 자원을 이용해서 최초로 새로운 원소 테크네슘을 만들어냈다. 그는 버클리 연구소에 오래 남아 있어서, 나가사키에 투하된 폭탄에 들어간 플루토늄의 공동 발견자라고도 할 수 있다. 로렌스가 봉급을 깎아버렸기 때문에, 세그레는 이탈리아에 있는 노부모를 모시고 오기 위해 영사관 직원들에게 뇌물을 줄 수 없었다. 그의 어머니는 1943년 나치의 인간 사냥에 걸려 체포되었고, 얼마 지나지 않아서 처형되었다. 그의 아버지는 교황청에 안전하게 숨었지만, 다음 해에 자연사했다.

전쟁이 끝난 뒤 세그레는 아버지의 무덤에 가서, 로렌스의 연구실에서 만든 소량의 테크네슘을 뿌렸다. "방사성은 아주 작지만, 그 반감기는 수만 년이므로 내가 준비할 수 있는 어떤 기념물보다 오래갈 것이다."⁵

게오르크 카를 폰 헤베시는 덴마크가 해방되자마자 닐스 보어의 코펜하겐 연구소에 있던 노벨상 금메달을 강한 산에 녹여 둔 병을 꺼냈고, 침전시켜서 금을 회수했다.⁶ 노벨 재단은 이 금으로 다시 메달을 만들어서 주인에게 돌려주었다. 금메달을 녹였을 때 헤베시는 심각한 중년의 위기에서 막 벗어나고 있었다. 50세이던 그는 자기가 신선한 발명을 하기는 어려운 나이임을 받아들였다. 위기에서 빠져나오자마자 그는 자기가 수행한 방사성 추적 물질에 대한 업적으로 노벨상을 받았다. 대부분의 물리학자들은 오래전에 창의성이 사라졌을 나이에 이런 업적을 이룬 것이다.

모든 노벨상 수상자들에게는 스웨덴 시민권을 받을 자격이 주어지는데, 헤베시는 드물게 이 시민권을 받아들여서 긴 여생을 스톡홀름에서 보냈다. 1960년대에 그는 가끔씩 캘리포니아 라호야에 있는 미국인 손자들을 방문했고, 꼿꼿한 노인의 모습으로 거리를 거닐었다. 그는 1880년대에 남작의 궁전에서 보낸 어린 시절의 추억을 손자들에게 들려주었다.

어니스트 로렌스는 전쟁에서 승리자가 되었고, 점점 더 많은 연구비를 받아서 점점 더 큰 장치를 만들다가 나중에는 거대한 사이클로트론을 만들려고 했는데, 이 장치는 특수 상대성 이론에 어긋나기 때문에 실제로 작동할 수 없었다. 젊은 연구원들은 감히 그에게 설명하지 못했고, 이 노력이 실패하자 낙담한 로렌스는 건강을 망칠 지경이 되었다. 죽기 얼마 전인 1958년에, 그는 일리노이 대학교의 대학원생들에게 이렇게 말했다. "아, 친구들, 왜 자네들은 큰 장치를 원하지 않는 거지? 요즘에는 크기만 하면 굉장히 중요하다고 생각하는데 말이야."[7]

베르너 하이젠베르크는 독일 과학의 위대한 원로가 되었고, 영국 케임브리지셔의 호화로운 시골 저택에서 6개월 동안 구금된 뒤에, 성인이자 철학자로서 세계적인 명성을 얻었다. 그는 전쟁에 대해서는 거의 말하지 않았지만, 입을 열 때는 자기가 원자폭탄을 만들 수 있었지만 일부러 연구를 잘못된 방향으로 이끌어서 나치 정부가 그 무기를 얻지 못하게 했다는 암시를 주었고, 그런 이야기에 고개를 끄떡였다.

하이젠베르크는 케임브리지셔의 시골 저택에서 도청당하고 있다는 것을 결코 깨닫지 못했다.

하이젠베르크 : 마이크가 설치되어 있다고? (웃음) 아니야, 그들이 그렇게 치밀할 리가 없어. 그들은 진짜 게슈타포의 방법을 몰라. 이런 면에서 그들은 좀 구식이지.[8]

그러나 반세기가 지나서 녹음이 공개되자 하이젠베르크가 내세운 이야기는 틀렸음이 알려졌다. 하이젠베르크 일행이 거기에 연금된 데는 소소한 우연의 일치가 있었다. 6인의 노르웨이 용사들이 하이젠베르크의 프로젝트를 파괴하는 임무를 준비할 때 묵었던 영국 비밀 정보부의 안전 가옥도 그 근처에 있었기 때문이다.

하이젠베르크는 사로잡힐 때까지 살아남지 못했을 수도 있었다. 그가 스위스에 갔을 때 CIA의 전신인 미국 정보기관이 암살자를 파견했다. 운동 선수였던 모 버그는 취리히에서 하이젠베르크가 강연할 때 청중 속에 있었다. 하이젠베르크가 원자폭탄 개발을 제대로 하고 있다는 증거가 잡히면 암살할 계획이었다. 버그는 총을 가지고 있었고, 학부 수준의 물리학을 알고 있었다. 하지만 강연이 너무 전문적이어서 버그로서는 이해할 수 없었다. 그가 강연을 들으면서 갈겨 쓴 메모는 여전히 공식 문헌보존소에 남아 있다. "나는 경청했지만, 확실히 알 수 없다. 하이젠베르크의 불확정성 원리…… 하이젠베르크를 어떻게 해야 하나.……" 그는 하이젠베르크를 남겨놓고 떠났다.

크누트 헤우켈리드는 틴쇼 호수에서 배를 침몰시킨 뒤에 대대적인 검색에도 잡히지 않고 살아남았다. 하이젠베르크가 연금된 동안의 심문 녹취록이 공개되자 헤우켈리드가 성공시킨 임무가 얼마나 중요했는지 드러났다. 이 배에 실렸던 농축 중수 600리터가 호수 밑으로 가라앉았다.

하이젠베르크 : 우리는 보통의 우라늄을 쓰는 기계를 만들고 있었소.

심문관 : 조금 농축시켜서요?

하이젠베르크 : 그래요. 이 기계가 아주 잘 돌아갔고, 우리는 여기에 관심을 가지고 있었지요.

(침묵)

마지막 실험이 끝난 뒤에, 중수가 500리터만 더 있었으면 확실히 성공했겠지요. [9]

헤우켈리드는 노르웨이군 장교가 되었고, 특공대의 다른 대원 한 사람은 토르 헤위에르달과 함께 콘티키호에 타서 항해를 안전하게 이끌었다. (노르웨이의 인류학자 토르 헤위에르달은 고대 잉카 시대의 뗏목 형태로 만든 배인 콘티키호를 타고 페루에서 폴리네시아로 항해했다. 폴리네시아에 최초로 정착한 사람들이 남아메리카에서 건너왔을 가능성이 있다는 것을 입증하기 위해서였다. ─옮긴이)

베모르크에 있는 중수 공장은 1970년대 초까지 운영되다가, 경제성이 떨어지자 노르스크하이드로의 기술자들이 폭파했다. 자갈의 일부는 트럭과 열차로 실어 날랐지만, 대부분은 그 자리에 포석으로 깔렸다. 뒤쪽에 있는 오래된 발전소가 뛰어난 박물관으로 탈바꿈했기 때문에, 매년 수천 명의 관광객들이 중수 공장의 잔해 위를 걸어 다닌다. 특공대가 기습했던 곳은 입구로 가는 길 바로 아래에 있다.

이게파르벤(독일의 화학회사 연합)은 전쟁 중에 중수 공장을 장악했는데

뉘른베르크 전범 재판에서 중역들이 노예를 사들여서 사망에 이르는 과정에서 이득을 얻었다는 것이 드러났고, 곧 해체되었다. 그러나 회원사 중에서 아스피린으로 유명한 바이엘 사는 세계적인 화학 기업으로 계속 남아 있다.

베를린 아우어 사 작센하우젠에서 온 여성 노예들이 독일에 산화우라늄을 공급하기 위해 일하다가 죽어간 베를린 아우어 사의 공장들은 전쟁이 거의 끝날 무렵까지 파괴되지 않고 남았다.[10] 그러나 마지막 몇 달 동안에 그로브스의 명령에 따라 연합군의 폭격으로 파괴되었다. 베를린 아우어의 중역들은 대부분 징역형을 피했다. 그들은 전쟁이 끝나기 전에 이미 자신들의 미래에 대비했던 것이다. 미국 조사관들은 유럽 전역의 방사성 토륨을 알려지지 않은 한 구매자가 매입한 사실을 발견했다. 구매자는 베를린 아우어 사였는데, 이 회사는 미백 치약을 다시 만들 계획이었다.

전쟁 뒤에 벌어진 오슬로 전범 재판에서 여러 경비원들(독일과 노르웨이 협력자 모두)은 항복한 **영국 공수부대원**들의 죽음에 대해 유죄 판결을 받았다. 많은 부대원들은 두 손을 뒤로 해서 가시철사로 묶인 채 얕게 파묻혀 있었다. 부대원들의 유해는 발굴되어 다시 매장되었다. 노르웨이 괴뢰 정부 수반 비드쿤 크비슬링은 함께 살해당한 다른 포로들의 유해 발굴에 억지로 협조했다.

워싱턴 주 핸퍼드의 (한때 비밀이었던) 원자로는 나가사키에 투하한 폭탄과 나중의 원자폭탄에 사용된 플루토늄을 만드는 데 중요한 역할을 했고, 계속해서 미국 핵무기 제조의 중심지 역할을 했다. 그러나 수십 년 동안 운영된 뒤에는 분위기가 바뀌어 이곳을 환경 파괴의 중심으로 보는 시각이 더 강해졌다. 누출되거나 부적절하게 보관된 방사능을 정화하는 데 드는 비용이 300~500억 달러로 추정되었다.

세실리아 페인의 지도교수는 그녀가 새로 들어오는 전자 장비에 손대지 못하게 해서 그녀의 경력을 거의 중단시키다시피 했다. 게다가 그는 하버드 천문대장으로서, 그녀가 강의를 하면 하버드와 래드클리프의 강의 목록에 포함시키지 않았다. 나중에 그녀는 자기의 봉급이 '장비 비용'으로 분류된 것을 알아냈다. 최악의 성차별이 끝나고 전쟁 뒤에 친절한 천문대장이 왔지만, 이때는 너무 늦었다. 그녀는 강의 부담이 너무 커서 "말 그대로 연구할 시간이 없었고, 이 부담을 완전히 극복할 수 없었다."[11]

대신에 그녀는 래드클리프에서 다음 세대의 학생들에게 가장 친절한 후원자가 되어서, 어려움에 처한 학생들에게 늘 오랜 시간 상담을 해주었다. 또한 여러 가지 언어를 잘 익혀서, 미국에 올 때쯤에는 라틴어, 그리스어, 독일어, 프랑스어, 이탈리아어를 편안하게 구사했다. 그녀의 딸은 이렇게 썼다. "아이슬란드어도 조금 배웠지만, 어머니가 완전히 익혔는지는 모르겠다."[12] 세실리아 페인은 딸이 천문학자가 되는 기쁨을 맛보았고, 모녀가 함께 여러 편의 논문을 발표했다.

아서 스탠리 에딩턴은 현대 천문학의 주류에서 점점 더 멀어졌다. 1939년에 발표한 그의 마지막 논문 중 하나에는 이렇게 시작하는 장이 있다. "나는 우주에 15, 747, 724, 136, 275, 002, 577, 605, 653, 061, 181, 555, 468, 044, 717, 914, 527, 116, 709, 366, 231, 425, 076, 185, 631, 031, 296개의 양성자가 있고, 똑같은 수의 전자가 있다고 믿는다." 그는 전문적인 천문학자들이 더 이상 자기에게 관심을 주지 않는 것에 당혹스러워했다.

프레드 호일이 1950년에 별 속에서 폭탄처럼 터지는 내파에 대한 논문을 발표한 지 4년 뒤에, BBC 라디오 대담 프로그램 감독이 호일에 대한 엄격한 경고를 무시하고 케임브리지 동창이라는 이유로 천문학에 대한 시리즈의 진행을 맡겼다. 방송에 들어가기 위해 바쁘게 대본을 준비하던 호일은 당시까지만 해도 입증되지 않은 우주의 기원에 대한 이론에 이름을 붙였다. 그는 이것을 '빅뱅'이라고 불렀다.

BBC 대담과 그에 따라 나온 책은 성공을 거두었고, 호일과 그의 아내는 처음으로 냉장고를 살 정도로 돈을 벌었다. 게다가 그는 과학 대중화에 대한 경력을 살려서 학문적 연구와 병행했다. 그는 이 일로 많은 돈을 벌었고, 1972년에 케임브리지 관리자들이 자기가 만든 성공적인 천문학 연구센터에 대한 연구비 지원 약속을 계속 미루면 사임하겠다고 해서 그들을 놀라게 하고 공손하게 걸어 나갈 수 있었다. ("프레드는 그만두고 싶지 않아요. 케임브리지의 의장 직을 사임하는 사람은 아무도 없습니다.")[13] 그는 혁신적인 논문을 계속 발표했다. 뉴턴부터 시작해서 최고의 과학자들이 그래 왔던 것같이 말이다. 요크셔 출신의 정직함이 영국 원로 과학자들의 비위를 거스르지만 않았어도 그가 오래전에 원소의 형성에 대한 연구로 노벨상을 받았을 것이라는 의견이 일반적이었다.

수브라마니안 찬드라세카르는 겉보기에 조용하기로 유명했지만, 그의 내면은 전혀 그렇지 않았다. "나는 이렇게 고백하는 것이 수치스럽다. 세월은 쏜살처럼 지나가지만 아무것도 해놓지 못했다! 나는 더 집중해야 했고, 더 감독을 받고 훈련을 받았어야 했다."[14] 이렇게 슬퍼했을 때가 20세였고, 항해를 하면서 E=mc²이 빠져드는 진퇴양난에 대해 생각한 지 1년이 지나서였다. 이 연구가 블랙홀을 이해하는 계기가 되었다. 그는 시카고 대학교에 일자리를 얻었지만, 신중하게도 캠퍼스에서 100마일 떨어진 천문대 마을에 집을 얻었다. 술이나 고기가 나오는 교수 모임에 초청되었을 때 거절할 명분을 만들기 위해서였다. 강의가 있는 날에 그는 부지런히 먼 거리를 운전해서 시카고 대학교를 왕복했다. 폭풍이 몰아치는 겨울에도 그는 운전을 그만두지 않았고, 한번은 학생이 둘뿐이었는데도 마찬가지였다. (이 강의에 들어온 두 사람인 양과 리가 나중에 노벨상을 받았기 때문에 기꺼이 운전할 만한 가치가 있었다.)

에딩턴에게 퇴짜를 맞은 지 40년 뒤에, 찬드라는 마침내 블랙홀에 대한 연구로 되돌아왔다. 1970년대 초반의 밝은 스타일로 차려입은 젊은 물리학자들이 캘리포니아공과대학 카페테리아의 탁자에 둘러

앉아서 완벽한 정장을 한 노인의 말을 경청하는 사진이 있다. 일반 상대성 이론의 새로운 응용에 누구보다도 뛰어난 찬드라는 항해를 한 지 50년이 지난 1983년에 블랙홀의 수학적 기초에 대한 근본적인 연구를 발표했다. 그해에 그는 노벨상을 받았고, 그다음에는 (그의 일상적인 습관에 따라) 방향을 다시 한 번 돌려서, 셰익스피어와 미학 일반에 대해 정교하게 탐구했다.

1999년 중반에 NASA는 먼 우주를 관측하는 커다란 위성을 발사했는데, 이것은 블랙홀의 가장자리 영상을 잡을 수 있었다. 이 위성은 지구의 많은 부분(아라비아해, 케임브리지, 시카고를 포함해서)을 지나가며, 이것을 **찬드라 X선 망원경**이라고 부른다.

에르빈 프로인틀리히는 1919년의 일식을 탐사하지 못했지만, 새로운 바이마르 공화국의 기업가들이 포츠담에 거대한 천문학 타워의 건설비를 기부하자 그의 정신은 되살아났다. 이곳에서는 심지어 일식이 일어나지 않을 때도 일반 상대성의 예측을 더 자세히 검증할 수 있었다. 카를 차이스가 장비를 공급했고, 위대한 표현주의 건축가 멘델존이 건물을 설계했다. 1920년대 독일 건축에 관한 많은 책에 나오는 유명한 아인슈타인 타워가 바로 이 건물이다.

프로인틀리히는 아인슈타인의 도움으로 아인슈타인 타워의 과학 감독이 되었다. 하지만 그가 수행한 측정은 당시의 기술로서는 불가능함이 입증되었다. 1960년대가 되어서야 하버드 대학교에서 다른 팀이 아인슈타인의 연구를 추가로 검증했다.

주

더 많이 알고 싶은 독자들은 이 주들을 읽어보기 바란다. 여기에는 진지한 주제와 가벼운 것들이 섞여 있다. 진지한 이야기에는 톰 스토퍼드가 자신의 연극에서 윤리적 관점을 지지하기 위해 상대성을 동원한 논리는 모두 틀렸다는 것, 상대성과 열역학과 탈무드에는 어떤 심오한 연관성이 있는지, 독일이 원자폭탄 개발에 얼마나 가까이 다가갔는지 등이 있다. 좀 더 가벼운 이야기들도 있는데, 나름대로 중요한 것들이다. 1차 대전 때의 독일 전함의 일부가 달에 가 있는 이야기, 맥스웰은 맥스웰 방정식을 쓰지 않았다는 사실, 패러데이는 "총리님, 언젠가 여기에 세금을 매기게 될걸요"라고 말하지 않았다는 사실, 아인슈타인은 자신의 연구에 붙은 '상대성 이론'이라는 이름을 결코 좋아하지 않았다는 이야기 등이 나에게는 흥미롭다.

[서문]

1 Carl Seelig, *Albert Einstein: A Documentary Biography* (London: Staples Press, 1956), pp. 80-81.

2 Leslie Groves, *Now It Can Be Told: The Story of the Manhattan Project* (London: Andre Deutsch, 1963), pp. 199-201; Andrew Deutsch; 다음의 책도 참조 Samuel Goudsmit, Alsos: *The Failure in German Science* (London: Sigma Books, 1947), p. 13.

1부. 탄생

[01] 베른 특허청, 1905년

1 *Collected Papers of Albert Einstein, Vol. I*, The Early Years: 1879-1902, Anna Beck 번역; Peter Havas 자문 (Princeton, N.J.: Princeton University Press, 1987), p. 164. 이해를 돕기 위해 오스트발트의 주소를 덧붙였다.

2 같은 책, p. xx.

3 Philipp Frank, *Einstein: His Life and Times*, trans. George Rosen (New York: Knopf, 1947, revised 1953), p. 17.

4 Albrecht Fölsing, *Albert Einstein: A Biography* (London: Viking Penguin, 1997), pp. 115-116.

5 이렇게 말한 사람은 방문객이었던 루돌프 라덴부르크였다. Folsing, *Albert Einstein*, p. 222; 다음의 책도 참조. Anton Reiser, *Albert Einstein, a Biographical Portrait* (New York: A. and C. Boni, 1930), p. 68.

6 Folsing, *Albert Einstein*, p. 73.

7 Reiser, *Einstein*, p. 70.

8 *Collected Papers*, vol. 5, doc. 28. 이 친구는 콘라트 하비히트였다.

9 아인슈타인은 1905년에 E=mc²을 쓰지 않았다. 당시에 그가 사용하던 표기법을 따른다면 이 방정식은 $L=MV^2$이라고 썼을 것이다. 그러나 더 중요한 것은, 1905년에 그는 물체가 에너지를 내보내는 과정에서 작은 양의 질량을 잃는다는 생각만 하고 있었다. 반대 방향도 가능하다는 것을 완전히 이해한 것은 더 나중의 일이다. 제2차 세계대전이 일어나서 아인슈타인이 전쟁 채권을 위해 경매에 내놓기 위해 1905년의 상대성 논문을 필사할 때, 그는 비서 헬렌 뒤카스에게 읽어달라고 해서 받아 적다가 어떤 대목에서 이렇게 물었다. "내가 정말로 그렇게 말했나?" 그녀는 그렇다고 말했고, 아인슈타인은 이렇게 대답했다. "훨씬 더 단순하게 말할 수 있었는데." (이 이야기는 다음 책에 나온다. *Einstein, Creator and Rebel* (New York: Viking, 1972), p. 209.)

2부. E=mc²의 조상들

[02] 에너지 E

1   에너지 보존 법칙에 관련된 다른 연구자도 있지만, 패러데이에 초점을 맞추면 나중에 아인슈타인의 연구에 중심이 되는 '빈' 공간을 채우는 장의 개념으로 이어지는 장점이 있다. 에너지 개념에 기여한 다른 연구자들과 그 연관성에 대해서는 토머스 쿤의 에세이와 Crosbie Smith의 *The Science of Energy*에 나온다. 에너지가 얼마나 철저히 보존되는가에 대한 패러데이의 관점에 대해서는 연구자에 따라 입장이 다르다. 다음의 책 참조. Joseph Agassi, *Faraday as Natural Philosopher* (Chicago: University of Chicago Press, 1971)

2   이 덴마크 사람은 한스 크리스티안 외르스테드이다. 대부분의 교과서는 그가 '이 것저것 해보다가' 이 발견을 하게 되었다고 말하지만 이것은 불가능하다. 나침반이 전선에 비스듬히 놓였거나, 전류가 너무 낮거나 높거나 하는 여러 가지 상황에서 바늘이 돌아가지 않는다. 사실 외르스테드는 전기와 자기의 연관성을 8년 동안이나 연구하고 있었다. 이 점이 자주 간과되는 이유는 그가 표준적인 과학자가 아닌 칸트, 괴테(선택적 친화력), 특히 셸링에게서 영감을 얻었기 때문이다. 그러나 패러데이는 외르스테드가 진정으로 무엇에 도달했는지 알아보았다. 외르스테드가 성공했다고 해서 과학 외적인 동기 부여가 항상 성공한다는 뜻은 아니다. 어떤 단서가 올바른지 객관적으로 평가하는 능력이 가장 중요하다. 아인슈타인이 이런 일에 뛰어났는데, 적어도 젊은 시절에는 그랬다. 그는 흄을 공부했기 때문에 물리학자들이 사용하는 정의(definition)가 얼마나 임의적인지 알고 있었고, 언젠가는 정의를 확장할 수 있다는 생각을 할 수 있었다. 그는 스피노자를 좋아했고, 우주에는 아름다운 질서가 있다는 생각을 항상 생생하게 떠올렸다. 반면에 괴테는 거의 언제나 과학에 철학을 사용하는 솜씨가 없었고, 단순히 자기가 확신한

다는 이유만으로 시각 이론에 몇 년을 허비했다. 오래된 격언이 말하듯이, 수학을 하려면 종이, 펜, 쓰레기통이 있어야 하지만 철학을 하려면 종이와 펜으로 충분하다.

3 패러데이가 세라 바너드에게 보낸 편지에서 인용. *The Correspondence of Michael Faraday*, vol. 1, ed. Frank A. J. L. James (London: Institute of Electrical Engineering, 1991), p. 199.

4 이것은 필자의 해석이며, 사회적 행동과 이데올로기의 상관관계에 대한 인지 인류학의 아이디어를 바탕으로 했다. 일반적인 견해에 대해서는 다음 책 참조. Cantor, *Michael Faraday, Sandemanian and Scientist*.

5 이것은 믿을 수 없는 이야기이다. 기술 애호가들은 이 말을 통쾌하게 여기겠지만 패러데이의 편지에도, 그를 아는 사람의 편지에도, 당시의 신문 기사에도, 그와 가까웠던 사람이 쓴 전기에도 보이지 않는다. 미국의 저술가들은 이 총리가 글래드스톤이라고 하지만, 이것은 더 신빙성이 없다. 글래드스톤은 패러데이가 발견을 한 지 47년 뒤에 전기 장치가 흔하던 시절에 총리가 되었다. 영국 정부는 오래전부터 전기의 힘이 산업의 혁신과 함께 성장했다는 것을 알고 있었다.

6 Silvanus P. Thompson, *Michael Faraday: His Life and Work* (London: Cassell, 1898), p. 51.

7 이것은 현대적인 의미의 '장(field)'이라는 개념이 최초로 나타난 것이었다. 이것이 1820년대 유럽에서 나왔다는 사실이 놀라운 이유는, 백 년이 넘는 동안 존경할 만한 물리학자들 모두가 그런 것은 존재하지 않는다고 '알고' 있었기 때문이다. 중세 사람들은 하늘이 마귀와 영혼과 보이지 않는 것들과 마법의 힘으로 가득하다고 믿었겠지만, 뉴턴은 중력이 텅 빈 공간을 지나서 순간적으로 작용한다는 것을 보여주어서 "하늘에서 거미줄을 걷어냈다." 다른 사람들은 이것을 주어진 것으로 받아들였지만, 패러데이는 충분히 연구를 해서 뉴턴 자신이 완전히 텅 빈 공

간은 단지 예비적인 단계의 개념으로 받아들였다는 것을 알았다. 패러데이는 뉴턴이 1693년에 천문학에 관심이 많은 젊은 신학자 벤틀리에게 쓴 편지의 글을 인용하기를 좋아했다. "……한 물체가 멀리 있는 다른 물체에 진공을 통해서 다른 아무것의 매개도 없이 작용할 수 있다는 것은 내가 보기에 엄청나게 터무니없고, 철학적인 문제에 대해 생각할 능력이 있는 사람이라면 이런 것에 빠져들지 않으리라 생각한다." 두 인용문은 모두 맥스웰의 에세이에 나온다. "On Action at a Distance," in Volume II of *The Scientific Papers of James Clerk Maxwell*, ed. W. D. Niven. (Cambridge: Cambridge University Press, 1890), pp. 315, 316.

8 실제로 어떤 일이 일어났는가? 데이비와 연구자 윌리엄 하이드 월러스턴이 이 주제에 대해 이미 연구를 시작했던 것은 사실이지만, 두 사람은 패러데이의 위대한 결과에 전혀 미치지 못했고, 패러데이는 훔치는 것과는 거리가 멀었다. 데이비의 비난에 대한 정황을 알려주는 자료로는, 패러데이의 거의 정신이 나간 듯한 편지와 월러스턴의 퉁명스러운 답장이 있다. 특히 1821년 10월 8일과 11월 1일의 편지가 그렇다. James, ed. *The Correspondence of Michael Faraday.* A measured discussion is available in *Michael Faraday: A Biography*, by L. Pearce Williams (London: Chapman and Hall, 1965), pp. 152-160.

9 그러나 그는 상처를 받았다. 패러데이는 여러 해 동안 데이비에 대한 자료를 스크랩북에 모으고 있었다. 함께 다녀온 여행을 상기시키는 지질학 스케치, 데이비의 논문을 패러데이가 깔끔하게 옮겨 적은 사본, 과거에 데이비가 보낸 친절한 편지들, 그들의 삶에서 일어난 작은 사건들의 스케치도 있었다. 패러데이는 연대순으로 정리한 이 스크랩북에 1821년 9월 이후로 데이비에 대한 자료를 덧붙이지 않았다.

10 1850년 5월 28일, 찰스 디킨스의 편지: *The Selected Correspondence of Mi-*

chael Faraday, vol. 2: 1849-1866, ed. L. Pearce Williams (Cambridge: Cambridge University Press), p. 583.

11 패러데이의 시대에 에너지 보존 법칙은 단지 경험적인 관찰일 뿐이었다. 1919년이 되어서야 에미 뇌터가 왜 에너지가 보존되는지에 대해 근본적인 설명을 내놓았다. 대칭성과 보존 법칙의 관계에 대한 좋은 설명은 다음의 책 참조. *The Force of Symmetry*, by Vincent Icke (Cambridge: Cambridge University Press, 1995), 특히 p. 114의 논의 또는 다음 책의 8장 참조. *Fearful Symmetry: The Search for Beauty in Modern Physics*, by A. Zee (Princeton. N.J.: Princeton University Press, 1986)

12 아인슈타인은 이 학교의 교장 요스트 빈텔러의 집에 하숙을 했다는 이점도 있었다. 빈텔러가 20년 전에 쓴 매우 독창적인 박사 논문은 언어의 표층 구조의 '상황적인 상대성'이 발음 체계의 불변성에서 나온다고 논한 것이었다. 아인슈타인이 나중에 해낸 물리학 연구는 이 논문과 구조적으로 크게 닮아 있으며, 자기 이론의 이름으로 선호했던 불변 이론이라는 이름도 빈텔러가 사용했던 용어를 그대로 따온 것이었다. 빈텔러의 논문의 배경에 대해서는 *Albert Einstein, Historical and Cultural Perspectives*, ed. Gerald Holton and Yehuda Elkana (Princeton, N.J.: Princeton University Press, 1982)에서 로만 자콥슨이 쓴 부분인 pp. 143 이후를 참조할 것. 또한 *On Language: Roman Jakobson*, ed. Linda R. Waugh and Monique Monville-Burston (Cambridge, Mass.: Harvard University Press, 1990), pp. 61-66.에 실린 매력적인 에세이 "My Favorite Topics"도 참조.

[04] 질량 m

1 질량이라는 말에 인용 부호를 쓴 이유는, 라부아지에의 발견은 물질의 보존에 관

련될 뿐이고 $E=mc^2$에 나오는 m은 관성 질량을 나타내기 때문이다. 관성 질량이란 훨씬 더 일반적인 개념이고, 물체의 세세한 내적 성질에 무관하다. 하지만 간단하게 갈릴레오와 뉴턴의 전통에 따라, 물체를 밀었을 때의 전체적 저항을 말한다. 이 구별은 혼란스러워 보이지만 근본적이다. 우주비행사들은 지구에서보다 달에서 무게가 덜 나가는 것을 느끼지만, 이것은 그들의 일부가 사라지기 때문이 아니다. 5장에서와 같이 아주 빠른 로켓은 질량이 어마어마하게 커지는데, 이것도 더 많은 원자를 집어넣거나 몸체 속의 원자가 부풀어 오르기 때문이 아니다. 오늘날의 관점에서조차 질량과 물질이 언제나 연결되어 있다고 볼 이유가 없지만, 물질 보존에 대한 라부아지에의 연구는 질량 보존에 대한 관심을 불러일으켰다. 이런 이유로 질량 보존과 관련하여 라부아지에를 부각시킬 이유는 충분하다. 그러나 18세기 후반에는 그가 원자 보존을 보여주었다는 것을 이해한 사람이 아무도 없었다. 당시에는 원자가 물리적인 실재로 존재한다는 명확한 생각조차 없었다.

2 "질량이 보존된다는 것을 최초로 밝힌 사람은 누구인가?" 이 질문에 대한 대답은 "아무도 정확히 그렇게 한 사람은 없다"이다. 라부아지에는 1772년에 금속을 가열하면 어떤 종류의 공기가 금속과 결합한다는 것을 보였다. 그러나 이것은 주로 모르보, 튀르고 등의 결과를 확인한 것이었다. 1774년에 라부아지에는 납과 주석으로 더 많은 실험을 해서, 가열된 용기로 들어온 공기 때문에 무게가 늘어난다고 밝혔다. 그러나 이것도 완전히 독창적이지는 않았고, 영국인 프리스틀리에게서 빌려온 것이었다. 1775년에 라부아지에가 수은으로 수행한 확인 실험도 고대 로마 시대의 원자론자들도 당연하게 생각할 방식으로 표현되었다. 하지만 라부아지에는 다른 연구자들이 한 것보다 더 많은 선취권을 가진다. 프리스틀리와 다른 연구자들은 이 다양한 실험에 의미를 부여할 만큼의 개념 체계를 잡지 못했지만, 라부아지에는 이러한 개념 체계를 정립했다. 역사적인 고려를 포함한 다른 태

도에 대해서는 다음의 뛰어난 문헌 참조. Simon Schaffer, "Measuring Virtue: Eudiometry, Enlightenment and Pneumatic Medicine," *The Medical Enlightenment of the Eighteenth Century*, ed. A. Cunningham and R. K. French (Cambridge: Cambridge University Press, 1990), pp. 281-318.

3 Arthur Donovan, *Antoine Lavoisier: Science, Administration, and Revolution* (Oxford: Blackwell, 1993), p. 230.

4 Louis Gottschalk, *Jean Paul Marat: A Study in Radicalism* (Chicago: University of Chicago Press, 1967)

5 라부아지에가 1793년 11월 30일 아내에게 보낸 편지, Jean-Pierre Poirier, *Lavoisier: Chemist, Biologist, Economist* (College Park, Penn.: University of Pennsylvania Press, 1996), p. 356.

6 라부아지에에게 사형을 언도하면서 재판관이 "혁명에 학자는 필요하지 않다"라고 말했다고 흔히 전해진다. 그러나 재판장이었던 장 바티스트 코피날이 그렇게 말했을 가능성은 거의 없다. 재판에 회부된 것은 공동 농장의 고위 운영자 전체였고, 라부아지에만 따로 지목되지 않았다. 사건의 경과는 꽤 자세히 전해진다. 재판관과 배심원(이발사, 역마차의 마부, 보석 세공사, 몽파베르 후작이었고 지금은 단순히 Dix-Août(8월 10일이라는 뜻)라고 알려진 사람 등이 포함되었다)은 그들이 지위를 이용해서 이익을 갈취했기 때문에 분노했다. 많은 과학자들이 혁명기에 영화를 누렸거나, 비교적 조용히 지내면서 혁명의 열기가 달아오른 시기를 무사히 넘겼다. 카르노, 몽주, 라플라스, 쿨롱 등이 그러했다. ("학자는 필요하지 않다"는 말은 2년 뒤에 앙투안 푸르크루아가 읽은 추도사에서 꾸며 넣은 것으로 보인다. 라부아지에의 제자였던 푸르크루아는 혁명의 열기 속에 빠져 있다가 이제는 이것을 철회하려고 노력해서, 그의 스승이 공격당할 때 겁쟁이처럼 옆에 가만히 서 있지 않았다는 것을 보이려고 했다.)

7 목격자는 외젠 슈베르니였다. Poirier, *Lavoisier*, p. 381.

8 이러한 통찰로, 라부아지에는 생리학의 기초를 연 현대 생물학의 창시자이기도 했다. 예를 들어 사람의 피는 대부분이 물이며, 물에 산소를 섞으려고 해보면 많은 양이 물속에 머물지 않는다. 그러나 고운 쇳가루를 물에 섞으면, 물속에 들어간 산소는 라부아지에의 연구실에서처럼 철에 달라붙는다(쇳가루는 빠르게 녹슬기 시작하면서 산소 분자가 엄청나게 많이 달라붙는다). 이것이 피가 작동하는 방식이다. 조지아의 철분이 풍부한 토양이 붉게 보이는 것과 같은 이유로 피도 붉게 보인다. 이것은 라 메트리의 《인간 기계》가 보여주는 전망이었다. 라부아지에도 이러한 낙관주의에 크게 고무되어, 미래에는 뇌를 들여다볼 수 있게 되어서 "연설하는 사람에게 필요한 노력 또는…… 글을 쓰는 작가나 작곡하는 음악가가 소모하는 역학적 에너지를" 볼 수 있다고 말했다. 이것은 현대의 뇌 스캔에 꽤 가까운 설명이다. 인용문의 출처는 다음과 같다. Lavoisier's *Collected Works*, vol. II, p. 697.

9 실재를 두 부분으로 나누는 것은 인간 정신의 기본적인 작용이라고 할 수 있다. 적과 동지, 옳고 그름, x이거나 x가 아니거나 등으로 편리하게 묶는 것이다. 라부아지에와 패러데이 등이 후세에 남긴 구별은 훨씬 더 흥미롭다. 나뉜 두 부분 중 하나는 물질적이고 물리적인 반면에 다른 하나는 보이지 않지만 여전히 강력한 그 무엇과 결부되어, 몸과 마음이라는 오래된 이분법과 비슷하게 받아들여졌다. 다른 많은 사상가들도 이러한 구별을 연구의 길잡이로 삼았다. 앨런 튜링은 하드웨어와 소프트웨어를 나눌 때 심신의 구별을 참고했다. 오늘날의 대부분의 컴퓨터 사용자들은 쉽게 그런 방식으로 생각하는데, '죽은' 물리적 기초가 '살아 있는' 통제하는 힘에 의해 구동된다고 즉각 파악하기 때문이다. 심신의 구별은 우리 세계에 스며들어 있다. 돈키호테와 산초 판사, 이지적인 스팍 선장과 둔감한 엔터프라이즈호, 운동화 광고에서 화면의 물리적인 신체와 용기를 북돋는 속삭임 등. 그러

나 이것은 마음에 위안을 주는 한 가지 가능한 구별일 뿐이고, 증명은 아니다. 아인슈타인 같은 젊은이들은 언제나 자기 분야의 기초를 이해하는 데 민감했고, 교수들이 아주 불완전한 데이터에서 귀납해냈다는 것을 금방 알아볼 수 있었다. 마음속에 잠재된 분류 기준이 사고에 주는 영향에 대한 설명은 많이 있다. George Lakoff and Mark Johnson's *Metaphors We Live By* (Chicago: University of Chicago Press, 1980), 또는 민족주의에 대한 케두리의 뛰어난 저작도 있다. 그러나 저자는 다음 책의 접근법에 더 끌린다. Bodanis, *Web of Words: The Ideas Behind Politics* (London: Macmillan, 1988)

[05] 빛의 속도 c

1 갈릴레오의 제안은 《새로운 두 과학》에서 첫째날 부분에 나온다. 실험은 20년 뒤에, 아마 1660년 무렵에 피렌체 실험 학술원에 의해 실시되었다. 그 결과는 다음의 책 158쪽에 실험 장소에 대한 자세한 설명과 함께 나와 있다. *Essayes of Natural Experiments, made in the Academie del Cimento*. 이 책은 왕립 학회 회원인 리처드 월러가 영어로 번역한 것으로 1634년에 교회에 대항하던 포울트레이 앤젤 앤드 바이블의 벤저민 알숍을 위해 인쇄되었다.

2 분명히 나는 카시니를 조금 조롱했다. 지금 알 수 있는 증거들로 볼 때 그는 불안정한 사람이었지만, 프랑스에 처음 온 그를 불안하게 한 조건이 여러 가지 있었다. 무엇보다 그의 직위 자체가 임시적이었고, 처음에는 프랑스어를 하지 말라고 했다가 금방 프랑스어를 배워야 한다고 했다. 프랑스 과학원은 그의 모국어인 이탈리아어뿐만 아니라 라틴어 때문에 수모를 당하고 싶지 않았던 것이다. 그는 필사적으로 프랑스어를 배웠고, 몇 달 만에 프랑스어가 많이 늘었다는 왕의 칭찬에 자랑스러워했다. 그는 또한 뢰머를 미워할 만한 이유가 있었다. 카시니는 1665년 7월에 목성의 위성이 뜨는 시각을 예측해서 명성을 얻었다. 그의 예

측은 그해의 8월과 9월에 옳다고 입증되었다. 그를 의심한 사람들은 망신을 당했다. 파리의 큰 직책은 그 상이었다. 그는 뢰머가 자기가 한 것과 똑같은 일을 자기에게 하는 것을 달가워하지 않았을 것이다. 카시니가 목성의 관찰에 대한 뢰머의 확신을 싫어한 것은 단순히 불쾌감 때문만은 아니었다. 카시니는 《우주 구조의 파편》이라는 긴 시를 써서, 장대한 우주 앞에서 느끼는 인간의 왜소함과 정당화할 수 없는 잘못된 긍지만이 인간이 하찮은 행성에 고립되어서 일어나는 모든 일을 정확하게 측정할 수 있다고 생각하게 한다고 했다. 뢰머가 나타나기 전에도 카시니는 이오의 비정상성을 제거하기 위한 1차 근사를 적용했다. 그는 누군가가 새로운 해석을 주장하는 것은 너무 서두르는 것이라고 진지하게 말했다. 시와 단편적인 자전적 기록이 다음의 책에 나온다. *Mémoires pour Servir à l'Histoire des Sciences et à Celle de L'Observatoire Royal de Paris* (Paris, 1810) 이 책은 카시니의 증손자이고 이름도 같은 장 도미니크가 편집했다. 특히 292쪽과 321쪽을 참조할 것.

3 맥스웰이 나중에 거둔 성공에 가려서 당시의 다른 연구자들이 묻히는 경향이 있다. 괴팅겐의 베버는 특히 흥미로운 중간 단계의 인물이다. 그도 빛의 속도를 계산해냈지만, 거기에 곱해진 $\sqrt{2}$라는 값 때문에 자기가 무엇을 발견했는지 이해하지 못했고, 이것을 밀어 두었다. 베버의 이야기는 다음의 책에 실린 M. 노턴의 글에 잘 설명되어 있다. "German Conceptions of Force . . . ," pp. 269-307, *Conceptions of Ether: Studies in the History of Ether Theories 1740-1900*, ed. G. N. Cantor and M. J. S. Hodge (Cambridge: Cambridge University Press, 1981). 초기의 앙페르에게도 관심을 가질 필요가 있다. 그의 혼합 방정식은 거의 맥스웰의 장으로까지 확장되었지만 완전하지 않았다. 이것은 마치 대공포만 갖춘 전함과 같았다.

4 나는 이것도 지어낸 이야기일 수 있다고 본다. 확실한 것은, 맥스웰이 재미난 말

장난을 즐겼다는 것뿐이다. 그는 또 케임브리지 대학교의 학생 시절에 아주 늦게까지 실험을 해서 동료 학생들을 놀라게 하고 어리둥절하게 했다. 다음의 책 참조. Goldman, *Demon in the Aether*, p. 62.

5 Ivan Tolstoy, *James Clerk Maxwell: A Biography* (Edinburgh: Canongate, 1981), p. 20.

6 *Treatise on Electricity and Magnetism*, James Clerk Maxwell (Oxford: Clarendon Press, 1873); Maxwell's preface to his first edition, p. x.

7 여기에서 일상의 언어는 어쩔 수 없이 부정확하다. 지금 설명하는 것은 전기장과 자기장의 성질이며, 이 성질은 어떤 위치에서 어떤 일이 일어날 수 있는지를 말하는 것이다. 문법의 조건, 특히 조건적 가정은 다음과 같은 상황과 비슷하다. 나쁜 이웃들이 있는 길모퉁이에서 무슨 일이 일어날지 말할 수는 없지만, 롤렉스 시계를 찬 관광객이 그 길을 지나가면 어떤 일이 일어날지 알 수 있다. 물리학에서, 막대자석 주위에 쇳가루를 뿌렸을 때 볼 수 있는 소용돌이 선을 생각하자. 이제 쇳가루를 치우고, 막대자석 주위의 공간에 쇳가루가 얼마나 크게 반응하는지에 대한 숫자들을 적는다고 하자. 쇳가루의 소용돌이를 보지 못한 사람들에게 이것은 무의미한 숫자일 뿐이다. 그러나 자석이 쇳가루에 어떤 영향을 주는지 잘 아는 사람에게는 이 숫자가 생생한 설명 그 자체이다. 맥스웰과 패러데이는 이것을 신앙과 연결해서, 이 숫자들이 장을 만드는 영적인 힘을 직접 읽어낸 것이라고 보았을 수도 있다.

8 파동을 보내는 데는 많은 힘이 필요하지 않다. 피아노 건반을 누르면 현이 앞뒤로 떨지만 다른 운동은 일어나지 않는다. 이때 진동의 패턴이 이동하면서 소리가 운반된다. 복도에서 몇 미터 떨어져 있는 두 사람 사이에는 수백 리터의 공기가 있지만, 두 사람이 인사를 하려면 이 공기를 모두 밀어낼 필요는 없다. 두 사람이 각자 목구멍에서 적은 양의 공기를 내뿜기만 하면 압력의 파동이 물결처럼 번져서

이 일이 이루어진다. 빛과 전자기파는 일반적으로 이것처럼 쉽다. 자동차의 시동을 걸면, 스파크 플러그에서 전자기파가 나와서 여러 진동수가 금속을 뚫고 나와서 당신이 엔진 소리를 듣는 2초 만에 달 궤도까지 가고, 이 파동은 계속 진행해서 몇 시간 뒤에 목성까지 간다.

9 맥스웰의 연구는 엄청난 업적이었고, 그의 이름으로 불리는 네 가지 방정식을 그가 직접 썼다면 훨씬 더 큰 업적이 되었을 것이다. 그러나 그는 그렇게 하지 않았다. 이것은 단지 표기법을 바꾸는 정도가 아니었다. 맥스웰이 직접 쓴 방정식만으로는 나중에 헤르츠가 광파가 전달되고 수신될 수 있다는 결론을 얻지 못했을 것이다. 맥스웰이 죽은 지 20년 뒤에 잉글랜드와 아일랜드의 세 물리학자를 중심으로 맥스웰의 방정식이 최종적으로 완성된 이야기는 다음의 책에 자세히 설명되어 있다. Bruce J. Hunt, *The Maxwellians* (Ithaca, N.Y.: Cornell University Press, 1991)

10 더 자세히 말하면, 처음에 빛보다 느린 것은 결코 빛보다 빨라질 수 없다. 그런데 입자(또는 거대한 세계) 하나가 광속 장벽 저편에 존재한다면 어떨까? 이것은 공상과학처럼 들리지만, 물리학자들은 무엇이든 열린 자세로 대하라는 교훈을 가지고 있다. (이러한 초광속 입자에 제럴드 파인버그가 타키온이라는 이름을 붙여주었다.) 사실 우리가 빛의 속도에 대해 말할 때는 대개 진공 중에서의 빛의 속도를 말한다. 진공이 아닌 다른 물질 속에서 빛은 조금 느려진다. 다이아몬드가 빛나는 것도 이런 이유 때문이다. 다이아몬드 표면을 스치고 지나가는 빛은 내부를 뚫고 들어가는 빛보다 더 빠르다. 더 중요한 예외도 있다. 변화하는 시공간 곡률에 의해 상대 속도가 영향을 받는 경우와, 음의 에너지에 의해 영향을 받는 경우도 있고, 속도 'c'를 넘어서는 빛의 펄스들에 대한 흥미로운 결과도 있다. 하지만 이런 것들은 이 책의 수준을 넘어선다. 내 생각에 미래의 과학자들은 두 가지 상반된 이유로 우리를 경이롭게 볼 것이다. 한 가지는 우리가 이런 것들을 진지하게

다루었다는 것에 놀랄 것이고, 또 한 가지는 이것이 안드로메다에 디즈니랜드를 만드는 방법이라는 것을 깨닫는 데 그렇게 오래 걸린 것에 놀랄 것이다.

11 이 영역에서는 일상생활에서 사용하는 말이 적용되지 않으며, 부풀어 오른다는 말도 단지 은유라고 보아야 한다. 우주선(또는 양성자, 또는 어떤 물체든)은 모든 방향으로 뚱뚱해지지 않는다. 그것보다는, 라부아지에의 장에서 나오는 것과 같이 질량 보존과 물질 보존의 혼란스러운 차이와 같다. 질량을 가속에 저항하는 정도로 정의하면(이것이 우리가 물질의 무게를 잴 때 반사적으로 평가하는 일이다), 물질이 바깥으로 부풀지 않고도 질량이 늘어나는 것이 가능하다. 가해지는 가속에 대한 저항이 커지기만 하면 요구 조건이 만족되기 때문이다. 우리에게 익숙한 느린 속도에서는 질량 증가가 너무 적어서 감지할 수 없다. (그렇기 때문에 아인슈타인의 예측이 더욱 놀랍다.) 그러나 물체가 빛의 속도에 가까이 다가가면 효과가 명확하게 나타난다. 예측은 매우 정확하다. 주어진 질량이 얼마나 늘어나는지 계산하려면, 속도를 제곱한 다음에 빛의 제곱으로 나누고, 1에서 이 결과를 빼고, 이것을 제곱근하고, 역수로 만든 다음, 질량을 곱한다. 기호를 사용하면 더 간략하게 할 수 있다. 질량이 속도 v로 운동할 때, 이 물질이 얼마나 부풀어 오르는지 알기 위해서 원래의 질량 m에 $1/\sqrt{1-v^2/c^2}$을 곱한다. 대개 방정식에 여러 가지 극단적인 값들을 대입해보면 그 방정식이 어떻게 작동하는지 알아보기 쉽다. v가 c보다 훨씬 작을 때, 그러니까 우주선이 천천히 달릴 때, v^2/c^2이 매우 작기 때문에 $1-v^2/c^2$은 거의 1과 같다. 이것을 제곱근해서 역수를 취해도 여전히 그 값은 1에 매우 가깝다. 플로리다에서 발사되는 실제의 우주왕복선은 최대 속도가 시속 3만 킬로미터이다. 이것은 빛의 속력에 비해 아주 느려서 질량 증가는 우주왕복선이 최고 속도로 대기권 밖을 달릴 때도 수천분의 1퍼센트보다도 훨씬 적다. 그러나 우주선 또는 다른 어떤 물체가 진짜로 빨리 달려서 v가 c에 가까우면 $1-v^2/c^2$는 0에 가까워진다. 그러면 그 제곱근도 0에 가깝고, 이 값을 1로 나누면 결과는 어마

어마하게 큰 값이 된다. 광속의 99퍼센트로 달리는 물체는 질량이 여러 배 증가한 것으로 보인다. 이것은 아주 기이한 일로, 측정에서 혼란이 일어날 수는 있지만 달리는 물체가 진정으로 더 무거워지지는 않는다고 생각하고 싶은 유혹이 있다. 그러나 유럽원자핵연구소(CERN)의 가속기에 설치된 자석은 진정으로 양성자가 이런 속도로 달릴 때 궤적을 유지하기 위해서 출력을 올려야 한다. 그렇지 않으면 증가한 질량의 운동량 때문에 양성자가 가속기 벽에 충돌하게 된다. 광속의 90퍼센트의 속도에서, 양성자가 궤도에서 벗어나서 벽에 부딪히는 것을 막기 위해서는 2.5배의 출력이 필요하다. 속도가 광속의 99.9998퍼센트에 이르면, $1/\sqrt{1-v^2/c^2}$은 질량을 500배로 증가시킨다. 유럽원자핵연구소에서 이 문제를 해결하기 위해서는 애꿎은 제네바 시민들에게 불편을 끼치지 않으면서 그만큼의 에너지를 끌어와야 한다.

12 우주선은 이해를 돕기 위한 사례일 뿐이다. 책을 계속 읽어나가면 에너지 자체가 질량임을 알게 된다. '질량-에너지'라고 부르는 통일된 대상이 우리가 보는 각도에 따라 다른 모습으로 보이는 것이다. 우리의 몸은 너무나 연약해서 빠른 속도를 견딜 수 없고, 따라서 우리는 심하게 기울어진 각도에서 질량을 보고 있다. 이러한 왜곡 때문에 '방출된' 에너지가 매우 높아 보인다. (여기에서 중요한 점은, 질량과 에너지의 동등성은 물체가 정지해 있는 특정한 관점에서 볼 때만 올바르다는 것이다. 이것은 일반 상대성에서 특히 중요하다. 중력의 크기는 정지 질량이 아니라 전체 에너지에 따르기 때문이다. 본문의 235쪽은 블랙홀과 관련해서 이 추론에 닿아 있다.

[06] 제곱 [2]

1 Gustave Desnoiresterres, *Voltaire et la Societé Francaise au XVIII è Siècle: Volume I, La Jeunesse de Voltaire* (Paris: Dider et Cie, 1867), p. 345.

2 아루에가 프랑스의 단점을 파악하는 데 뉴턴의 연구가 필요하지는 않았다. 필요한 것이 있었다면 그것은 추상적인 사상이 아니었고 영국의 의회(그리고 적어도 조금은 독립적인 재판과 시민권의 전통)를 보면 프랑스의 부족한 점을 알 수 있었다. 그러나 이러한 비판에 세계에서 가장 유명한 분석 체계를 동원하는 것은 달콤한 일이었다. 다음 문헌 참조. Voltaire's *English Letters*.

3 흥미롭게도 뉴턴은 실제로 사과가 떨어지는 것을 보고 자신의 최종 단계를 해결하는 데 도움을 받은 것 같다. 윌리엄 스터클리는 연로한 뉴턴의 회상을 두 세기가 지난 뒤에 출판했다. William Stukeley, *Memoirs of Sir Isaac Newton's Life* (London: Taylor & Francis, 1936), pp. 19-20.

> "저녁 식사를 마치고, 날씨가 따뜻해서, 우리는 (뉴턴이 죽기 전에 살았던 런던 킹스턴에 있는 집의) 정원으로 나가서 차를 마셨는데, 사과나무 아래에서 뉴턴과 단둘이 있었다. 여러 가지 이야기를 하던 중에, 그는 중력의 개념을 생각해냈을 때가 지금과 똑같은 상황이었다고 말했다. 그가 사색에 잠겨 있을 때 우연히 사과가 떨어졌다. 왜 사과는 언제나…… 지구의 중심을 향해 떨어져야 하는가? 분명히, 그 이유는…… 물질 속에 당기는 힘이 있을 것이며…… 우리가 지금 중력이라고 부르는 것으로, 이것이 우주로 퍼져나간다."

이것이 뉴턴이 지구상의 힘이 우주까지 미친다고 생각하게 된 경위이다. 지구상의 물체가 떨어지는 속도를 재기는 쉽다. 1초 동안에 사과(또는 다른 모든 물체)는 5미터쯤 떨어진다. 그러나 이것과 비교해서 달이 '떨어지는' 속도를 어떻게 잴 것인가? 이렇게 하기 위해서는 달이 아주 조금씩 아래로 떨어진다는 사실을 알아야 한다. (달이 떨어지지 않고 완전히 직선으로만 움직인다면, 달은 금방 지구를 벗어나 날아가버릴 것이다.) 달이 떨어지는 양은 딱 지구를 돌 수 있을 만큼이다. 궤도의 길이와 한 바퀴 도는 데 걸리는 시간을 알면, 달은 지구를 향해 1초에 1.4밀리미터쯤 떨어진다는 것을 알 수 있다. 처음에는 이러한 뉴턴의 추측이 틀렸다고 생각되었다. 어떤 힘이 지구상에서 바위를 1초에 5미터씩 끌어당긴다면, 우주 멀리에서 달과 같은 거대한 바위를 1초에 겨우 1.4밀리미터 끌어당기는 힘은 완전히 다른 힘이라고 생각된다. 달까지의 거리가 어마어마하게 멀다는 점을 고려해도 같은 힘이 적용될 것 같아 보이지 않는다. 지구의 지름은 약 13,000킬로미터이고, 따라서 뉴턴과 어머니 집의 사과나무는 지구 중심에서 6,500킬로미터 떨어져 있다. 달은 지구 중심에서 40만 킬로미터쯤 떨어진 궤도를 돌고 있으므로 60배쯤 멀리 있다. 바위가 60배 약하게 떨어진다고 해도 달만큼 느려지지 않는다. (5미터의 1/60은 8센티미터쯤 되고, 여전히 달이 1초에 떨어지는 길이인 1.4밀리미터보다 훨씬 크다.) 하지만 지구에서 60배 멀어졌을 때 60 곱하기 60배 약해지는 힘을 생각하면 어떨까? 중력이 물체 사이의 거리의 제곱에 따라 변한다는 생각은 매우 흥미롭지만, 이런 것을 어떻게 입증할 수 있을까? 중력이 우주 바깥에서보다 지구상에서 3,600(60×60)배 강한 힘을 만든다는 것을 증명해야 한다. 17세기에(케임브리지가 아닌 곳에서도) 로켓을 쏘아 올려서 달 주위의 중력과 지구상의 중력을 비교할 수 있는 사람은 아무도 없었다. 그러나 그렇게 할 필요가 없었다. 방정식의 힘은 막강하다. 뉴턴은 답을 알고 있었다. 그는 이렇게 물었다. "왜 사과는 언제나 지구 중심을 향해 일정하게…… 떨어지는가?" 1초 동안에 지구상에서 바위나 사과나 심지어 깜짝 놀란 케임브리지의 신사도 5미터씩 떨어진다. 그러나 같은 1초 동안에 달은 1.4밀리미터밖에 떨어지지 않는다. 두 수를 나누어 비(比)를 얻을 수 있다. 이 값이 지구상에서와 달에서 중력의 끄는 힘이 약해지는 정도이다. 이 값은 거의 정확히 3,600배이다. 뉴턴은 1666년에 바로 이 계산을 해냈다. 지구와 달을 부품으로 하는 거대한 시계를 상상하자. 뉴턴의 법칙은 보이지 않는 기어와 지렛대가 어떻게 연결되어 있는지 정확하게 보여주었다. 뉴턴의 책을 읽으면서 이 논증을 따라가보면 누구나 우리의 몸을 끌어당기는 중력이 달 궤도에까지 미치고, 더 멀리 무한히 뻗어간다는 것을 처음으로 이해하게 된다.

4   Samuel Edwards, *The Divine Mistress* (London: Cassell, 1971), p. 12.

5   하지만 가족들은 이 일에 대해서도 그녀가 뭔가 잘못되어간다고 생각했다. 그녀
     의 아버지는 편지에 과장되게 다음과 같이 썼다. "내 딸은 미쳤습니다. 지난주에
     딸은 카드 도박으로 금화 4만 프랑을 넘게 땄고, 새 드레스를 산 다음에…… 새 책
     을 사느라 절반 이상을 써버렸습니다…… 그녀는 매일 책이나 읽고 있는 여자와
     결혼할 거물 귀족은 없다는 것을 모르나 봅니다." 같은 책 p. II.

6   Voltaire's *Mémoires*; in Edwards, *The Divine Mistress*, p. 85.

7   Letter from Voltaire to Mme de la Neuville, in André Maurel, *The Ro-
     mance of Mme du Châtelet and Voltaire*, trans. Walter Mastyn (London:
     Hatchette, 1930)

8   다음의 문헌에는 이 장면에 등장한 사람들과 목격한 하인들의 여러 가지 설명을
     비교하고 있다. René Vaillot's *Voltaire en son temps: avec Mme du Châte-
     let 1734-1748*, published in French by the Voltaire Foundation, Taylor
     Institution, Oxford England 1988.

9   가장 상세한 설명은 다음의 문헌에 나와 있다. Mme de Graffigny's *Vie privée
     de Voltaire et de Mme de Châtelet* (Paris, 1820)

10   엄밀히 따지면 여기에서 에너지라는 용어를 쓰는 것은 오해의 여지가 있다. 우
     리는 지금 에너지 개념이 완전히 정립되기 전의 시기를 다루고 있기 때문이다.
     그러나 나는 이 말이 그 시대의 에너지 개념을 충분히 잘 담고 있다고 본다. 다음
     의 문헌 참조. L. Laudan, "The vis viva controversy, a post mortem," Isis,
     59(1968), pp. 131-43

11   갈릴레오는 자유롭게 낙하하는 물체는 일정한 속도로 떨어지지 않는다는 것을
     알아냈다. 1초마다 똑같은 거리만큼 떨어지는 것이 아니라, 처음 1초 동안에 1단
     위의 거리를 떨어지고, 2초째에는 3단위의 거리를, 3초째에는 5단위만큼 떨어지
     며, 이렇게 계속된다. 이렇게 점점 커지는 홀수들을 더하면 물체가 떨어지는 전체

거리를 알 수 있다. 처음 1초 뒤에는 1단위만큼 떨어지고, 2초 뒤에는 4단위(1+3) 떨어지며, 3초 뒤에는 9단위(1+3+5)만큼 떨어진다. 실험과 이론을 합하여 도출해낸 이것이 갈릴레오의 유명한 결과의 바탕이 되었다. 그 결과에 따르면 자유낙하하는 물체가 떨어지는 전체 거리는 시간의 제곱에 비례하며, 수식으로 나타내면 $d \propto t^2$이다. 라이프니츠는 이 논의를 확장했다.

12 Richard Westfall, *Never at Rest: A Biography of Isaac Newton* (Cambridge: Cambridge University Press, 1987), pp. 777-78.

13 이 주제는 뉴턴이나 라이프니츠의 생각보다 더 복잡했고, 뒤 샤틀레는 두 사람의 주장에서 무엇이 타당하고 무엇을 보존해야 할지 공정하게 판단해야 했다. 라이프니츠는 왜 별들이 중력 때문에 모두 모여 하나로 뭉치지 않는지 물으며 힐난했지만, 뉴턴의 이론은 옳았다. 라이프니츠의 주장에도 올바른 점이 있었다. 그는 신이 모든 일에 일일이 개입하는 것이 아니라, 사람들이 알 수 없는 은밀한 방식으로 최적의 통제를 한다고 보았다. 이것은 아주 다른 문제이다. 볼테르는 자신의 강력한 풍자인 《캉디드》에서 핵심을 놓쳤지만, 이것은 물리학의 근본 원리가 되었다. 이것은 모습을 조금 바꿔서 아인슈타인의 일반 상대성의 핵심이 되었다. 일반 상대성 이론에서는 (에필로그에서 보겠지만) 행성과 항성들은 우주의 휜 시공간 안에서 최적의 경로를 따라 움직인다. 이 문제로 고심하는 뒤 샤틀레의 옆에서 볼테르는 어떤 영향을 받았을까? 그는 인간이 살아가는 보잘것없는 '진흙의 원자'와 광대한 우주 사이의 대조를 끊임없이 떠올렸는데, 이것은 그의 작품에서 중심 주제의 하나였다. 그는 또 틈날 때마다 천재에게는 공간을 주어야 한다고 주장했다. 지나치게 쾌활해서 주위 사람들을 지치게 하는 샤틀레와 함께 살아가려면 반드시 필요한 일이었다.

14 스흐라베산더('S Gravesande)의 이름에 붙은 s는 잘못된 글자가 아니다. 's는 '~의'라는 뜻이고, 오늘날의 네덜란드어에서도 흔히 쓰인다. 헤이그는 공식적으

로 's-gravenhage(백작들의 울타리)라고 부른다. 나는 스흐라베산더의 광범위한 실험을 크게 단순화했다. 그는 총알 모양의 상아 원통, 놋쇠 재질의 속이 빈 공과 속이 꽉 찬 공, 진자, 굳은 진흙(정교하게 균일한), 지지대 등의 다양한 장치들로 "물체의 성질은 선험적으로 알 수 없다. 따라서 우리는 물체 자체를 시험해야 하고, 모든 성질을 고려해야 한다……"는 평소의 주장을 실천했다. (매우 아름다운 그림이 있는) 그의 다음 저작을 참조할 것. *Mathematical Elements of Natural Philosophy, Confirm'd by Experiments*, trans. J. T. Desaguilliers, especially Book II, ch. 3, 6th edition (London: 1747); the quote is from p. iv.

15 Voltaire's *Mémoires*, in Edwards, *The Divine Mistress*, p. 86.

16 1749년 4월 3일 부플러 부인에게 보낸 편지. In *Les lettres de la Marquise du Châtelet*, vol. 2, ed. T. Besterman (Geneva: Institut et Musee Voltaire, 1958), p. 247.

17 Voltaire to d'Argental, in, e.g., Frank Hamel, *An Eighteenth-Century Marquise* (London: Stanley Paul & Co., 1910), p. 369.

18 30km/h의 바람은 부드럽지만, 300km/h의 바람은 엄청난 재난이며, 불붙은 가스난로가 폭발하는 정도이다. 이것은 10배보다 훨씬 더 강력한데, 10^2 즉 100배 더 큰 에너지를 가지기 때문이다. 제트여객기들이 매우 높이 날아야 하는 이유도 여기에 있다. 비행기의 속도 때문에 생기는 1,000km/h의 폭풍에 여러 시간 동안 견디려면 공기가 희박한 고공으로 올라가야 한다. 운동 선수들은 이 복잡한 계산을 매번 수행한다. 대부분의 아이들은 공을 30km/h로 던질 수 있지만, 소수의 선수들만이 공을 150km/h로 던질 수 있다. 이것은 '겨우' 다섯 배 빠르지만 에너지는 속도의 '제곱'에 비례하기 때문에($E=mv^2$), 25배의 에너지를 내야 할 뿐만 아니라 1/5의 시간 안에 이 에너지를 내야 한다. (선수가 아이들과 똑같은 시간 동안에

팔을 뻗으면 공은 겨우 30km/h의 속도만 날 것이다.) 1/5의 시간 동안에 25배의 에너지를 쏟아내려면 25×5배 즉 125배의 힘을 써야 한다! 공기 저항 따위의 다른 효과 때문에 실제로는 더 힘들어진다. 어른인 운동 선수가 아이들에 비해 유리한 점은 팔이 더 길다는 것이다.

19 여기에서 핵심은 mv^2이 옳고 mv^1이 틀렸다는 것이 아니다. 뉴턴의 운동량(mv^1)은 우주를 이해하는 중심적인 개념이다. 그보다는, 각각의 정의는 다른 영역에 새겨져 있어서, 다른 측면에 초점이 맞춰져 있다. 소총을 쏠 때 반동은 mv^1으로 가장 잘 이해할 수 있고, 총알의 충격은 mv^2으로 더 잘 이해할 수 있다. 방아쇠를 당긴 직후에 소총과 총알의 운동량은 같지만, 소총의 반동은 그리 위험하지 않다. 소총은 무겁기 때문에 운동에너지가 커도 속도는 느리다. 그러나 발사된 총알은 질량이 아주 작기 때문에 속도가 매우 빠르다. 고속으로 날아가는 총알이 목표물에게 얼마나 위험한지는 속도의 제곱(총알의 운동에너지)에 달려 있다.

20 질량이 아주 쉽게 에너지로 바뀐다면, 우리 주위의 연필과 펜이 눈이 멀 정도의 섬광을 일으키고, 지구의 수많은 도시들이 폭발하고, 물리적 우주의 대부분이 폭발하면서 사라질 것이다. 이렇게 되지 않는 이유는 바리온 보존 법칙 때문이다. 이것을 대략적으로 말하면 우주 전체의 양성자와 중성자의 합은 변하지 않는다는 것이다. 이것들은 갑자기 사라지지 않는다. 100퍼센트 전환이 일어나는 때는 보통의 물질이 반물질과 만날 때다. 우리 몸의 전형적인 양성자는 바리온 수가 +1이고, 반물질인 반양성자는 바리온 수가 −1이다. 따라서 둘이 만나서 소멸되어도 우주 전체의 바리온 수는 변하지 않는다. 우리는 실제로 매일 비슷한 일을 겪는다. 지하실이나 벽에서 나오는 라돈 기체가 붕괴하면서 반물질을 만들기 때문이다. 이것이 보통의 공기나 우리 몸의 분자와 만나는 순간, $E=mc^2$에 의한 (소규모의!) 폭발이 일어난다.

3부. 유년 시절

[07] 아인슈타인과 방정식

1 D. 라이힌슈타인의 회고. David Reichinstein, *Albert Einstein: A Picture of His Life and His Conception of The World* (London: Edward Goldston, Ltd, 1934).

2 신이 우주를 만들 때 의도한 것이 무엇인지……: 다음의 문헌에 특별히 사려 깊은 분석이 나와 있다. Max Jammer, *Einstein and Religion: Physics and Theology* (Princeton, N. J.: Princeton University Press, 1999). 종교에 관한 과학자들의 견해에 대해서는 (찬성과 반대 모두) 다음의 책에 풍부하게 나와 있다. Russell Stannard, *Science and Wonders: Conversations about Science and Belief* (London: Faber and Faber, 1996). 이 책은 BBC 라디오 프로그램을 정리한 책이다.

3 아인슈타인은 계속해서 다음과 같이 말했다. "그것은 내가 느끼기에, 가장 위대하고 가장 문화적인 면에서 인간의 정신이 신에 대해 가지는 태도이다." 당시의 유명한 언론인 조지 실베스터 비렉이 쓴 다음의 책에 나온다. George Sylvester Viereck, *Glimpses of the Great* (London: Duckworth, 1934), p. 372. 이 문구는 정확하지 않고, 대략 비슷한 정도일 것이다. 비렉은 다른 곳에서 자기가 쓴 메모를 해독하기 힘들었다고 인정했다.

4 이 일은 다음의 책에 설명되어 있다. *Marie Curie: A Life*, by Susan Quinn (orig. New York: Simon & Schuster, 1995; London: Mandarin pbk., 1996). 1913년에 함께 하이킹을 한 뒤에 아인슈타인이 한 말은 영국판의 348쪽에 나온다.

5 새로운 기원을 만든 이 논문은 여러 이유로 거절을 당했는데, 특히 완고한 관료주

의가 그중 하나였다. 제출된 논문은 인쇄본이었는데, "규정은 손으로 쓴 논문을 고집했기 때문이다." Carl Seelig, *Albert Einstein: A Documentary Biography* (London: Staples Press, 1956), p. 88.

6 Marianne Weber, *Max Weber: A Biography*, ed. and trans. Harry Zohn (New York: John Wiley & Sons, 1975), p. 286.

7 뉴턴의 법칙이 우리의 특정한 활동들을 판단할 수 있는 외부의 '권위' 또는 측정 기준이 없다는 것과 일관됨을 처음 알아낸 것은 아인슈타인이 아니었다. 뉴턴 자신도 이것을 잘 알고 있었다! 그러나 종교가 지배하던 시대에 뉴턴은 이런 방식의 신성모독으로 나아가기 전에 신중하게 해야 했다. 뉴턴이 《프린키피아》에 절대 시간을 도입한 것은 크게 보아 신을 부정하는 시간의 '자유로운 흐름'을 피하기 위해서였다. 표준적인 설명은 뉴턴의 《일반 주해》에 나오지만 좀 더 구어적인 설명은 리처드 벤틀리(당시에 젊은 신학자였다)에게 보낸 편지에 나온다. 둘 다 다음의 책에 나와 있어서 쉽게 찾아볼 수 있다. Norton reader *Newton: Texts, Backgrounds, Commentaries*, ed. Bernard Cohen and Richard Westfall (New York: Norton, 1995) 뉴턴이 당시의 이러한 상황을 무시했다면 간단한 몇 가지 수학적 단계를 거쳐서 특수 상대성 이론에 도달할 수 있었을까?

8 이 이미지는 여러 세대에 걸쳐 많은 과학 애호가들을 길러낸 조지 가모브의 톰킨스 씨 시리즈에서 나왔다. 가모브가 이 사랑스러운 책을 썼을 때 이런 생각은 엄청난 환상이었다. 20세기가 끝나기 전인 '1999년 2월에' 하버드 대학교의 연구팀이 '절대영도에서 500억분의 1도 안에 있어서' 외부의 관찰자가 보기에 빛이 겨우 60km/h로 달리는 상태를 구현했다는 소식을 들었으면 가모브는 매우 기뻐했을 것이다.

9 더 무거워진다거나 질량이 늘어난다는 표현은 이번에도 어떤 일이 일어나는지 알려주려는 것뿐이다.

10 교과서들은 대개 자동차가 빠른 속도로 달리면 길이가 짧아져서 화장지처럼 납작해진다고 말한다. 물론 이론을 그대로 적용하면 이렇게 된다고 나오지만, 실제로 일어나는 일은 상당히 미묘하다. 자동차의 각 부분에서 나오는 빛이 서로 다른 시간에 출발해야 하기 때문이다. 이러한 왜곡은 입체인 지구를 메르카토르 도법으로 평면에 투영해서 지도를 만들 때와 비슷하다.

11 GPS 위성 신호는 특수 상대성 이론뿐만 아니라 일반 상대성 이론에 의해서도 크게 영향을 받는다. 여기에 대해서는 다음의 책에 잘 설명되어 있다. 《아인슈타인이 옳았는가?: 일반상대성이론을 시험대에 올리다》(이해심 옮김, 범양사출판부, 1991) Clifford M. Will, *Was Einstein Right: Putting General Relativity to the Test* (Oxford: Oxford University Press, 1993)

12 아인슈타인은 1905년에 쓴 원래의 논문에서 '상대성 이론'이라는 말을 쓰지 않았다. 이 말은 1년 뒤에 플랑크와 몇몇 연구자들이 제안했을 뿐이다. 1908년에 민코프스키는 아인슈타인의 '불변 공준'이라고 정확한 이름을 붙였고, 아인슈타인은 이 용어를 가장 좋아했다. 이 이름이 받아들여졌다면 우리는 아인슈타인의 유명한 '불변 이론'에 대해 말하고 있을 것이다. 그러나 거대한 변화의 시대인 1920년대를 거치면서 본인이 원하지 않은 이름이 고착되고 말았다.

13 아인슈타인은 1929년에 이렇게 말했다. "많은 사람들이 상대성의 의미를 잘못 알고 있다. 철학자들은 말을 가지고 노는데, 아이들이 인형을 가지고 놀듯이…… [상대성은] 세상의 모든 것이 상대적이라는 뜻이 아니다." 상대성 이론이 잘못 해석된 이유는 많은 사람들이 잘못 해석할 준비가 되어 있었기 때문이다. 세잔은 여기에 빨간 덩어리, 저기에 파란 얼룩과 같은 개인적인 관찰을 강조했다. 모든 사람이 공유하는 파리의 가로수길에 주어진 해석처럼 비개인적이고 '객관적인' 배경 세계에 의문을 던지는 상대성이 이러한 생각과 일맥상통한다고 본 것이다. 더 최근에는 관습적인 전망을 파괴하기를 좋아하는 톰 스토퍼드가 자신의 연극에서

이러한 관점을 지지하는 듯한 아인슈타인 효과를 언급하는 인물을 즐겁게 등장시켰다. 그러나 이러한 설명들은 아인슈타인의 연구와 무관하다. 본문에서 보았듯이 상대성 이론의 효과는 일상적인 속도에서는 너무나 작아서 알아챌 수가 없다. 이 이론의 핵심은 실제로 몇 가지 불변하는 요소(빛의 속도, 모든 좌표계들 사이의 일관성 등)에 바탕을 두고 있으며, 이것은 흔히 사람들이 알고 있는 것과 정반대이다. 아인슈타인 자신도 큐비즘과 상대성 이론을 묶으려는 예술사가에게 이렇게 해명했다.

> "상대성 이론의 핵심은 부정확하게 이해되었다.…… 이 이론이 말하는 것은 다만……
> 일반 법칙이 특정한 좌표계에 따라 형태가 변하지 않는다는 것이다. 그러나 이러한
> 논리적인 요구는 단일한 특정한 경우가 어떻게 표현되는가와 무관하다. 좌표계의 다
> 양성은 그 표현에 필요하지 않다. 한 좌표계와의 관계로 수학적으로 전체를 기술하
> 기에 완전히 충분하다.
>
> 이것은 피카소의 그림과 매우 다르다.…… 이 새로운 예술적인 '언어'는 상대성 이론
> 과 공통점이 없다."

이 인용문의 출처는 다음과 같다. Paul LaPorte, "Cubism and Relativity, with a Letter of Albert Einstein," *Art Journal*, 25, no. 3 (1966), p. 246. 제럴드 홀턴은 이 글을 다음의 책에 인용했다. Gerald Holton, *The Advancement of Science, and Its Burdens* (Cambridge, Mass.: Harvard University Press, 1998), p. 109. 홀턴은 계속해서 가능한 관측의 틀의 다양성이라는 개념은 사실상 모든 현대 과학의 핵심이며, 여기에서 현대는 1600년대 초의 갈릴레오 이후의 모든 것을 말하며, 그림의 다양하면서도 일관적인 관점도 마찬가지로 오래전부터 건축에서 일상적이었다고 논한다.

14 여기에서는 아인슈타인이 앞섰다. 뉴턴은 어머니의 농장에서 지내던 짧은 기간 동안에 미분적분학, 빛의 구성, 만유인력을 모두 발견했다고 말한 것으로 유명하

다. 그러나 그가 이 회상을 했을 때는 이미 노인이었고, 과거에 대해 말한 것이다. 농장에서 수행한 그의 계산은 그리 설득력이 크지 않다. 그가 만약 지구에서의 중력과 달 궤도에서의 중력의 비를 계산했을 때 지금 우리가 사용하고 있는 3600에 가까운 값을 얻었다면 중력의 역제곱 법칙을 진정으로 '증명'했겠지만, 지구에 대한 측정의 부정확성으로 그가 얻은 최상의 값은 합당한 값에서 상당히 먼 4300 정도였다. 게다가 그는 원심력의 역할도 정확하게 이해하지 못했고, 달이 데카르트가 말한 것처럼 소용돌이치고 있는지도 잘 알지 못했다. 따라서 그가 케임브리지로 돌아간 뒤로도 해야 할 일이 아주 많았다. 하지만 이 정도의 업적을 이룬 사람에게 겸손은 그리 필요한 덕목이 아닐 것이다. 뉴턴이 계속 연구해야 했던 난점에 대해서는 커티스 윌슨의 선집인 Curtis Wilson, *Astronomy from Kepler to Newton: Historical Studies*, (London: Variorum Reprints, 1989)에 실려 있는 "Newton and the Eötvös Experiment"가 아주 잘 다루고 있다. 웨스트폴의 *Never at Rest: A Biography of Isaac Newton* (Cambridge: Cambridge University Press, 1987)에서는 뉴턴이 흑사병이 창궐한 시기에 링컨셔에서 이룬 업적에 대해 더 자세히 다루고 있다. 다음의 책도 참조할 만하다. *"Annus Mirabilis" of Sir Isaac Newton, 1666-1966*, ed. Robert Palter (Cambridge, Mass.: MIT Press, 1970)

15 내가 베블런을 좋아하는 이유는, 그가 종교와 과학이 맞닿는 지점에 집중하기 때문이다. 이 주제는 특별히 의미가 깊으며, 이러한 작업으로 우리는 아인슈타인의 연구를 더 깊이 들여다 볼 수 있다. 여기에서 먼저 나오는 것은 아인슈타인이 통일성을 크게 믿었다는 것이다. 전통적인 물리학의 한 부분은 관습적인 뉴턴 역학 위에 구축되었고, 여기에서는 두 관찰자를 언제나 비교할 수 있다. 누가 더 빨리 달리고 있는지 객관적으로 알 수 있는 것이다. 빠르게 달리는 자동차의 전조등 불빛은 멈춰 선 자동차의 전조등보다 더 '빨리' 달린다. 그러나 아인슈타인이 깨달

았듯이, 패러데이와 맥스웰의 연구를 바탕으로 하는 또 하나의 전통적인 물리학에서는 일정하게 달리는 모든 관찰자가 보기에 빛의 속도는 언제나 같아 보인다. 정지해 있는 운전자나 달리고 있는 운전자는 둘 다 전조등 빛이 10억 8천만 km/h로 달리는 것으로 본다. 이것은 뉴턴의 관점에서는 불가능하지만, 맥스웰의 관점에서는 반드시 이렇게 되어야 한다. 이 문제에 부딪힌 연구자들은 대개 난감해 하면서도 슬쩍 넘어가버렸지만, 아인슈타인은 (푈징의 책 171쪽에 인용된 1920년 논문을 재인용) "이 두 가지 조화될 수 없는 상황을 묵과할 수 없었다." 그는 자신의 윤리적이고 종교적인 신념 중에서 가장 깊은 것이 사회적 정의라고 자주 말했다. 정당화할 수 없거나 공정하지 않은 차별은, 자세히 살펴보면 충분히 해결할 수 있어서 그러한 불공정성은 존재하지 않게 될 것이다. 이것은 존 롤스를 비롯해서 부당한 차별에 반대하는 사람들의 공정성의 원리이고, 통일적인 신성이 만들어낸다고 생각되는 통일적 지배가 바깥으로 드러난 것이다. 아인슈타인은 뉴턴과 맥스웰 사이의 모순을 해결하기 위해 패러데이와 뢰머가 과거에 크게 성공했던 것과 같은 방법을 사용했다. 그는 이 모순의 근원에 직접 질문을 던진 것이다. 길이, 시간, 동시성의 정의는 최소한 뉴턴 시절에 정리가 끝났고, 그것들은 상식의 기본으로 여겨졌다. 그러나 아인슈타인은 이 개념들의 정의에 이미 측정하는 방법에 대한 가정이 숨어 있음을 깨달았다. 뉴턴과 맥스웰은 멀리 떨어져 있었고, 아인슈타인은 정의를 조금 바꾸어 이 둘을 합치려고 했다. 내가 빛이 어떤 목표 지점을 통과했다고 말하는데, 누군가가 미친 소리 하지 말라고, 그것은 확실히 더 오래 걸린다고 말한다고 하자. 오래 걸린다는 개념이 사람마다 다르다면 이 상황은 아무 문제가 없다. 그러면 내가 본 것이 옳고, 다른 사람이 본 것과도 모순되지 않는다. 특수 상대성 이론은 모순으로 보이는 것을 인식의 틀을 바꿔서 해결한다. 이것은 혁명인가? 아인슈타인은 언제나 그렇지 않다고 주장했고, 다만 과거를 보존하기 위해 핵심 개념만 바꿨다고 했다. 나는 아인슈타인의 이 말을 좋아한다. 어쩌면 그가 연속성을 추구한 것, 즉 과거의 핵심을 보존하려 한 것은 종교적인 연속성에 대한 욕망이었을 것이다. 어쩌면 이것은 그가 과거의 물리학자들을 존경했기 때문일 것이다. 나는 이것이 그가 내내 여행을 했던 때문이 아닐까 생각한다. 처음에 그는 슈바벤의 온화한 가정에서 자랐고, 그러다가 가톨릭이 지배하는 바바리아 지방의 엄격한 프러시아 방식의 학교에 다녔다. 그 뒤 이탈리아의 자유로운 공기 속에서 10대의 여러 달을 즐겁게 보냈고, 멀고 고립된 아라우에서 지성과 낭만이 혼재된 시절을 보냈다. 취리히에서는 편협하고 차가운 공과대학의 교수들 밑에서 실망스러운 학창 시절을 보냈다. 그다음에는 베른에서 성인의 의무에 짓눌려 아내와 아이를 부양하고, 거대한 공무원의 위계 질서 속에 살았다. 이때 아인슈타인은 아직 20대 초반이었다. 로렌츠는 그 나이에 네덜란드 밖으로 나가본 적이 없었다. 나중에 아인슈타인은 더 많은 나라와 도시를 방황했고, 결국 멀고 이해하기 힘든 나라인 미국의 프린스턴에 정착한다. 이러한 여행과 고립 속에서도 변하지 않고 온전히 남아 있는 것은 자기 자신이다.

16 아인슈타인이 창조한 상대성 이론은 어떤 유형의 이론일까? 이것은 공기 저항이 비행기의 속도의 몇 제곱으로 변한다든지 등을 말해주는 것과 같이 공학 교과서에 나오는 상세한 법칙이 아니다. 매우 자세히 검토하면 이러한 '법칙'들은 깨지는데, 그 가정들이 부분적인 분석을 바탕으로 하기 때문이다. 이것들은 그저 유용한 어림 규칙이고, 우리가 특별히 관심을 가지는 물리적 세계의 좁은 영역에 편리하게 적용할 수 있지만, 이 영역을 벗어나면 성립하지 않는다. 뉴턴의 운동 제3법칙(모든 작용에는 크기가 같고 방향이 반대인 반작용이 있다) 같은 원리들은 더 깊이 들어간다. 이것들은 공기 저항에 대한 어림 법칙을 개선하는 데 사용할 수 있다. 이 법칙들은 해석적인 계에 훨씬 더 깊이 뿌리를 내리고 있기 때문이다. 이러한 법칙들은 원리적으로 아무런 제한 없이 적용할 수 있다. 아인슈타인의 특수 상대성 이론에는 또 다른 면이 있다. 이것은 어쩌다 뉴턴과 맥스웰의 결과를 뛰어넘

은 특정한 결과가 아니다. 이것은 이론에 대한 이론이다. 모든 타당한 이론은 두 기준, 즉 빛의 속도는 모든 관찰자에게 동일하다는 기준과 일정하게 이동하는 좌표계는 본질적으로 다른 것들과 구별 불가능하다는 기준을 만족해야 한다. 이 기준을 만족하면 올바른 이론이 될 수 있지만, 그렇지 않으면 확실히 틀린 이론이다. 특수 상대성 이론은 판단 기계일 뿐이다. 이것은 탈무드의 심층 분석과 같은 메타 수준의 주석이며, 이러한 성격은 열역학 제2법칙과도 비슷하다. 아인슈타인 이론의 심판관적 성격은 자주 간과된다. 아인슈타인 자신(그리고 다른 많은 연구자들)이 $E=mc^2$이나 시간이 느려지는 현상 따위의 구체적인 결과들을 얻으면서 이것들이 다른 이론에서 나오는 구체적인 결과들과 비슷하다고 생각했다. 그러나 이 이론의 고차원적인 성격은 $E=mc^2$의 m이 왜 그렇게 일반적이어서 우주의 모든 물질(우리 몸의 탄소에서 원자폭탄 속의 플루토늄, 태양의 수소까지)에 적용되는지를 설명한다.

17 Albrecht Fölsing, *Albert Einstein: A Biography* (London: Viking Penguin, 1997), p. 102.

18 그 시대의 많은 예술가들의 편지에 비슷한 어조가 나타난다. 우리가 살아가기 위해 받아들이는 규칙보다 더 낮은 세계가 있다는 것을 냉소적으로 인정하는 것이다. 지식을 찬양하는 학문 사회도 완전히 다른 기준(귀족과 황제의 권위)과 뒤섞여 있다는 사실 때문에 많은 젊은이들이 지적인 냉소에 빠져들었다.

19 이 인용문은 마야의 유쾌하고 짧은 회상록에 들어 있다. "Albert Einstein-A Biographical Sketch," in *Collected Papers of Albert Einstein, Vol. 1. The Early Years: 1879-1902*, trans. Anna Beck, consultant Peter Havas (Princeton, N.J.: Princeton University Press, 1987).

20 같은 책 p. 160.

21 같은 책 p. 164. 이 글은 헤르만 아인슈타인이 오스트발트 교수에게 1901년에 다

시 보낸 편지에 있다.

22 플랑크의 제자 막스 폰 라우에가 최초로 이 논문을 쓴 위대한 교수를 만나러 나섰다. 폰 라우에는 특허사무소의 접견실로 안내되었고, 복도에서 젊은이를 만났지만 라우에는 그를 무시했다. 라우에는 기다렸다. 나중에 그 젊은이가 다시 돌아왔다. 그가 바로 아인슈타인이었고, 두 사람은 마침내 인사를 나누었다. 이 이야기는 라우에가 1952년에 Carl Seelig에게 보낸 편지에 나온다. *Albert Einstein: A Documentary Biography* (trans. Mervyn Savill (London: Staples Press, 1956), p. 78.

23 *Collected Papers of Albert Einstein*, vol. 1. 이 책의 39, 72, 76, 70쪽에 나오는 편지 내용을 재배열했다.

24 이 이야기는 처음에 세르비아-크로아티아에서 1969년에 은퇴한 교사 Desanka Trbuhović-Gjurić가 출판한 《아인슈타인의 그림자: 밀레바 마리치의 비극적 삶》(데산카 트르부호비치 지음, 모명숙 옮김, 양문, 2004) *In the Shadow of Albert Einstein*에서 제기되었다. 이 이야기는 Andrea Gabor가 쓴 *Einstein's Wife* (New York: Viking, 1995)에서 더 발전했고, 전직 스미스 대학 총장이었던 질 커 콘웨이가 〈뉴욕 타임스〉에 호의적인 서평을 쓰면서 대중들에게 크게 인기를 끌었다. 하지만 〈뉴욕 타임스〉와 콘웨이는 (그리고 Andrea Gabor, Desanka Trbuhović-Gjurić도) 완전히 틀렸다. 밀레바는 좋은 물리학 학부생이었지만 뮤즈는 아니었다. 다음의 문헌을 참조하라. John Stachel, "Albert Einstein and Mileva Marić: A Collaboration that Failed to Develop" *Creative Couples in Science*. ed. H. Pycior, N. Slack, and P. Abir-Am (New Brunswick, N.J.: Rutgers University Press, 1995). 그들의 실제 관계는 다음 책에서 가장 잘 알 수 있다. *Albert Einstein, Mileva Marić: The Love Letters*, ed. Jurgen Renn and Robert Schulmann; trans. Shawn Smith (Princeton,

N.J.: Princeton University Press, 1992)

25 Banesh Hoffmann, *Albert Einstein: Creator and Rebel* (New York: Viking, 1972), p. 116.

[08] 원자의 중심

1 러더퍼드는 처음에 각각의 원자가 전기가 번진 방울 같은 것이라고 생각했다. 많은 물리학자들이 영국에서 공부했기 때문에, 당시의 교과서들은 수지로 만든 푸딩이라는 이미지를 흔히 사용했다. 그러나 그가 초소형 원자 대포를 만들어서 알파 입자를 금박에 쏘아보니 일부가 되튕겨 나왔고, 그는 뭔가 단단한 것이 속에 있다는 것을 알았다. 그러나 그것은 어디에 있는가? 이것은 거대한 문제였다. 러더퍼드는 최고의 실험가였지만 수학자로서는 신통치 않았기 때문이다. 그는 원자 속으로 쏜 입자가 휘어서 돌아 나오는 궤적을 적절하게 계산해낼 수 없었다. 그래서 그는 원뿔 곡선 이론을 차용했는데, 고대에 만들어진 이 이론은 17세기에 혜성의 궤도를 계산하는 데 사용되었다. 이것은 그럭저럭 맞아들어갔고(그는 맨체스터에서 얻은 실험 결과를 제때에 끼워 맞췄다), 이런 이유로 학생들은 오랫동안 원자가 소형 태양계처럼 생겼다고 배우게 되었다. 그러니 이것은 이치에 닿지 않는다. 전자는 가장 빠른 궤도에서 복사파를 내뿜으면서 아래로 떨어질 수밖에 없다. 게다가 실제의 태양계는 뉴턴의 역제곱 중력에 의해 안정성이 있지만, 원자를 도는 전자는 이러한 안정성이 없다. 그러나 이런 것이 바로 가정을 담은 수학(게다가, 딱히 더 좋은 아이디어도 없지 않은가?)의 힘이다. 태양계 모형은 결국은 폐기되었지만, 수학에 약했던 어니스트 러더퍼드 덕분에 생긴 이 모형은 많은 사람들이 원자가 어떻게 생겼는지 생각할 때 쉽게 떠올리는 인기 있는 신화가 되었다.

2 핵 속에 양전하가 있다는 것을 어떻게 아는가? 고등학교 수업 시간에 배운 오래된 규칙만으로도 알 수 있다. 같은 전하끼리는 반발하고, 반대 전하는 서로 잡아당긴

다. 중심부를 향해 양전하를 쏘았는데 거기에 달라붙으면, 안쪽에 음전하가 있다는 뜻이다. 그러나 러더퍼드가 쏜 알파 입자는 양전하를 띠고 있고, 원자의 중심부에 있는 '뭔가'에 의해 방향을 바꿔서 날아갔다. 그 '뭔가'는 양전하를 띤 것이다.

3 Andrew Brown, *The Neutron and the Bomb: A Biography of Sir James Chadwick* (Oxford: Oxford University Press, 1997), p. 103.

4 양자 불확정성에 대해서는 10장의 주석에서 자세히 다룬다.

5 페르미의 연구실에서 일어난 일은 방사성 물질 덩어리 근처에 중성자를 감속시키는 물이 있기만 하면 어디에서든 일어난다. 1970년대 초에 광산지질학자들은 가봉의 오클로 강 근처의 광산에서 나온 이상한 시료를 이해할 수 없었다. 프랑스 원자력위원회의 전문가는 18억 년 전에 방사성 물질 덩어리에 천연 대수층에 의해 물이 공급되어 핵반응이 100,000년 동안 지속된 흔적임을 밝혀냈다.

6 헤베시는 페르미보다 20년 앞서서 납과 같은 원소로 음식물을 조사했다. 다음의 문헌 참조. M. A. Tuve, "The New Alchemy," *Radiology*, vol. 35 (Aug. 1940), p. 180.

[09] 눈 덮인 길 위에서 알게 되다

1 Sallie Watkins's essay "Lise Meitner: The Foiled Nobelist," in Rayner-Canham, *A Devotion to Their Science* (Toronto: McGill-Queen's University Press, 1997), p. 184.

2 Philipp Frank, *Einstein: His Life and Times* (New York: Knopf, 1947), pp. 111-12.

3 Ruth Lewin Sime, *Lise Meitner: A Life in Physics* (Berkeley: University of California Press, 1996), p. 35.

4 Sime, *Lise Meitner*, p. 37.

5 같은 책, pp. 69-67. 이 글은 1918년 1월 17일과 1917년 8월 6일에 보낸 편지에 나온다.

6 마이트너가 중성자를 연구하기 시작했을 때 베를린 동료들이 질투를 조금 했고, 불만스러운 뒷공론도 있었다. 연구실이 연구 방향을 바꾸는 일은 드물다. 모든 장비가 한 종류의 연구에 맞춰 배치되어 있고, 이전의 연구에 장학금이 달려 있는 박사후 연구원들이 있고, 이 일에 훈련된 기술자들이 있고, 이 일에 특화된 물품 공급자가 있을 때도 있다. 경제학에서는 이것을 매몰 비용 문제라고 부르며, 이것이 최고 수준의 연구실이 오래 유지되는 일이 드문 이유이다. 최근에는 컴퓨터 업계의 거대 기업이 실리콘 밸리의 벤처 기업에 밀리는 것도 이런 이유이다. 마이트너는 겉으로는 수줍은 성격이었지만, 진정한 닷컴 기업의 모험 정신을 가지고 있었다.

7 쿠르트 헤스가 한 말과 자세한 이야기는 다음 문헌 참조. Sallie Watkins's essay in *A Devotion to Their Science*, p. 183; 다음 문헌도 참조. Sime, *Lise Meitner*, pp. 184-185.

8 비난당할 만한 일에는 여러 수준이 있고, 한은 물론 결코 나치가 아니었다. 사실, 히틀러가 집권하고 몇 달 뒤에 한은 플랑크에게 유대인 학자를 추방하는 일에 대해 항의해야 한다고 제안했다. 1930년대 후반에 이러한 공적인 항의는 불가능했지만, 여러 물리학자들이 마이트너 같은 처지에 있는 사람들을 몰래 도와주었다. 외국의 동료들에게 세미나 초빙을 하도록 권유하고, 초청장에는 모든 경비를 외국에서 부담한다고 강조했다(돈이 독일 밖으로 빠져나간다는 이유로 비자 발급이 거부되지 않도록). 이러한 초청장은 연구소에서 유대인 학자를 내몰던 시절 이전에 발송된 것으로 조작하기도 했을 것이다. 한이 평생의 동료에게 이런 배려를 거의 해주지 않은 일이 끔찍한 죄는 아닐 것이다. 이것은 단지 그가 훨씬 더 윤리적이었던 슈트라스만 같은 수준의 인물이 아니었음을 보여줄 뿐이다. 더 심각

한 것은(또는 적어도, 한이 자신이 뭔가 크게 잘못했음을 깨달았다는 것으로만 설명이 되는 것은) 한이 2차 대전이 끝난 뒤에 마이트너와의 관계의 역사를 조작하려고 했다는 것이다. 그는 1946년에 노벨상 시상식이 열리기 일주일 전에 스웨덴 신문과의 인터뷰에서 마이트너를 초급 조수처럼 이야기했다. 나중에는 그녀의 조언이 얼마나 어리석었는지에 대해 거의 탄식하듯이 비아냥댔다. 마이트너는 이것은 한이 스스로 죄를 벗으려는 방법이라고 생각했다. 그녀가 거의 거기에 있지 못했다면, 어떻게 그녀를 나쁘게 대했다고 그를 비난할 수 있는가? 다음의 책 참조. Sime, *Lise Meitner*, Chapters 8 and 14, 특히 454쪽의 주 26.

9 같은 책 p. 185.

10 같은 책.

11 핵분열의 윤곽이 드러난 뒤에도 그는 잘 이해하지 못했다. 한은 1939년 7월에 마이트너에게 보낸 편지에 이렇게 썼다. "보어는 나를 바보라고 생각할 것입니다. 그가 두 번씩이나 길게 설명해주었지만, 나는 이해할 수 없었습니다." 하지만 로렌스와 마찬가지로, 문제는 정도의 차이였다. 한은 충분히 영특했지만 마이트너만큼은 아니었다. 그가 특별히 잘했던 것은, 들판에 곡식이 잘 익었는지 판단하는 능력이었다. 이것은 불가결한 자질이다. 그가 '어쩌다' 러더퍼드의 몬트리올 연구실에 있었던 것이 완전히 운은 아니었다. 한과 같이 숙련된 화학자가 새로운 원소를 발견할 수 있었던 그 시기에 그 연구실에 있었고, 그와 같은 배경을 가진 화학자에게 가장 풍성한 결실을 맺을 수 있는 곳인 베를린 근교의 새로운 연구소에 그가 있었던 것도 마찬가지이다. 피터 메더워는 이러한 적절한 선택의 중요성을 '풀수 있는 것의 예술'이라고 불렀다. 핵심은 쉬운 문제만을 목표로 하는 것이 아니다. 그보다는 "연구의 예술은 해결 수단을 고안해서 어려운 문제를 풀 수 있게 만드는 것이다." 아인슈타인은 젊었을 때 이 기예에서 최고였고, 러더퍼드는 평생이런 능력을 유지했다. 메더워의 인용문은 그의 뛰어난 저작에 나온다. *Pluto's*

Republic(Oxford: Oxford University Press, 1984)

12 Watkins, p 185.

13 한이 1938년 12월 19일에 마이트너에게 보낸 편지: Sime, *Lise Meitner*, pp. 233-234.

14 같은 책, p. 241.

15 같은 책, p. 234.

16 여러 문헌에는 오토 프리슈라는 사람이 로베르트 프리슈와 연결된 것으로 모호하게 나온다.(어쩌면 조카일까?) 두 사람은 같은 사람이다. 젊었을 때 로베르트 오토 프리슈는 첫째 이름을 사용했지만, 나중에 미국인들과 함께 연구할 때, 그들 중에 로버트라는 이름이 흔해서, 프리슈는 가운데 이름을 사용하면 덜 혼란스러울 것이라고 판단했다.

17 이날 아침 식사와 그 뒤에 눈길에서의 유명한 산책에 대해서는 두 참여자가 모두 방대한 설명을 남겼다. Sime, *Lise Meitner*, p. 455, Richard Rhodes, *The Making of the Atomic Bomb*, p. 810, 257번 참조(한국어판 《원자폭탄 만들기》, 사이언스북스, 2003)

18 Frisch, *What Little I Remember*, p. 116.

19 Lise Meitner, "Looking Back," *Bulletin of the Atomic Scientists* (Nov. 1964), p. 4.

20 Frisch, *What Little I Remember*, p. 116. 마이트너는 이전에 발표된 핵 질량 측정에서 이것을 알고 있었다.

21 용어가 생물학과 비슷했던 것은 당시 흔한 일이었다. 러더퍼드는 같은 이유로 원자의 중심부를 핵이라고 불렀다.

4부. 성년 시절

[10] 독일에서 원자폭탄 움트다

1   이 편지는 대부분의 아인슈타인 전기나 역사책에 나오며, 깨끗한 사본을 다음 문
    헌에서 볼 수 있다. *Einstein: A Centenary Volume*, ed. A. P. French (Lon-
    don: Heinemann, 1979), p. 191. 아인슈타인이 이 편지에 서명하게 된 이야기
    는 다음 문헌에 생생하게 묘사된다. Leo Szilard, *The Collected Works* (Cam-
    bridge, Mass.: MIT Press, 1972). 그러나 다음의 책에 좀 더 정확하게 설명되어
    있다. Eugene Wigner, *The Recollections of Eugene P. Wigner* (as told to
    Andrew Szanton) (New York: Plenum Press, 1992). (한국어판 《위그너의
    회상》, 대웅, 1995)

2   루스벨트가 1939년 10월 19일에 보낸 편지, *Einstein on Peace*, ed. Otto Na-
    than and Heinz Norden (New York: Simon & Schuster, 1960), p. 297.

3   이 일기를 쓴 시기는 본문에 다루는 시기를 뛰어넘어 있다. 괴벨스는 1942년에
    하이젠베르크가 나치 관료들 앞에서 원자폭탄을 개발하기가 얼마나 쉬운지에 대
    해 강력한 연설을 한 뒤인 2월의 회합 뒤에 이 글을 썼다.

4   David Cassidy, *Uncertainty: The Life and Science of Werner Heisenberg*
    (New York: Freeman, 1992), pp. 412-414.

5   같은 책, p. 390.

6   Alan Beyerchen, *Scientists under Hitler*(New Haven, Conn.: Yale Uni-
    versity Press, 1977), pp. 159-160. Beyerchen과의 인터뷰는 사건이 일어난
    지 34년 뒤에 있었고, 아마 하이젠베르크가 그의 어머니의 순진한 말투를 흉내 내
    서 말했을 것이다.

7   Samuel Goudsmit, *Alsos : The Failure in German Science* (London:

Sigma Books, 1947), p. 119.

8　이것은 유명한 불확정성 원리 때문에 일어나는 일이며, 이 원리는 주로 하이젠베르크가 1920년대 중반에 밝혀냈다. 이것은 이상한 효과이지만, 마침내 E=mc²이 실험실에서 벗어나서 지구상에 엄청난 힘을 발휘하는 데 핵심적인 역할을 했다. 이것은 또한 E=mc²과 마찬가지로 간략하게 쓸 수 있지만 어마어마한 힘을 가진 방정식이다. 이 방정식은 단순히 $\Delta x. \Delta v \geq h$로 쓸 수 있다. Δx는 입자가 어디에 있는지 측정할 때의 부정확성을 나타내고, Δv는 입자가 이동하는 속도를 잴 때의 부정확성을 나타낸다. (기호 h는 극단적으로 작은 값으로, 플랑크 상수라고 한다.) 방정식에서 $\geq$가 말하는 것은, 현실에서 정확성은 조금 타협해야 한다는 것이다. 입자의 위치를 더 정확하게 측정하면, 그 입자의 속도는 조금 부정확하게 측정할 수밖에 없고, 반대도 마찬가지이다. 하나가 올라가면 다른 하나가 내려간다. 이것은 일상생활의 커다란 물체에 대해서는 아무런 직접적인 영향을 주지 않지만, 미시 수준에서는 큰 영향을 주며, 1940년대에 하이젠베르크가 시도하던 일에 대해서도 마찬가지였다. 표적을 향해 날아가는 중성자를 느리게 하면, 중성자의 속도를 전보다 더 정확하게 측정할 수 있다. 그러나 이렇게 되면 불확정성 원리에 따라 중성자의 위치를 정확하게 측정할 수 없다는 뜻이 된다. 기호로 나타내면 Δv가 줄어들면 Δx가 커진다는 것이다. 이것은 또 하나의 영특한 말일 뿐인 것으로 보이지만(상대성에 대해 앞에서 보았던 것처럼), 이것은 진정으로 옳다. Δx가 크기 때문에, 중성자가 있을 만한 곳은 크게 번진다. 이것은 중성자와 표적의 상호작용이 변한다는 뜻이다. 여기에서 들어오는 물체의 크기란 무엇인가? 단순히 이 물체가 표적이 되는 핵을 얼마나 때릴 가능성이 큰가 하는 것이다. 이것이 우리가 얻을 수 있는 '크기'의 정의라고 생각하면 조금 불만스러울 것이다. 하지만 상대성 이론에서 사건이 일어나는 객관적인 배경 또는 '올바른' 시간은 없다는 것을 생각하라. 사실 측정할 '올바른' 크기가 있다는 것 자체가 불확정성 원리

에 어긋난다. 따라서 야구 글러브를 끼면 맨손으로는 놓칠 만한 공도 잡을 수 있다. 손의 실효 크기가 글러브 때문에 커졌다고 할 수 있다. 그러나 보는 사람이 경기에 대해 잘 모르고, 텔레비전에서 공을 잡는 동작이 빠르게 지나가면서 번진 화면을 본다면, 커진 것은 공이고 이것 때문에 수비수들이 갑자기 그렇게 공을 잘 잡는다고 결론을 내려도 무방하다. 불확정성 원리에 따라, 이러한 번짐을 지나갈 수 없다. 들어오는 중성자는 감속되므로, '잡힐' 가능성이 높아진다. 이것이 왜 표적이 커지는지를 설명한다. (현실에서 불확정성 원리는 확률적이고, 표적이 커져 보이는 것은 단지 중성자를 쏠 때에만 적용된다.) 불확정성 원리는 $E=mc^2$에 따른 에너지 방출의 바탕이 된다. 이것은 원자폭탄을 만들 때 필요한 여러 가지 계산에 들어가기 때문이다. (예를 들어 원자 속의 전자는 어떤 한도 이상으로 빨라질 수 없다. 전자가 너무 빨라지면 원자를 벗어나 날아가버리기 때문이다. 그러나 이러한 속도 제한은 원자 속에서 전자의 위치를 자세히 알기 어렵다는 뜻이 된다.)

9 이 편지는 자주 인용된다. 예를 들면, *Einstein: A Centenary Volume*, ed. A. P. French, p. 191.

10 많은 일의 전후 사정이 다음의 책에 잘 정리되어 있다. Mark Walker, *German National Socialism and the quest for nuclear power 1939-1949* (Cambridge: Cambridge University Press, 1989). 특히 132-3쪽 참조. 작센하우젠에서 여자들을 '사들인' 것은 1943년이었고, 동시에 러시아 전쟁 포로들을 원자폭탄 연구의 다른 부분에서 이용했다. (그들은 예를 들어 바케의 동위원소 세척에 강제로 동원되었다.) 전쟁이 끝날 무렵에 카이저 빌헬름 물리학 연구소가 헤힝겐 지역으로 옮겨가자, 하이젠베르크는 폴란드 노예의 노동력을 사용할 수 있다는 통보를 받았다.

11 세월이 지나서, 전쟁 중에 독일에서 노역했던 사람들에 대한 태도와, 노예를 산다는 말의 실제의 뜻을 잊어버리기 쉽다. 뉘른베르크 전범 재판 관련 서류는 수만 쪽

이 있고, 뉴욕 〈헤럴드 트리뷴〉 지의 1947년 11월 15일 보도는 이 중 하나일 뿐이다.

뉘른베르크, 1947. 11. 14(A.P.) 프랑스인 목격자가 오늘 이게파르벤 조합이 아우슈비츠 수용소에서 여자 150명을 1인당 200마르크(당시의 80달러)가 비싸다고 흥정한 뒤에 사들여서 마취제 실험으로 모두 죽게 했다고 증언했다. 증인은 그레고리 M. 아프린(Gregoire M. Afrine)이었다. 그는 파르벤 책임자 23명의 전쟁 범죄를 다루는 미국의 군사재판에서 자신은 러시아가 1945년 1월에 아우슈비츠 수용소를 장악했을 때 통역사로 고용되었고, 거기에서 많은 편지를 찾아냈다고 말했다. 그 편지에는 파르벤의 '바이엘' 공장에서 수용소의 나치 사령관에게 보내는 편지도 있었다고 한다. 아래의 발췌문이 증거로 제출되었다.

1. 새로운 마취제를 실험하기 위해 여자들을 조달해주시면 감사하겠습니다.

2. 답변을 받았지만 여자 1명에 200마르크는 비싸다고 봅니다. 한 사람에 170마르크 이상을 지불하기는 어렵습니다. 이 제안을 수용할 수 있다면 여자들을 우리가 소유하겠으며, 필요한 인원은 대략 150명입니다.

3. 동의해주셔서 감사합니다. 가장 건강한 여자 150명을 준비해주시고, 준비가 끝났다고 알려주시면 바로 인수하겠습니다.

4. 여자 150명에 대한 주문서를 접수했습니다. 그들은 쇠약했지만 그런대로 쓸 만했습니다. 실험의 경과에 대해 계속 알려드리겠습니다.

5. 실험을 수행했고, 피험자는 모두 죽었습니다. 빠른 시일 내에 새로운 피험자를 구하기 위해 연락드리겠습니다.

12 하이젠베르크가 급하게 서두른 일에 대해서는 다음 문헌 참조. Cassidy, *Uncertainty*, pp. 428-89.

13 *Einstein on Peace*, Otto Nathan and Hans Norden (New York: Schocken, 1968), p. 299.

14 Richard A. Schwartz, "Einstein and the War Department," *Isis*, 80, 302 (June 1989), pp. 282-83.

15 이번에도 한과 마찬가지로, 영특함은 상대적이다. 로렌스는 자기의 한계를 잘 알고 있었다. 그는 버클리 대학교에서 처음 가르치기 시작했을 때 "뭔가에 도달하려면 스스로를 십자가에 매달아야 한다"고 조교에게 말했다.(Nuel Phar Davis, *Lawrence and Oppenheimer*, London: Jonathan Cape, 1969, p. 16) 부분적으로 이런 이유로 그는 다른 사람의 연구에서 자기가 기여할 수 있는 부분을 매우 잘 찾아냈다. 그는 노르웨이에서 개발한 하전 입자 가속 방법을 개선해서 크게 성공했고(이것이 사이클로트론의 기초가 되었다), 이 업적으로 노벨상을 받았다. 어떤 종류의 성공적인 연구실에서는 이러한 강박적인 '차용'이 핵심적일 수 있다. 다음의 책 참조. Terens Kealey, *Economic Laws of Scientific Research* (New York: St, Martin's Press, 1996)

16 Davis, Lawrence and Oppenheimer, p. 99.

17 Wigner, *Recollections of Eugene P. Wigner* (New York: Plenum Press, 1992), pp. 59-62. (한국어판 《위그너의 회상》, 대웅, 1995) 이런 신중함은 널리 퍼져 있었다. 지적으로 놀라운 폰 노이만조차 수학 박사 학위를 최우등으로 받았지만 화학공학을 함께 전공했다. 아인슈타인도 검류계의 개선, 성능이 좋은 냉장고 같은 실용적인 발명에 매달렸는데, 부분적으로는 이런 이유도 있었다.

18 여기에 대해서는 제러미 번스타인이 쓴 *Hitler's Uranium Club* 40쪽에 나와 있다. 번스타인의 책은 독일의 원자폭탄 개발에 대해 필자에게 큰 도움이 되었다. 이 장의 내용은 주로 이 책에서 가져왔다. 다른 연구팀들은 정육면체가 더 효율적인 형태임을 보여 주었지만, 하이젠베르크는 전쟁이 거의 끝날 때까지 이 사실을 인정하지 않았다. 그는 감속제로 자기가 선택한 중수 대신에 다른 물질을 사용하자는 연구자들의 제안도 묵살했다.

19 이런 일은 드물지 않게 일어난다. 예를 들어 F-117 스텔스 전투기의 동체가 날카롭게 꺾인 모양인 이유는 특별히 공기역학적으로 뛰어나서가 아니라, 1970년대의 컴퓨터로는 더 둥근 모양을 다룰 수 없었기 때문이다. 다음의 책 참조. Ben Rich and Leo Janos, *Skunk Works: A Personal Memoir of My Years at Lockheed* (Boston: Little, Brown, 1994), p. 21.

20 1930년대 후반까지만 해도 미국이 얼마나 (지성적으로나 군사적으로) 낙후되어 있었는지에 대해 사람들은 주의를 기울이지 않는다. 미국은 원자폭탄 개발과 같은 대규모 사업을 운영한 경험 등으로 전쟁 뒤에 승자의 자신감을 얻게 된다.

[11] 노르웨이 습격

1 여기에서 중수 공장이란 비료 공장을 말하며, 이 공장은 거대한 수력발전소에 붙어 있었다. 비료를 만들기 위해 물을 전기분해할 때 중수소를 쉽게 분리할 수 있고, 이것으로 중수를 만든다.

2 1945년 이전의 독일 학자 가문들은 민족주의적인 경우가 많았고, 호전적인 베를린 정부와 쉽게 공감했다. 이 가문들은 독일의 발전이 1860년대에 덴마크와 오스트리아 공격, 1870년대에 프랑스 공격, 1814년의 벨기에 침공과 같은 '영웅적인' 행동에 달려 있다고 보았다. 이러한 팽창 전략이 1918년에 무너지자 갇혀 있다는 느낌이 더 강해졌다. 게다가 이런 상황을 끊임없이 일깨워주는 것이 있었다. 하이젠베르크가 양자역학 연구로 세계의 물리학계를 지배하던 1920년대까지도 독일 영토에는 프랑스 점령군(대개 질이 굉장히 낮은)이 남아 있었다. 이에 수많은 국가 엘리트들은 억울하고 분한 심정을 가지고 있었다. 따라서 1936년 이후로 최초의 성공을 거두어 오랫동안 지연되었던 팽창이 다시 시작되자 마침내 만족감이 폭발적으로 터져 나왔다.

3 Cassidy, *Uncertainty*, p. 473. 24장 전체가 읽어볼 만하다. 다음의 책도 참

조할 것. Abraham Pais, *Neils Bohr's Times* (Oxford: Oxford University Press, 1991), p. 483, 또는 Walker, *German National Socialism*, pp. 113-115.

4 R. V. Jones, "Thicker than Water," in *Chemistry and Industry*, August 26, 1967, p. 1422.

5 Knut Haukelid, *Skis Against the Atom* (London: William Kimber, 1954; revised 1973, London: Fontana), p. 68.

6 같은 책, p. 65.

[12] 미국의 반격

1 그렇다고 해서 로렌스의 스타일에 다른 장점이 없었다는 뜻은 아니다. 그의 밑에는 그런 환경에서 잘 해나가는 사람들이 많이 모여들었다. 그들은 서로 훔치고 독창적인 실험 결과를 도용했지만, 버클리 연구실은 결코 부도덕하지는 않았다. 말하자면 '도덕을 무시'했다고 할 수 있는데, 이 둘은 크게 다르다. 이 연구실 사람들은 단순히 외부 세계가 원하는 것을 얻기 위해 모든 수단을 동원해서 노력했을 뿐이다. 질병을 치료하는 수단을 발견하면 의학계의 명망을 얻는다면, 그들은 이것을 얻기 위해 중상모략을 마다하지 않았다. $E=mc^2$과 거기에 관련된 기술이 새로운 기회를 열자, 로렌스의 젊은이들은 앞다투어 이 새로운 힘을 세계로 가져오는 '수도꼭지'의 주요 조절자가 되었다. 그들은 헤베시와 동료들에게 개선된 의료 추적 물질을 공급했고, 방사선 암 치료를 위해 X선을 집속하는 실용적인 장치를 만들었고, 그 밖에도 여러 가지 일을 해냈다. 전쟁이 끝나고 원자폭탄 개발 사업은 연구비, 계약, 기술적인 지식이 흘러넘치게 되었고, 로렌스의 제자들은 단순히 우연으로 그들이 본 것을 전면으로 끌어오는 데 가장 경험이 많은 사람들이었다. 여기에서 실제적인 것과 윤리적인 면의 뒤얽힘에 대해 책 한 권을 쓸 수 있을 것이다.

2 그러나 이런 상황은 빠르게 변했다. 유학을 다녀온 박사들이 미국의 주요 대학에 자리를 잡아가는 과정에 대해서는 다음 책을 참조할 것. Daniel J. Kevles, *The Physicists: The History of a Scientific Community in Modern America* (Cambridge, Mass.: Harvard University Press, 1995); 특히 14장.

3 Emilio Segrè, *A Mind Always in Motion* (Berkeley: University of California Press, 1994), pp. 147-48.

4 테플론이 최초로 상용화된 것도 이때였다(우주 개발 때가 아니다). 테네시 공장 의 필터를 제어하는 펌프에는 매우 반응성이 강한 기체에도 잘 견디는 밀폐 재료 가 필요했다. 탄소 사슬을 불소 원자가 보호하면서 감싸는 구조가 이상적이었고, 이런 구조를 가지도록 개발한 물질이 폴리테트라플루오로에틸렌이었다. 이것을 줄여서 테플론이라고 부른다. 독성 우라늄 기체가 달라붙지 않는 이 물질은 주방 의 프라이팬에도 유용하다고 나중에 알려졌다. 똑같은 폴리테트라플루오로에틸 렌을 얇게 펴서 막으로 만들면 고어텍스가 된다.

5 Peter Goodchild, *J. Robert Oppenheimer: Shatterer of Worlds* (New York: Fromm, 1985), p. 80.

6 앨리스 킴벌 스미스가 1976년에 네델스키와의 대담에서 한 말. *Robert Oppenheimer: Letters and Recollections*, ed. A. K. Smith and Charles Weiner, (Palo Alto: Stanford University Press, 1995), p. 149.

7 이것이 유명한 U_{235}이다. 보통의 우라늄은 대부분이 U_{238}이고, U_{235}는 1퍼센트도 들어 있지 않다. 둘의 차이를 기억하는 한 가지 방법은 다음과 같다. U_{238} 24킬로 그램을 두 손으로 오므려 쥐면 약간 따뜻한 느낌이 드는 정도이지만, 12킬로그램 의 U_{235} 두 덩어리를 하나로 합치면 그다음 순간에는 CNN 헬리콥터를 탄 카메라 기사들이 초원거리 망원 렌즈로 폭발로 팬 웅덩이를 촬영하게 될 것이다. 두 우라 늄의 차이를 기억하는 좀 더 따분한 방법은 짝수와 홀수의 성질을 살펴보는 것이

다. U_{238}에는 핵자가 238개 있으므로, 이러한 핵 속에 들어 있는 모든 핵자는 '짝을 짓고' 있다. 들어오는 중성자는 쉽게 영향을 줄 수 있는 짝 없는 핵자를 찾지 못한다. 그러나 U_{235}에는 홀수인 235개의 핵자가 있어서, 양성자가 46쌍 있고 중성자가 71쌍 있으며, 여분의 중성자 하나가 있다. 이것이 취약한 중성자여서, 외부에서 들어오는 중성자와 쉽게 반응한다. 이렇게 되면 중성자 하나를 흡수해서 단단히 결합된 46쌍의 양성자와 단단히 결합된 72쌍의 중성자를 이룬다. 핵이 이렇게 '단단해'지면 쪼개지기가 훨씬 더 쉽다. 왜 이렇게 되는지(어떻게 에너지 장벽이 더 낮아지는지)는 실제적인 원자력공학의 핵심적인 연구 주제이다.

8 핸퍼드 원자로 노심을 설계한 듀퐁 기술자들은 원자물리학에 대해 아는 게 거의 없었지만, 언제나 뭔가가 잘못되어갈 수 있다는 공학의 원리를 잘 알고 있었다. 따라서 이런 일에 대비해서 공간을 남겨두어야 한다는 것도 잘 알고 있었다. 원자로를 최초로 가동했을 때 반응의 부산물로 나오는 크세논이 축적되어 반응이 느려지자, 그들은 (휠러의 조언에 따라) 여분의 공간을 충분히 남겨두었기 때문에 원자로를 뜯지 않고 쉽게 우라늄의 양을 늘릴 수 있었다. 늘어난 우라늄의 힘이 크세논 때문에 떨어지는 효율을 벌충하고 남았다. 다음의 책 참조. John Archibald Wheeler, *Geons, Black Holes, and Quantum Foam* (New York: Norton, 1998), pp. 55-59.

9 물론 밀도가 낮다는 것도 상대적이어서, 여전히 납보다 밀도가 훨씬 높다. 중요한 점은 스스로 폭발하기에 충분히 밀도가 높지 않다는 것이다.

10 Nuel Phar Davis, *Lawrence and Oppenheimer* (London: Jonathan Cape, 1969), p. 216.

11 텔러가 독자적으로 연구했던 것은 수소폭탄이었고, 우라늄을 사용하는 폭탄보다 훨씬 강력한 것이었다. 나중에 오펜하이머가 수소폭탄의 필요성에 의문을 제기했고, 화가 난 텔러는 전쟁 후에 벌어진 오펜하이머의 충성심에 대한 청문회에서

불리한 증언을 하게 된다.

12 Serber, *The Los Alamos Primer* (Berkeley: University of California Press, 1992), p. 32. 같은 페이지에 다음과 같은 글도 나온다. "로스앨러모스에서 누군가가 이런 이야기를 한 것도 생각난다. 다이아몬드 한 양동이를 주문하면 두말없이 구매해주지만, 타자수를 한 사람 고용하려면 우선권을 받고 필요성에 대한 증명서를 제출해야 한다."

13 Richard Rhodes, *The Making of the Atomic Bomb* (New York: Simon & Schuster, 1986), pp. 511-12. 나는 여기에 대략의 날짜와 장소를 덧붙였다.

14 독일은 얼마나 많은 것을 실제로 달성할 수 있었을까? 완전한 원자폭탄을 만들지는 못했겠지만, 중수 대신에 이산화탄소를 사용하는 원자로를 함부르크를 본거지로 한 물리화학자 파울 하르테크가 강력하게 추진했다. 독일의 기술로 충분히 우라늄 공급 장치를 만들 수 있었고 여기에서 만들어진 대량의 고농축 방사성 물질을 단순히 V-1이나 V-2에 실을 수 있었을 것이다. 오토 스코르제니가 잠수함에 방사능 무기를 실어 뉴욕을 폭파하자고 제안하기도 했다. 평범한 하급 기획관이 낸 의견이라면 무시해도 좋겠지만, 스코르제니는 1943년에 험준한 산에 있는 난공불락의 감옥에 글라이더 부대를 침투시켜 무솔리니를 탈출시키는 작전을 조직하고 주도한 인물이다. 확실히 나치의 잠수함은 미국 동부 해안까지 쉽게 올 수 있었고, 소형 비행기를 이륙시키는 장치를 가진 잠수함도 있었다. 무엇보다도, 경계해야 할 가장 큰 이유는 독일이 전쟁 중에도 여전히 막강한 과학 기술력을 유지했다는 점이다. 미국은 동위원소를 분리하는 클루지우스 과정에 경험이 있는 화학자를 채용하기에 급급했지만, 클루지우스 교수 본인이 독일에 있었고, 하이젠베르크 교수와 가이거 교수 등도 독일에 있었다. 게다가 수많은 중간급 생산 기술자들이 있어서, 제트 추진 비행체와 로켓 추진 비행체, 초장거리 잠수함, V-2 로켓 등을 전쟁이 끝나기 전에 만들어내는 놀라운 능력을 발휘했다. 이 중 많은 것들

은 대량으로 생산하고 배치하기 힘들었지만, 원자로 하나 또는 완전한 원자폭탄을 하이젠베르크가 만들어냈다면 한두 번만 실전에 사용해도 모든 나라의 운명이 달라졌을 것이다. 이것은 얼마나 실현에 가까웠을까? 1940년 초에 하르테크는 우라늄 300킬로그램으로 이산화탄소 아이디어를 시험해볼 수 있겠다고 판단했다. 그는 고농도의 얼어붙은 이산화탄소(드라이아이스)를 이게파르벤으로부터 공급받아서 (군용) 열차로 함부르크로 운송하도록 주선했고, 필요한 우라늄은 하이젠베르크와 아우어 사에서 공급받도록 했다. 그러나 마지막 순간에 파르벤은 드라이아이스를 6월 초까지만 공급할 수 있다고 선언했다. 여름철에는 식료품 보관용으로 드라이아이스를 사용해야 한다는 것이었다. 하르테크는 거의 미칠 지경이었지만, 6월 말이 되어야 하이젠베르크에게서 우라늄 전량을 확보할 수 있었다. 하르테크는 우라늄 200킬로그램을 긁어모았지만, 이 양으로는 확실한 결과를 얻을 수 없었다. 독일이 만들기 쉬운 드라이아이스 원자로를 계속 추진했다면 (나중의 경험이 보여주듯이) 거의 확실히 전쟁 초기에 풍부한 방사성 금속을 얻었을 것이다. 따라서 (프랑스로 진격한 기갑부대가 그렇게 싫어했던) 그해 여름의 불볕더위가 이 거대한 악을 미연에 방지하는 데 가장 큰 역할을 했던 것이다. Mark Walker, *German National Socialism and the quest for nuclear power 1939-1949* (Cambridge: Cambridge University Press, 1989), 25페이지와 여러 곳에서 하르테크의 노력을 다루고 있다. 다음 책도 참조. Bernstein, *Hitler's Uranium Club.*

15 그로브스는 1944년 5월 23일에 마셜 장군을 만나서 이렇게 설명했다. "방사성 물질을…… 독일이 알고 있고, 그들은 이것을 생산해서 무기로 사용할 수 있다. 이 물질은 연합군이 유럽 서부 연안에 침공할 때의 전투에서 사전 경고 없이 사용될 수 있다." 이 만남에서 휴대용 가이거 계수기 생산이 결정되었고, 아이젠하워에게 사용법을 설명하는 임무를 띤 사람들이 파견되었다. 곧 아이젠하워의 영국

주둔 부대에는 모든 상륙 부대 장교들은 이상하게 안개가 긴 듯한 X선 사진을 발견하면 즉시 연합군 사령부로 보고할 것이며, 머리카락이 빠지고 구토가 나는 원인 미상의 질병도 발견되는 즉시 보고하라는 지시가 내려갔다. 다음의 책 참조. Leslie Groves, *Now It Can Be Told: The Story of the Manhattan Project* (London: Andre Deutsch, 1963), pp. 200-203.

16 George de Hevesy, *Adventures in Radioisotope Research* (London: Pergamon, 1962), p. 27.

17 미국의 5대호는 바닥에 빙하가 긁고 지나가서 좁게 팬 곳이 있지만, 틴쇼 호수는 300미터 깊이의 골짜기에 물이 차 있는 곳이다. 이곳은 유럽에서 가장 깊은 호수의 하나이다.

18 이 무전 통신문은 회상에 의한 것으로 다음의 책에 나온다. Haukelid, *Skis Against the Atom*, p. 126. 나는 제목을 '하르당에르 부대'에서 '노르웨이 부대'로 바꿨다. 하르당에르 고원은 그들이 작전을 펼쳤던 지역의 이름이다.

19 Haukelid, *Skis Against the Atom*, p. 132.

20 동굴의 위치에 대해서는, *The Alsos Mission* (New York: Award Books, 1969), p. 206ff. David Cassidy, *Uncertainty: The Life and Science of Werner Heisenberg* (Freeman, 1992), p. 494. 헬골란트 성에서 일출을 기다린 일화에 대해서는 Werner Heisenberg, *Physics and Beyond: Encounters and Conversations* (London: George Allen & Unwin, 1971), p. 61.

21 그들이 얻은 중성자 증폭률은 거의 700퍼센트에 도달했다(하이젠베르크의 회고). 두 배 정도이면(더 많은 우라늄과 중수가 필요하다) 연쇄 핵 반응을 유지할 수 있었다. Cassidy, *Uncertainty*, p. 610 참조.

22 미국의 폭격기가 일본의 도시에 쏟아부은 가솔린과 네이팜탄으로는 이 정도의 파괴를 일으킬 만큼 에너지가 충분하지 않았다. 진정한 에너지원은 태양의 열핵

방사선이었다. 이 방사선이 지구에 내리쬐었고, 오랫동안 나무 속에 화학 결합의 형태로 축적되었다. 일본인 자신들이 이 에너지를 (도시를 건설하는 목재로) 모아두었던 것이다. 미국의 소이탄이 한 일은 원래 열핵 에너지였던 것(지금은 화학에너지로 변한)에 대해 에너지 장벽을 짧은 시간 동안 낮춘 것뿐이다. 다시 말해서, 충분한 발화가 이루어지면 화염 폭풍이 스스로 힘을 공급한다.

23 Harold Evans, *The American Century* (London: Jonathan Cape, 1998), p. 325.

24 1945년 6월 1일, 대통령 '임시위원회' 메모. Richard Rhodes, *Making of the Atomic Bomb* (New York: Simon & Schuster, 1986), pp. 650-51. 더 상세한 내용이 다음의 책에 나온다. Martin J. Sherwin, *A World Destroyed: The Atomic Bomb and the Grand Alliance* (New York: Knopf, 1975), 특히 pp. 302-303 참조.

25 여러 나라의 과학자들이 갑자기 자기가 어떤 명령 체계 속에 있는지 깨닫는 경험담을 들려준다. 안드레이 사하로프(반체제 인사가 되기 전에 위대한 물리학자였다)는 소련이 1955년에 강력한 열핵폭탄 실험에 성공한 날 저녁에 일어난 일에 대해 말했다. 네딜린 사령관이 최고위급 관련자를 모두 초청해서 연회를 베풀었다. 토스트를 먹으면서 안드레이 사하로프는 자기가 본 퍼져 나가는 불덩어리에 대해 이야기했다. Andrei Sakharov, in *Memoirs*, trans. Richard Laurie (London: Hutchinson, 1990), p. 194.

나는 대략 다음과 같이 말했다. "우리의 모든 장치가 오늘처럼만 성공적으로 폭발하면 좋겠고, 절대로 도시는 말고 시험장에서만 그랬으면 좋겠습니다." 좌중이 갑자기 조용해졌고, 나는 뭔가 적절하지 않은 말을 했다는 느낌이 들었다. 네딜린이 비웃는 듯한 표정을 짓더니 일어서서, 잔을 손에 든 채 이렇게 말했다. "내가 이야기를 하나 하겠소. 어떤 늙은이가 윗도리만 입고 성상 앞에서 기도를 했답니다. '저를 이끌어주시고, 단단하게 해주소서. 저를 이끌어주시고, 단단하게 해주소서." 그러자 난로 옆에 누워 있던 아내가 이렇게 말했답니다. '그냥 단단하게만 해달라고 기도하구려. 늙은 양반. 그럼 내가 내 안으로 이끌어줄 테니까.' 단단해지기 위해 마십시다." 나는 몸 전체가 뻣뻣해졌고, 아마 내 얼굴은 창백해졌을 것이다…… 나는 조용히 브랜디를 마셨다…… 여러 해가 지났지만, 나는 아직도 채찍에 맞은 듯한 느낌이 든다.

[13] 오전 8시 16분, 일본 상공

1 이 장의 설명은 주로 다음의 책을 참고했다. Rhodes, *The Making of the Atomic Bomb*, pp. 701-15; Robert Serber, *The Los Alamos Primer* (Berkeley: University of California Press, 1992), 특히 pp. 35-49; 일반적인 물리학 교과서도 참고했다. '쓰레기통'이라는 말은 폭격기 승무원이었던 제이콥 베서의 증언이며, 로즈의 책 701쪽에 나온다.

2 전쟁 중에는 태도가 강경해지는 현상이 나타난다. 프리슈와 파이얼스가 1940년 3월에 쓴 비망록은 원자폭탄의 가능성에 대해 상세히 논하고 있는데, 그들은 이렇게 썼다.

> 방사성 물질이 바람에 날려서 퍼지기 때문에, 원자폭탄을 사용하면 민간인을 대규모로 살상하지 않을 수 없으며, 따라서 이 나라에 대한 무기로 사용하기에 적절하지 않다. (해군 기지 근처에서 수중 폭파하는 방안도 있으나, 이때도 범람과 방사능에 의해 민간인의 대량 살상을 피할 수 없다.)

핵심은 원자폭탄 투하가 필연적으로 틀렸다는 것이 아니다. 그것보다는, 이러한 인도적인 메모가 나온 지 5년 뒤에 민간인 거주 지역에 최적 폭발 높이를 계산하는 것이 일상적인 작업이 되었다는 것이다. 프리슈와 루돌프가 작성한 메모 전문(브릭스가 금고에 감춰둔 문서들)은 다음의 책에 나온다. Rudolf Peierls, *Atomic Histories* (New York: Springer-Verlag, 1997), pp. 187-94. 민주주의가 이렇듯 차갑게 변하는 일에 대해서는 토크빌이 1830년대에 출세주의에 관련하여 남긴 유명한 언급(*Democracy in America*, vol. 1, part 3, chapter 24)이 있고, 빅터 데이비스 핸슨은 그의 명저에서 이 문제를 훨씬 더 깊이 다루었다. Victor Davis Hanson, *The Soul of Battle* (New York: The Free Press, 1999).

3　이 힘은 워낙 커서 핵폭발은 이제까지 존재하지 않던 뭔가 새로운 형태의 에너지에서 나오는 것으로 생각하기 쉽다. 그러나 그렇지 않다. 원자폭탄은 단순히 정전기 때문에 폭발한다. 전기의 반발력은 물체들의 거리에 따라 크게 달라진다. 건조한 겨울날에 손가락을 금속 표면에서 먼 곳에 두면, 전기력은 손가락과 금속 사이의 공기 저항을 이기지 못하기 때문에 방전이 일어나지 않는다. 그러나 손가락을 금속에 점점 더 가까이 가져가면, 전체적인 힘이 점점 커지다가, 찌직! 정전기의 짜릿한 맛을 보게 된다. 핵은 원자 전체보다 약 1,000배 작다. 이것은 핵 속에 들어찬 하전 입자들이 보통의 표면 전자들이 서로 반발하는 것의 약 1,000배의 힘으로 서로 밀어댄다는 뜻이다. (상세한 사정은 조금 다르지만, 결과는 비슷하다.) 동시에, 하전 입자 하나가 다른 하전 입자 하나를 밀어대는 것이 아니라(두 전자가 서로 밀 때), 우라늄 원자의 핵 속에는 하전 입자가 92개나 들어 있다. 대개 이 입자들은 강한 핵력으로 붙들려 있지만, 이 힘이 갑자기 극복되면 92개의 하전 입자들이 전기의 반발력으로 서로 밀치게 된다. 전자 하나가 가까이 있는 다른 전자를 밀 때 이 전하들에 의한 에너지가 1×1 이라고 하자. 양성자 92개가 있으면 서로 밀어대는 에너지는 92×92이고, 이것은 대략 8,400이 넘는다. 원자폭탄 속에서는 이 두 효과가 한꺼번에 작용한다. 우라늄 핵 속의 하전 입자들이 보통의 스파크나 화학적 폭발의 약 1,000배의 힘으로 밀어댄다. 또 핵 속에 꽉 들어찬 양성자들에 의해 여기에 8,400이 곱해진다. 그래서 핵이 바깥으로 팽창하려는 전체 에너지는 $1,000 \times 8,400$ 정도여서, 이것은 우리가 사용하는 보통의 전기력(예를 들어 나

무 배트가 공에 저항하는 힘 또는 로켓의 화학 연료가 폭발하는 힘)보다 8백만 배 크다. 완벽하게 계산하려면 조금 더 보정해야 하지만, 전체적인 크기는 이 정도이다. 원자폭탄은 재래식 폭탄보다 수백만 배나 강력하다고 말하면 허풍으로 들리겠지만, 이것은 사실이다.

4   이 항목과 그다음의 몇 항목들은 $E=mc^2$이 원자공학과 천체물리학에 실제로 어떻게 응용되는지 보여준다. 히로시마 상공에서 폭발한 우라늄은 대부분이 안개로 흩어져서 그대로 남았고, 단 1퍼센트만이 폭발해서 에너지로 전환되었다. 이것은 대수롭지 않은 일 같다. 우라늄 원자 하나의 질량에 c^2을 곱하고($E=m\times c^2$), 이것을 100으로 나누면(1퍼센트만이 '폭발'했기 때문에), 계산 결과는 2.7×10^{-6}에르그에 불과하다. 이것은 초 하나를 불어서 끌 수 없을 만큼 작은 에너지이지만, 미국의 기술자들은 히로시마 상공으로 보낸 원자폭탄 하나에 우라늄 원자를 힘들게 농축해서 100,000,000,000,000,000,000,000개나 넣었다. 작은 폭발이 한꺼번에 이만큼 많이 일어나서 수많은 사람을 살상하고, 그렇게 많은 건물과 도로를 파괴했다.

5   7장에서 뉴턴에 대해 알아볼 때, 우리는 방정식의 힘으로 지구가 멀리 있는 달 궤도에 미치는 중력의 세기를 지구 밖으로 나가지 않고 책상 앞에 앉아서 연구만으로 알 수 있다는 것을 보았다. 같은 방식으로 폭발하는 원자폭탄의 내부를 들여다볼 수도 있으며, 파편들이 흩어지는 속도를 정확히 계산할 수 있다. 이때 사용되는 방정식은 다름 아닌 라이프니츠와 에밀리 뒤 샤틀레가 만든 오래된 에너지 공식이다. 그들의 연구에서, 빠르게 날아가는 파편의 운동에너지는 $1/2mv^2$이다. 여기에서 m은 폭발하는 핵의 질량이고, v는 파편이 날아가는 속도이다. 이 $E=1/2mv^2$을 알면, 여기에 2를 곱해서 $2E=mv^2$이 되고, m으로 나누면 $2E/m=v^2$이 되며, 이것을 제곱근해서 $\sqrt{(2E/m)}=v$라는 식이 나온다. E와 m에 올바른 값을 넣기만 하면 폭발하는 원자폭탄의 내부를 들여다볼 수 있으며, 날아가는 파편의

속도를 계산할 수 있다. 우리는 폭발하는 우라늄 원자 하나의 에너지가 2.7×10⁻⁶ 에르그임을 알고 있다. 이 값을 공식 $\sqrt{(2E/m)}$에 넣으면 파편이 터져 나오는 속도는 v=1.2×10⁸cm/sec이다. (이번에도 계산을 조금 보정해야 하지만, 전체적인 추론은 올바르다.) 이것은 1초에 12,000킬로미터를 날아가는 것이고, 그러므로 순식간에 폭탄 속의 우라늄은 끓는 기체보다 더 뜨거워지며, 이렇게 엄청난 속도로 밖으로 날아가는 것이다. 이것은 중요한 결과이다. 분열하는 핵에서 나오는 중성자가 이렇게 흩어지는 파편들을 따라잡을 수 있어야 효과가 있기 때문이다. 따라서 페르미가 처음에 분석했던(그리고 서서히 플루토늄을 만들어낼 때 유용한) 것과 같은 느린 중성자가 최종적으로 폭발이 일어났을 때는 무용지물이 된다. 폭발이 계속 진행되려면, 폭탄은 흩어지는 파편이 내뿜는 중성자가 액화되고 증기가 된 우라늄의 구름보다 더 빨리 날아가도록 만들어져야 한다. 이것은 1초에 12,000킬로미터가 아니라 100,000킬로미터 이상으로 날아가야 하며, 이것이 히로시마 상공의 폭탄에서 일어난 일이다. 이것은 상용 원자로가 본격적인 원자폭탄처럼 폭발하지 않는 이유이기도 하다. 원자로가 작동할 때 나오는 느린 중성자는 최초의 폭발로 흩어지는 파편들을 따라잡지 못하므로, 연쇄 반응이 멈추고 폭발이 중단된다. 이런 의미에서 상용 원자로는 본질적으로 안전하다. (물론 이번에도 '안전'하다는 것은 상대적인 문제이다. 불완전한 폭발만 일어나도 엄청난 힘으로 발전소가 파괴된다. 체르노빌의 저장 용기 지붕은 몇 톤이나 나갔지만 판자 조각처럼 튕겨 나갔다.) 운동에너지 계산은 Serber, *The Los Alamos Primer*, pp. 10 and 12를 참고했고, 빠른 중성자에 대해서는 Bernstein's *Hitler's Uranium Club*, pp. 21-22에 간략하게 나와 있다.

6 대기가 폭발하는 일이 일어날 수 있을까? 가능하지 않다. 핵 융합의 장벽을 뛰어넘기에는 열이 (물론 어마어마하지만) 충분하지 않다. 유일한 가능성은 지구 대기의 대부분을 차지하는 질소이다. 그러나 핵 융합에 필요한 열에 도달하기 오래

전에 전자들이 매우 빠르게 에너지를 방출하기 때문에 필요한 만큼의 열이 결코 축적될 수 없다. 대중에게 알려진 이러한 폭발에 대한 이야기는 노벨 문학상 수상자 펄 벅이 1958년에 주요 정부 관료와 인터뷰한 내용이 잘못 전해졌을 것이다. 여기에 관련된 물리학을 쉽게 설명한 책은 다음과 같다. Hans Bethe, *The Road From Los Alamos* (New York: Simon & Schuster, 1991), pp. 30-33.

7 〈타임〉지의 유명한 표지는 버섯구름을 배경으로 아인슈타인의 슬픈 표정이 나오고, 구름 위에 성서적인 권위를 가진 방정식 $E=mc^2$이 나온다. 그러나 '아인슈타인의 책임'에 대한 인과성은 미묘하다. 히로시마에서 일어난 일은 오래전에 아인슈타인이 쓴 방정식을 정확히 따랐지만, 이 방정식만으로는 필요한 기술을 상세히 알아내기에 충분하지 않다. 어떤 의미로는 이것이 필요하지도 않다. 원리적으로 핵물리학자들은 이 방정식이 요약하는 전체적인 패턴을 고려하지 않고도 전문적인 기술을 모두 개발할 수 있다. 그럼에도 불구하고 아인슈타인은 자기의 책임에 대해 방어적인 태도를 취했다. 1952년에 일본 신문에 대한 응답으로 그는 이렇게 썼다. "원자폭탄의 제조에 대해 내가 참여한 것은 단 한 번입니다. 나는 루스벨트 대통령에게 보내는 편지에 서명을 했습니다." 1955년에 프랑스 역사가에게 보낸 편지에서 아인슈타인은 이렇게 설명했다.

> 당신은 내가, 이 불쌍한 존재가, 질량과 에너지의 관계를 발견하고 발표해서, 중요한 역할을 했다는 것을 믿으시는 것으로 보입니다…… 당신은 내가…… 1905년에, 원자폭탄 개발을 예견했어야 한다고 보시는군요. 그러나 이것은 거의 불가능한 일이었습니다. '연쇄 반응'을 일으키려면 경험적인 데이터가 필요하고, 이것들은 1905년 당시에 도저히 예측할 수 없었지요…… 그러한 지식이 알려져 있었다고 해도, 특수 상대성 이론의 결과로 나오는 특정한 결론을 숨기려고 했다는 것은 터무니없는 일입니다. 이론이 존재하고 나면, 그 결론도 존재하는 것입니다.

아인슈타인의 연구가 원자폭탄과 관련된다는 대중들의 믿음은, 아인슈타인이 그것을 만들고 싶었던 것은 아니지만, 어떤 의미에서 아인슈타인이 그것을 예견했다는 데 대한 경외심 때문이 아닐까 나는 생각한다. 이 인용문은 다음의 책에 나온다. *Einstein on Peace*, ed. Otto Nathan and Heinz Norden (New York: Simon & Schuster, 1960), pp. 583 and 622-623.

5부. 영원한 삶

[14] 태양의 불꽃

1   이하의 인용은 다음 책에서 가져왔다. *Cecilia Payne-Gaposchkin: An Autobiography and Other Recollections*, ed. Katherine Haramundanis (Cambridge: Cambridge University Press, 2nd ed., 1996). '계단을 뛰어 내려가서' pp. 119-120; '자전거를 타고' p. 121; '편안하게 마루에 드러누워서' p. 72. '시끄럽게 떠들어대는 젊은 남학생들이 줄줄이 앉아서'는 그대로 인용한 것은 아니지만, 그 근거는 p. 118에 있다.

2   기체 구름이 뭉친다고 해서 언제나 폭발하기에 충분한 밀도에 도달하지는 않는다. 목성은 열핵반응이 일어날 수 있는 것보다 몇 배 작은 예이다. 핵반응을 일으키지 않는 수많은 행성이 항성에 붙들리지 않고 우리 은하를 영원히 떠돌아다니는 것도 가능하다.

3   *Cecilia Payne-Gaposchkin*, p. 122.

4   같은 책, p. 111.

5   George Greenstein, "The Ladies of Observatory Hill," in *Portraits of Discovery* (New York: Wiley, 1998), p. 25.

6   이 새로운 이론은 인도의 이론가 메그 나드 사하에게서 나왔다. 다음의 문헌에 뛰어난 설명이 있다. "Quantum Physics and the Stars. 2: Henry Norris

Russell and the Abundance of the Elements in the Atmospheres of the Sun and Stars," D. V. DeVorkin and R. Kenat, *Journal of the History of Astronomy*, 14 (1983), pp. 180-222; 간략한 설명은 다음의 책 참조. Greenstein, pp. 15-6, 페인의 자서전 p. 20. 사하(라만과 보즈)와 같은 뛰어난 학자들이 1920년대 이후에 인도에서 나타나서 세계적인 업적을 낸 뒤에 놀랍게도 아무런 성과를 내지 못한 예에 대해서는 다음의 책에 나오는 찬드라의 말을 참조할 것. Kameshwar Wali, *Chandra: A Biography of S. Chandrasekhar*, (Chicago: University of Chicago Press, 1992), pp. 246-53. 찬드라가 보기에 갑자기 뛰어난 업적을 낸 것은 영국에 대한 간디의 저항에 고무되어 나온 자랑스러운 자기 표현이고, 그 뒤로 업적을 내지 못한 것은 갑자기 유명해진 연구자들이 건설한 오만하고 불손한 학문적 제국 때문이었다. 이때 이후로 내내 인도 과학은 이 문제로 골치를 썩였다.

7   *Cecilia Payne-Gaposchkin*, p. 20.

8   이런 것들을 어떻게 계산해낼 수 있을까? 정오에 사막이 뜨거운 이유는 제곱미터당 1,000와트에 가까운 태양 복사선이 지구의 대기에 직접 내리쬐기 때문이다. 이것을 지구 전체로 확장하면, 지구를 때리는 빛에너지는 15경 와트나 된다. 태양에서 질량이 얼마나 사라져야 이 정도의 에너지를 지구에서 내리쬘 수 있는지 알아보기 위해서는 c^2이 엄청나게 큰 수임을 기억해야 한다. 우주에서 '속도가 매우 낮은' 쪽에 살고 있어서, 우리는 질량-에너지가 결합된 입체를 아주 경사진 곳에서 바라보고 있다. 따라서 우리의 시야에서는 거의 전적으로 이 입체의 질량이 엄청난 힘을 가지고 있다. 에너지는 질량 곱하기 c^2이므로, 질량은 에너지에 c^2을 나눈 값이다. 다시 말해 $m = E/c^2$이다. E에 15경 와트를 넣고 c에 10억 8천만 km/h를 넣으면, 그 결과는 약 2킬로그램이 된다. 이것이 전부이다. 지구에 도달하는 빛과 열은 태양에서 겨우 2킬로그램의 수소가 사라지면서 생긴다. 이것은 이 장의 처

음에 나오는 태양에서 히로시마 규모의 원자폭탄이 1초에 얼마나 많이 폭발하는가에 대한 답을 얻는 방법도 된다. 태양이 거대한 공의 중심에 있고, 지구는 이 공의 안쪽 표면에 찍힌 작은 점이라고 하면, 이 공의 전체 표면적은 지구보다 훨씬 크다. 이것은 약 20억 배 더 크며, 태양의 불은 모든 방향으로 뿌려져서 이러한 가상의 구 전체에 퍼지므로, 1초에 태양이 '잃는' 질량도 이와 같은 양이다. 1945년에 히로시마 상공에서 터진 폭탄은 0.2킬로그램 정도의 질량을 완전히 에너지로 바꾸면서 그 정도의 파괴를 일으켰으며, 여기에서 얻는 결론은 태양이 1초에 에너지로 바꾸는 질량은 이러한 폭탄 160억 개를 폭발시키는 것과 같다는 것이다.

[15] 지구 창조하기

1 Fred Hoyle, *Home Is Where the Wind Blows: Chapters from a Cosmologist's Life* (Oxford: Oxford University Press, 1997), p. 48.

2 같은 책, p. 49.

3 같은 책, p. 50.

4 한 사람은 닉 케머였다. 그는 영국 원자폭탄 프로젝트에서 일하다가 갑자기 사라졌다. 또 한 사람은 뛰어난 수학자 모리스 프라이스였다. 그는 해군 신호국에서 일하다가 갑자기 종적을 감추었다. 같은 책, pp227-28.

5 인력 충원도 많이 겹쳐 있었다. 예를 들어 로스앨러모스 이론 부서 책임자는 한스 베테였는데, 1938년에 페인과 여러 사람들의 연구를 '완성'한 바로 그 사람이었다. 그는 태양에서 핵융합을 설명하는 방정식도 완성했다.

6 이렇게 해서 제1차 세계대전 전의 독일 전함이 (적어도 그 일부가) 달에 가게 되었다. 1919년에 독일 제국의 함대가 영국에 항복했고, 거대한 영국 해군 정박지인 스코틀랜드의 스캐퍼플로로 갇혀 있었다. 여러 달 동안 조바심을 치면서 기다리던 독일 제독은 영국이 함대를 장악하려 한다고 잘못 생각하게 되었다. 제독은

미리 정해진 암호를 하달했고, 거대한 함대 전체가 스스로 배에 구멍을 뚫어 침몰했다. 그러나 스캐퍼플로는 특별히 깊지 않아서(이런 이유로 정박지로 선택되었다), 수십만 톤의 품질 좋은 강철이 겨우 수 미터 또는 수십 미터 깊이에 가라앉았다. 1920년대와 1930년대에 이 함대의 일부가 인양되었다. 잠수부들이 구멍을 용접해서 메웠고, 거대한 공기 주머니를 설치했다. 이렇게 해서 반쯤 물에 잠긴 군함을 퍼스오브포스에 있는 로사이스 부두로 끌고 갔다. 1945년 이후로 이 함대의 잔해는 특별한 가치를 가지게 되었다. 강철을 만들 때는 많은 양의 공기가 필요하고, 히로시마에 원자폭탄이 터진 뒤에 제작된 강철은 공기 중의 방사능을 가지고 있다. 1945년 이전에 만들어진 강철은 그렇지 않다. 오늘날에는 전함 세 척과 경순양함 네 척이 스캐퍼플로에 남아 있다. (용감한 독자들은 오크니 제도에 있는 스트롬니스에서 직접 잠수해서 확인해볼 수 있다.) 이것을 일반적인 용도로 사용하면 유리한 점이 없지만(강철을 새로 만드는 것이 훨씬 싸다), 우주탐사선과 같은 곳에 사용하는 극단적으로 민감한 방사능 감지기를 만들기 위해서는 반드시 히로시마 이전에 만들어진 강철을 써야 한다. 아폴로호가 달에 남겨두고 온 장치, 목성으로 간 갈릴레오 우주탐사선, 지금은 명왕성 궤도를 지나 더 멀리 있는 항성으로 날아가고 있는 파이오니어 우주탐사선에도 스캐퍼플로에서 건져 올린 독일 제국 함대의 잔해가 쓰였다. 자세한 이야기가 다음 책에 나온다. Dan van der Vat, in The Grand Scuttle: *The Sinking of the German Fleet at Scapa Flow in 1919* (London: Hodder and Stoughton, 1982)

7 물론 최초의 비용 계산은 왜곡되어 있다. 사용하는 연료의 무게가 백만분의 1 밀으로 내려가기 때문에, 발전 비용도 비슷한 비율로 내려갈 것이라고 생각한 탓이다. 그러나 연료는 발전소에 들어가는 비용 중에서 아주 작은 부분만을 차지한다. 전력회사는 땅을 사고 터빈을 만들고 직원을 교육하고 봉급을 주어야 하며, 냉각 시스템을 만들고 변전소를 설치하고 전선을 유지해야 한다. 원자력 회사 중역들

은 1960년대에 미국에서 상용 원자로에 대한 도입 압력이 최초로 있었을 때 자신들이 비현실적인 요구에 직면하고 있음을 알았다. 잠수함의 좁은 공간에 적합한 리코버 모델을 확장한 안전한 설계가 나왔지만 상황은 나아지지 않았다. 공정하게 말해서, 원자력 발전은 이산화탄소를 배출하지 않으며(우라늄 채굴과 발전소 건설을 제외하면), 최근의 설계는 안정성이 크게 향상되어서 체르노빌 참사 같은 일은 다시 일어날 수 없게 되었다.

[16] 블랙홀의 어둠을 본 브라만 소년

1 이것도 $E=mc^2$의 영역이다. 이 방정식으로 태양계가 얼마나 오래 유지될 수 있는지 예측할 수 있다. 태양의 질량을 M^0라고 하자. 이 질량 중에서 연소할 수 있는 형태의 수소는 10퍼센트이며, 그중에서도 0.7퍼센트만이 $E=mc^2$에 의해 에너지로 전환된다. 이것은 실제로 사용되는 질량은 $0.007(1/10)\times(M^0)$이라는 뜻이고, 계산하면 1.4×10^{30}그램이다. 이 질량에서 얻은 전체 에너지 $E=mc^2$이고, 이 경우에 $E=(1.4\times10^{30}$그램$)\times(10$억 8천만 km/h$)^2$이다. 이것을 곱하면 태양이 연료를 완전히 소모할 때까지 낼 수 있는 최대 에너지(위의 가정으로)는 1.3×10^{51}에르그이다. 이것이 얼마나 오래갈 수 있을까? 이것은 단순히 사용하는 속도에 따라 달라진다. 태양은 1초에 4×10^{35}에르그의 에너지를 내뿜는다. (이것은 332쪽 8번의 주석에 사용한 방법과 마찬가지로 제곱미터당 도달하는 태양광 에너지의 양을 이용한다.) 태양이 완전히 소모될 때까지 낼 수 있는 전체 에너지를 1초당 내뿜는 에너지로 나누면, 그 결과는 3.2×10^{17}초가 된다. 이 시간이 지나고 나면 태양은 존재하지 않게 된다(연소가 가능한 질량 추정치가 올바르고 밝기가 일정하다는 가정 하에). 지구는 타버리거나, 흡수되거나, 우주 공간 속으로 날아갈 것이다. 3.2×10^{17}초는 대략 100억 년에 해당한다. 태양의 연소 과정이 중간쯤에 도달해 있으므로, 앞으로 50억 년쯤 남았다고 주장할 수 있다.

2 *The Poetry of Robert Frost*, ed. Edward Connery Lathem (New York: Holt, Rinehart and Winston, 1969), p. 220.

3 '보통'의 별에서는 압력이 더 커지면 물질이 안쪽을 향해 더 빨리 이동하게 된다. 하지만 이미 압력이 매우 큰 경우에는 물질이 매우 빠르게 움직이고 있기 때문에 더 이상 빨리 움직이지 못한다. 5장에서 본 우주왕복선의 예와 마찬가지로, 이 에너지는 질량을 더 크게 할 뿐이다. 다음의 책에 상세한 설명이 나온다. 《블랙홀과 시간굴절》, 이지북, 2005. Kip Thorne, *Black Holes and Time Warps: Einstein's Outrageous Legacy* (New York: Norton, 1994), pp. 151 and 156-76; 찬드라의 추론에 대해서는 다음의 책에 간략하게 나온다. Wali, *Chandra*, p. 76.

4 Wali, *Chandra*, p. 75.

5 같은 책 p142. 왈리의 책 5장과 6장은 에딩턴의 공격과, 찬드라의 경력이 이 일 때문에 어떻게 바뀌었는지에 대해 설명한다. 다음의 책에서 찬드라 자신의 기품 있는 발언들을 볼 수 있다. *Truth and Beauty: Aesthetics and Motivations in Science* (Chicago: University of Chicago Press, 1987)

6 이 책에서는 주로 E=mc²을 에너지에서 출발해서 질량으로 가는 일방통행의 다리 또는 터널로 보았다. 그러나 로버트 레코드가 1550년대에 —— 기호를 도입해서 조판을 혁신했을 때, 그는 이것을 양방향 통행이 가능한 것으로 생각했다. 어느 한쪽만 선호하는 것이 아니다. 보통의 조건에서는 이 반대 방향으로의 여행이 일어나지 않는다. 두 빛이 서로 만나서 갑자기 새로운 물질이 나타나서 돌아다니는 일은 일어날 수 없다. 그러나 우주가 처음 생기고 얼마 지나지 않았을 때는, 온도와 압력이 워낙 높아서 순수한 빛이 등호의 다리에서 반대 방향으로 갈 수 있었고, 압축되어 질량을 가진 물질이 되기도 했다. 그러나 이런 일이 한꺼번에 갑자기 일어나지는 않았다. 이것은 우주라는 욕조에 물을 갑자기 채워서 가득해지

는 것과 같다. 새로 생성된 물질들 중 많은 것들이 다시 폭발해서 에너지로 돌아갔다. 시간이 지나서 우주의 구조가 안정된 뒤에야, 1초 또는 그 이상의 시간이 지난 뒤에 이 전환이 정지되었다. 그러나 이때쯤에는 1905년 방정식의 질량 쪽에 많은 축적이 있었고, 우리 모두의 조상이 된 물질들이 이미 존재하고 있었다. 이 이야기는 다음의 책에 자세히 설명되어 있다. Alan Guth, *The Inflationary Universe* (London: Jonathan Cape, 1997)

에필로그: 아인슈타인의 다른 업적들

1 *The Quotable Einstein*, ed. Alice Calaprice (Princeton, N.J.: Princeton University Press, 1996), p. 170.

2 아인슈타인이 1920년에 〈네이처〉에 보냈지만 발표되지 않은 글에서 인용함.

3 *Albert Einstein, the Human Side*, Helen Dukas and Banesh Hoffmann (Princeton, N.J.: Princeton University Press, 1979), p. 8.

4 Arthur Eddington, *Space, Time and Gravitation* (Cambridge: Cambridge University Press, 1920), p. 114.

5 수학자 J. E. 리틀우드가 보낸 전보는 러셀 자서전 111쪽에 나온다. 《인생은 뜨겁게 : 버트런드 러셀 자서전》(사회평론, 2014) *The Autobiography of Bertrand Russell*, vol. II (London: George Allen and Unwin, 1968)

6 이 방문객은 러셀의 공동 연구자 앨프리드 노스 화이트헤드였다. 《과학과 근대 세계》(서광사, 2008) *Science and the Modern World* (London, 1926), p. 13.

7 Albrecht Fölsing, *Albert Einstein: A Biography* (London: Penguin, 1997), p. 444.

8 Meyer Berger, *The Story of The New York Times, 1851-1951* (New York:

Simon & Schuster, 1951), pp. 251-52.

9 다음의 책에서 인용. *The Collected Writings of John Maynard Keynes, Vol. X: Essays in Biography* (London: Macmillan; New York: St. Martin's Press, for the Royal Economic Society, 1972), p. 382.

10 이 문구는 아인슈타인과 오랫동안 편지를 주고받은 벨기에의 엘리자베스 여왕에게 보낸 편지에 있다. *The Quotable Einstein*, p. 25.

11 Antonina Vallentin, *The Drama of Albert Einstein* (New York: Double-day, 1954), p. 278.

12 아인슈타인에게 일어난 일은 어느 정도 일상적인 일이었다. 위대한 화가와 작곡가들은 나이가 들어도 걸작을 생산하지만, 과학자들은 그렇지 않다. 복잡한 아이디어를 머릿속에 계속 유지하기가 힘든 것도 한 요인이다. 연극에서도 소포클레스가 나이가 많이 들어서 쓴 《콜로노스의 오이디푸스》는 구성이 거칠다. 그러나 베토벤은 50대에도 복잡한 작품을 썼고, 셰익스피어는 40대 후반에 《템페스트》를 썼다. 과학에는 예술과 다른 무언가가 있고, 아인슈타인의 경우에 노쇠는 다른 사람들보다 훨씬 더 심했다.

13 *Einstein, A Centenary Volume*, ed. A. P. French (London: Heinemann, 1979), p. 32. 이 조교는 1944년부터 1948년까지 아인슈타인과 함께 연구했던 언스트 스트라우스였다. 같은 책 211쪽에 아인슈타인 자신이 젊어서 '깊은 곳에서 길의 냄새를 맡고, 마음속에 떠오르는 모든 것을 무시하고 핵심에만 집중할 수 있었던' 때와 나이 들었을 때의 차이를 직접 설명하는 대목이 나온다.

14 Banesh Hoffmann, *Albert Einstein, Creator and Rebel* (New York: Viking, 1972), p. 222.

부록: 다른 주요 배역들의 뒷이야기

1 뒤 샤틀레가 번역한 맨더빌의 《벌의 우화》 서문에 나온다. Esther Ehrman, *Mme du Châtelet* (Berg Publishers, 1986), p. 61.

2 *Albert Einstein/Michele Besso, Correspondence 1903-1955*, trans. Pierre Spezialli (Paris: Hermann, 1972), p. 537.

3 Richard Rhodes, *The Making of the Atomic Bomb* (New York: Simon & Schuster, 1986), p. 356.

4 Rhodes, *The Making of the Atomic Bomb*, p. 448.

5 Emilio Segrè, *A Mind Always in Motion* (Berkeley: University of California Press, 1994), p. 215.

6 *Adventures in Radioisotope Research: The Collected Papers of George Hevesy*, vol. 1 (London: Pergamon Press, 1962), pp. 27-28.

7 Nuel Phar Davis, *Lawrence and Oppenheimer* (London: Jonathan Cape, 1969), p. 351.

8 Jeremy Bernstein, ed., *Hitler's Uranium Club: The Secret Recordings at Farm Hall* (Woodbury, N.Y.: American Institute of Physics, 1996), p. 75. '벽장 뒤쪽의 설명할 수 없는 전선'에 대해서도 하이젠베르크가 태연하게 대했던 일 등 실제 도청 상황에 대해서는, 찰스 프랭크 경이 엡실론 작전에 대해서 쓴 글에 나온다. *The Farm Hall Transcripts* (Bristol: Institute of Physics, 1993)

9 Bernstein, *Hitler's Uranium Club*, p. 211.

10 Samuel Goudsmit, *Alsos: The Failure in German Science* (Woodbury, N.Y., 1996), pp. 56-65.

11 *Cecilia Payne-Gaposchkin: An Autobiography and Other Recollections*, ed. Katherine Haramundanis (Cambridge: Cambridge University Press,

2nd ed. 1947), p. 225.

12 George Greenstein, "The Ladies of Observatory Hill," in *Portraits of Discovery* (New York: Wiley, 1998), p. 17.

13 Fred Hoyle, *Home Is Where the Wind Blows: Chapters from a Cosmologist's Life* (Oxford: Oxford University Press, 1997), p. 374.

14 Kameshwar Wali, *Chandra: A Biography of S. Chandrasekhar* (Chicago: University of Chicago Press, 1992), p. 95.

이 책이 다루는 주제들에 대해 더 알고 싶을 때 읽어볼 만한 책들을 정리했다.

마이클 패러데이와 에너지

- 《마이클 패러데이 서간 선집 (전 2권)》 *The Selected Correspondence of Michael Faraday* (*2 vols*), ed. L. P. Williams et al., (Cambridge and New York: Cambridge University Press, 1971)

- 《마이클 패러데이 서간》 *The Correspondence of Michael Faraday*, ed. Frank A. J. L. James (London: Institution of Electrical Engineers, ongoing from 1991)

  마이클 패러데이의 인간적인 모습에 대해서는 그의 서간집을 훑어보는 것이 가장 좋다. 그의 서간집에는 선집과 그보다 더 방대한 책이 있다. 폭풍우가 몰아치는 어느 날 밤에 기쁨에 겨워 빗물을 뚝뚝 떨어뜨리며 런던 거리를 뛰어다니는 10대 소년의 모습이 있고, 훗날 성실한 젊은 조수가 되었지만 유럽 여행에서 자기를 하인 취급하는 데이비의 부인에게 치를 떠는 모습이 나온다. 몇십 년 뒤에는 이 영국 과학계의 원로가 기억력이 심하게 떨어진 것을 깨닫고, 어떤 주제에도 쉽게 집중할 수 있었던 능력이 사라졌다고 낙심하는 모습을 볼 수 있다.

- 《마이클 패러데이, 샌디먼 종파와 과학자》 *Michael Faraday, Sandemanian and Scientist: A Study of Science and Religion in the Nineteenth Century*, Geoffrey Cantor, (London: Macmillan; New York: St. Martin's Press, 1991)

  종교가 패러데이의 삶과 연구에 준 영향을 잘 보여준다.

- 《마이클 패러데이: 삶과 연구》 *Michael Faraday: His Life and Work*, Silvanus P. Thompson (London: Cassell, 1898)

  패러데이 전기 중에서 내가 가장 좋아하는 책이다. 이 책은 후대의 전기 작가들이 알기 어려운 흐름을 잘 보여준다.

- 《패러데이의 재발견: 마이클 패러데이의 삶과 연구에 대한 에세이》 *Faraday Rediscovered: Essays on the Life and Work of Michael Faraday*, ed. David Gooding and Frank A. J. L. James (London: Macmillan, 1985; New York: American Institute of

Physics, 1989)

더 최근에 나온 책으로 앞의 책에서 저지른 여러 가지 오류를 바로잡고, 중요한 과학 발견을 잘 설명하고 있다. 이 책에서 가장 인상적인 부분은 패러데이의 노트를 바탕으로 1821년에 수행된 결정적인 실험의 진행 과정을 거의 1분 단위로 보여주는 대목이다.

- 《험프리 데이비: 과학과 권력》 *Humphry Davy: Science and Power*, David M. Knight (Oxford, England: Blackwell, 1992)

  패러데이와 데이비 사이의 갈등을 명쾌하게 분석하고, 시인 워즈워스와 콜리지가 데이비를 통해 패러데이에게 칸트의 개념을 전달하는 데 필수적인 역할을 했다는 것도 밝혔다. 영국의 과학자들은 신비적인 힘을 믿었던 반면에(신이 하사한 우주를 패러데이가 믿었듯이) 프랑스 과학자들은 유물론에 극단적으로 기대었고, 그들의 연구는 프랑스 혁명의 공포 정치를 정당화하는 데 동원되었다고 한다.

- 《변덕스러운 화학자》 *The Mercurial Chemist*, Anne Treneer (London: Methuen, 1963)

  패러데이와 데이비에 대해 더 많은 이야기를 담고 있다.

- 《본질적인 갈등: 과학 전통과 변화에 대한 연구 선집》 *The Essential Tension: Selected Studies in Scientific Tradition and Change*, Thomas S. Kuhn (Chicago: University of Chicago Press, 1977)

  패러데이가 에너지 보존 개념을 발전시키는 데 독보적인 역할을 한 것은 전혀 아니다. 토머스 쿤의 이 책에는 이 주제에 대한 유명한 에세이 "동시 발견의 예로서 에너지 보존Energy Conservation as an Example of Simultaneous Discovery"이 실려 있다. 쿤은 에너지 보존 개념이 "공중에 떠돌고 있었다"는 식으로 모호하게 말하지 않았고, 그 시대의 새로운 산업 기계들이 은유의 원천이었다는 것과, 에너지의 형태를 바꾸는 여러 가지 새로운 기술들의 중요성을 지적했다.

- 《에너지의 과학: 빅토리아 시대 영국의 에너지 물리학의 문화사》 *The Science of Energy: A Cultural History of Energy Physics in Victorian Britain*, Crosbie Smith (London: Athlone Press, 1998)

앞의 책들과는 조금 다르게 접근한다. 예를 들어 스코틀랜드 신학계의 후원 네트워크를 상세히 파헤치면서 계층이 그리 엄격하지 않은 사회 구조 덕분에 기술자, 교수, 신학자 들이 자연스럽게 접촉하면서 서로를 풍요롭게 해줄 수 있었음을 보여준다.

- "외르스테드의 전자기 발견의 추측과 실험" "Speculation and Experiment in the Background of Oersted's Discovery of Electromagnetism", *Isis*, 48, R. C. Stauffer (1957) 한스 크리스티안 외르스테드의 선구적인 연구에서 과학 외적인 동기를 탐구한다. 수백 쪽의 문헌을 훑어볼 수 있다면 외르스테드 본인의 저작도 있다.

- 《과학의 발전과 그 부담》 *The Advancement of Science, and Its Burdens*, Gerald Holton (Cambridge, Mass.: Harvard University Press, 1986, 1998), pp. 197-208. 여기에 수록된 제럴드 홀턴의 에세이 "두 지도The Two Maps"는 외르스테드가 잘못 이해되는 것에 대해 잘 설명하고 있다.

- 《물리법칙의 특성》 리처드 파인만 지음, 안동완 옮김, 해나무, 2003 *The Character of Physical Law*, Richard Feynman (London: Penguin UK, 1992) 오늘날의 에너지 과학을 자세히 들여다보기 위해서는 이상하게 간접적이면서도 대단히 유용했던 조작적 정의에 대해 알아야 한다. 언제나 열정에 넘치는 리처드 파인만의 코넬 대학 강연을 BBC가 녹취한 이 책의 3장 "위대한 보존 원리들"이 에너지의 조작적 정의를 명료하게 설명한다.

- 《제2 법칙: 에너지, 카오스, 형태》 *The Second Law: Energy, Chaos, and Form*, Peter Atkins (New York: Scientific American Books, 1984, 1994) 피터 앳킨스의 뛰어난 책으로 엔트로피 개념을 (점점 커지는 순서로) 분석하고 있다. 이 책은 에너지의 작동을 지배하는 높은 수준의 구조를 잘 보여준다. (우리에게 익숙한 생명이 우주의 전체 온도 척도에서 잠시 쉬어가는 점에 있음을 보여주는 장은 걸작이다.) 우리가 열이라고 부르는 무질서를 이해할 수 있으면 그 반대인 질서에 대해서도 이해할 수 있고, 이것을 '정보'라고 부를 수 있다.

- 《정보 기술의 물리학》 *The Physics of Information Technology*, Neil Gershenfeld (New York: Cambridge University Press, 2000)

앳킨스의 책보다 더 수준이 높지만, 빅토리아 시대의 에너지 개념의 궁극적인 영향에 대해 관심이 있는 사람은 꼭 읽어볼 필요가 있다.

라부아지에와 질량

- 《앙투안 라부아지에, 과학, 경영, 혁명》 *Antoine Lavoisier: Science, Administration, and Revolution*, Arthur Donovan (Oxford, England: Blackwell, 1993)
  라부아지에에 대한 뛰어난 전기이다.

- 《라부아지에: 화학자, 생물학자, 경제학자》 *Lavoisier: Chemist, Biologist, Economist (English translation)*, Jean-Pierre Poirier (College Park, Penn.: University of Pennsylvania, 1996)
  위의 책보다 더 포괄적인 전기이지만, 단숨에 읽어내기는 조금 힘들다.

- 《최면과 프랑스 계몽의 종말》 *Mesmerism and the End of the Enlightenment in France*, Robert Darnton (Cambridge, Mass.: Harvard University Press, 1968)
  로버트 단턴은 라부아지에가 살았던 시대의 예의 바른 사회의 이면을 30년이 넘게 연구했다. 이 책은 그 배경을 잘 설명하고 있으며, 특히 나중에 라부아지에가 죽게 된 이유가 되는 그의 태도에 대해 잘 설명하고 있다.

- 《장 폴 마라: 급진주의 연구》 *Jean Paul Marat: A Study in Radicalism*, Louis Gottschalk (orig. 1927, reissued Chicago: University of Chicago Press, 1967)
  마라에 대해서는 루이 고트샬크가 젊을 때 쓴 이 책에 나온 짧은 설명을 참고했다. 큰 도서관 옆에 살며 프랑스어를 읽을 수 있는 독자라면 다음의 책에서 투옥과 재판에 대한 직접적인 설명을 볼 수 있다. *Une famille de finance au XVIIIe siècle (2 vols)*, Adrien Delahante (Paris, 1881)

- 《물질의 구조》 *The Architecture of Matter*, Stephen Toulmin and June Goodfield (London: Hutchinson, 1962)
  라부아지에 시대의 사고방식 변천에 대해 특히 깊이 다루고 있다.

- 《근대과학의 기원: 1300년부터 1800년에 이르기까지》, 허버트 버터필드 지음, 차하순 옮

김, 탐구당, 1980 *The Origins of Modern Science 1300-1800*, Herbert Butterfield (orig. London, 1949)

이제는 고전이 된 책으로 주제에 대해 진지하게 전면 접근하고 있다.

• 《고전물리학과 현대물리학에서의 질량의 개념》 *Concepts of Mass in Classical and Modern Physics*, Max Jammer (New York: Dover, 1997)

물리학에 좀 더 중심을 두고 20세기까지의 역사를 살펴보는 책이다. 이 책에는 mass(질량)라는 단어가 유대인들이 유월절에 먹는 빵을 의미하는 단어 matzoh에서 나왔다거나, 아퀴나스의 추종자들이 가톨릭의 미사(mass) 때 포도주와 빵이 예수의 몸과 피로 바뀐다는 것을 설명하기 위해 사용한 '물질의 양'이라는 생각이 타당한지를 다루고 있다.

• "라부아지에의 화학 혁명의 경계" "The Boundaries of Lavoisier's Chemical Revolution", Frederic Holmes, *Revue d'Histoire des Sciences*, 48 (1995), pp. 9-48.

《과학사의 검토》지에 실린 논문으로 라부아지에의 업적에 대한 최근의 신선한 시각을 보여준다.

• 《지식의 격동》 *The Ferment of Knowledge*, George S. Rousseau and Roy Porter (New York: Cambridge University Press, 1980)

이 책에서 모리스 크로스랜드가 쓴 "화학과 화학혁명Chemistry and the Chemical Revolution"이라는 글은 라부아지에가 금속 실험을 하면서 실제로 어떤 생각을 했는지에 대해 잘 설명하고 있다.

• 《화학 혁명: 재해석에 대한 에세이》 *The Chemical Revolution: Essays in Reinterpretation*, Arthur Donovan (special issue of Osiris, 2nd series, 1988) pp. 53-81에 실린 페렝Perrin의 에세이 "화학 혁명: 지도적인 가정의 변화The Chemical Revolution: Shifts in Guiding Assumptions"도 읽어보라.

• 《루시퍼의 유산—비대칭의 의미》 *Lucifer's Legacy—The Meaning of Asymmetry*, Frank Close (New York: Oxford University Press, 2000)

질량이 진정으로 무엇인가 하는 질문은 현대 물리학의 힉스 장으로 이어지는데, 이 책이 좋은 출발점이다. 힉스 입자를 다룬 또 다른 책의 한국어판에는 다음과 같은 것들이 있다.

《이것이 힉스다 : 21세기 최대의 과학 혁명》 리사 랜들 지음, 이강영 옮김, 사이언스북스, 2013
《신의 입자 힉스》 과학동아 디지털 편집부 지음, 동아사이언스(과학동아북스), 2013.

• 《궁극의 구성 요소에 대한 탐색》 *In Search of the Ultimate Building Blocks*, Gerard 't
  Hooft (Cambridge: Cambridge University Press, 1997)
  더 많은 배경을 보여주고, 저자 자신이 학교에서 배우고 전문가로서 의문을 추적한 이야기
  를 솜씨 좋게 보여준다(하지만 겸손 때문에, 그리고 예상할 수 없었기 때문에, 노벨상을 받은
  절정의 순간에 대해서는 말하지 않는다).

빛의 속도 c

• 《새로운 두 과학》 갈릴레오 갈릴레이 지음, 이무현 옮김, 민음사, 1996 *Two New Science*,
  Galileo Galilei (판본 다양)
  갈릴레오는 과학이 철학이나 문학과 완전히 분리되지 않은 시대에 살았고, 따라서 오늘날
  의 비전문가들도 그의 책을 직접 읽어볼 수 있다. 이 책의 많은 부분은 대단히 매혹적으로
  읽힌다.

• "뢰머와 최초의 광속 결정" "Roemer and the First Determination of the Velocity of
  Light", I. B. Cohen, *Isis*, 31, 1940, pp. 327-79.
  오래전에 발표된 이 글은 장 도미니크 카시니가 견뎌야 했던 일들에 대해 설명한다.

• 《천문학의 일반 역사 2권, 르네상스부터 천체물리학의 발흥까지의 행성 천문학, A 파트: 튀
  코 브라헤부터 뉴턴까지》 *The General History of Astronomy, Vol. 2, Planetary As-
  tronomy from the Renaissance to the Rise of Astrophysics, Part A: Tycho Brahe to
  Newton*, eds. René Taton and Curtis Wilson (Cambridge: Cambridge University
  Press, 1989), pp. 144-157.
  수잔 데바르바와 커티스 윌슨은 이 책에서 최근의 정보를 반영하면서 갈릴레오 사건의 경고
  가 유효했던 시대에 가톨릭 국가에서 연구한 카시니에게 주어진 엄격한 경험주의를 벗어나
  지 말라는 경고의 의미 등을 다루었다.

• 《은하수 시대의 도래》 *Coming of Age in the Milky Way*, Timothy Ferris (New York:

William Morrow, 1988)

천문학의 역사에 입문하기에 이상적인 책으로, 더 넓은 배경 속에서 사건을 보여준다.

- 《에테르 속의 도깨비: 제임스 클러크 맥스웰 이야기》 *The Demon in the Aether: The Story of James Clerk Maxwell*, Martin Goldman (Edinburgh: Paul Harris Publishing; with Adam Hilger, Bristol, 1983)

맥스웰을 적절히 비꼬는 전기이다.

- 《에너지의 과학: 빅토리아 시대 영국에서 에너지 물리학의 문화사》 *Science of Energy: A Cultural History of Energy Physics in Victorian Britain*, Crosbie Smith (London: Athlone Press, 1998)

이 책은 2장(에너지의 신사: 제임스 클러크 맥스웰의 자연철학)부터 시작하는 것이 좋다. 위에서 소개한 티모시 페리스의 책과 마찬가지로 뛰어난 설명과 재미있는 일화가 섞여 있다. 맥스웰이 케임브리지에서 받은 교육에 대해 다음과 같은 회상도 나온다(옥스퍼드 출신이면 누구나 좋아할 것이다).

> 깃털이 뽑혀 가죽만 남은 거위처럼…… 나는
> 불안한 목소리로 스스로에게 물었네,
> 내가 읽은 모든 것들이 내게
> 조금이라도 소용이 될까.

- 《물리학적 사고: 선집》 *Physical Thought: An Anthology*, ed. Samuel Sambursky (London: Hutchinson, 1974)

일반 독자들은 주요 저작들에 대한 서문과 논평으로 맥스웰의 과학을 접할 수 있다. "원격 작용 이론의 역사적 탐구A Historical Survey of Theories on Action at a Distance"와 "역선에 대한 실험Experiment on Lines of Force"이 좋은 예인데, 이 글들이 위의 책에 실려 있다.

- 《제임스 클러크 맥스웰의 과학 서간과 논문》 *The Scientific Letters and Papers of James Clerk Maxwell*, ed. P. M. Harman (New York: Cambridge University Press, 1990, 1995)

1890년에 출간된 맥스웰의 논문을 볼 수 있다.

- 《에너지, 힘, 물질: 19세기의 물리학》, 피터 하만 지음, 김동원, 김재영 옮김, 성우, 2000 *Energy, Force, and Matter*, Peter M. Harman (New York: Cambridge University Press, 1982)

  《19세기 물리학》 *Physics in the Nineteenth Century*, Robert D. Purrington (New Brunswick, N.J.: Rutgers University Press, 1997)

  당시 물리학의 전반적인 내용을 살펴보기 위해서는 고전이 된 피터 하만의 책과 훨씬 더 잘 다듬어진 《19세기 물리학》을 비교할 수 있다.

- 《맥스웰의 전자기 이론에서의 혁신》 *Innovation in Maxwell's Electromagnetic Theory*, Daniel Siegel (New York: Cambridge University Press, 1991)

  이 책은 세밀하고 때로는 논쟁적으로 맥스웰의 창조성에 대해 살펴보며, 지나치게 이론에 치우친 프랑스 전통과의 대조를 보여준다.

- 《폴 발레리와 맥스웰의 도깨비: 자연의 질서와 인간의 가능성》 *Paul Valéry and Maxwell's Demon: Natural Order and Human Possibility*, Christine M. Crow (Hull, England: University of Hull Publications, 1972)

  위의 책과는 다른 관점에서 프랑스 전통에 대해 풍부한 통찰력을 제공한다.

- 《일반인을 위한 파인만의 QED 강의》 리처드 파인만 지음, 박병철 옮김, 승산, 2001 *QED: The Strange Theory of Light and Matter*, Richard Feynman (Princeton, N.J.: Princeton University Press, 1985)

  발레리를 비롯한 대부분의 역사학자들에게 리처드 파인만이 거의 쓸모가 없다는 것은 슬픈 일이지만, 빛의 과학을 실제로 탐구하려면 그의 책(과 그의 연구)에 견줄 만한 것은 거의 없다. 물리학 교과서들과 함께 이 책으로 시작하는 것이 좋다.

뒤 샤틀레와 제곱

- 《에밀리, 에밀리: 18세기 여성의 야망》 *Émilie, Émilie: l'ambition feminine au XVIIIe siècle*, Elisabeth Badinter (Paris: Flamarrion, 1983)

영어로 쓴 뒤 샤틀레의 전기는 없지만, 프랑스어를 읽을 수 있는 독자에게는 훌륭한 전기가 있다. 저자 엘리자베트 바댕테르는 에밀리 뒤 샤틀레와 데피네 부인의 비교 전기라는 훌륭한 아이디어를 냈고, 잘 대비되는 두 인물의 심리적 초상을 속도감 있게 보여준다.

- 《뒤 샤틀레 후작 부인의 편지》 *Les Lettres de la Marquise du Châtelet* (2 vols), ed. T. Besterman (Geneva, 1958)

  뒤 샤틀레의 격의 없는 모습을 잘 보여준다. 뒤 샤틀레의 이러한 면모는 영특한 영화 작가들이 주목할 만하지만, 이 책의 저자는 그녀의 이러한 면모를 설명하다가도 바로 다음 문장에서는 이러한 면모가 자유의지의 본질과 물리학의 기초에 어떻게 적용되는지에 대한 진정한 의문으로 넘어간다.

- 《볼테르 그의 시간: 뒤 샤틀레 부인과 함께》 *Voltaire en son temps: avec Mme du Châtelet 1734-1748*, René Vaillot, (Paris: Albin Michel, 1978)

  조금 현학적인 책이지만, 아침 커피를 마시면서 목성에 거인들이 살지도 모른다는 크리스티앙 울프의 편지를 읽어주어 방문객에게 깊은 인상을 주는 등 재미난 일화를 비롯한 가치 있는 내용들이 많이 나온다. 이 편지는 라틴어로 쓰여 있었고, 그 착상은 볼테르와의 대화에서 나온 것으로, 명백히 (매우 읽을 만한) 그의 단편 소설 〈Micromégas〉의 핵심 내용이다. 무구하고 현명한 거인이라는 주제(볼테르 자신이 바로 이런 영혼이 되고 싶었을 것이다)는 수백 년 동안 성경, 할리우드 영화 〈지구가 멈추는 날The Day the Earth Stood Still〉, 테드 휴스의 〈The Iron Man〉까지 곳곳에서 등장했다.

- 《사랑에 빠진 볼테르》 *Voltaire in Love*, Nancy Mitford (London: Hamish Hamilton, 1957)

  간명한 전기문으로, 이 책은 기대대로 전기적인 세부 사항이 특별히 정확하지도 않고, 과학에 관련된 내용도 없고, 어조가 거칠지만 읽기는 아주 좋다.

- 《생명이 존재하는 세계가 여럿임에 대해》 *On the Plurality of Inhabited Worlds*, Fontanelle, translated by John Glanville (London: Nonesuch Press, 1929)

  뒤 샤틀레가 밤하늘을 올려다보았을 때의 열광을 잘 보여준다.

- 《과학과 계몽》 *Science and the Enlightenment*, Thomas Hankins (New York: Cambridge University Press, 1985)

이 책의 2장은 라이프니츠/뒤 샤틀레/뉴턴 문제를 아는 출발점으로 삼기에 최상이다.

- 《볼테르와 뒤 샤틀레 부인: 시레이의 지적인 활동에 대한 에세이》 *Voltaire and Mme du Châtelet: An Essay on the Intellectual Activity at Cirey*, I. O. Wade (Princeton, N.J.: Princeton University Press, 1941)

제목이 주는 느낌에 비해 그리 건조하지 않은 책이다.

- "신들과 왕들에 대해: 라이프니츠-클라크 논쟁 속의 자연철학과 정치" "Of Gods and Kings: Natural Philosophy and Politics in the Leibniz-Clarke Disputes," Steven Shapin, *Isis*, 72, (1981), pp. 187-215.

스티븐 샤핀의 이 에세이는 논쟁적인 재해석을 담은 그의 책 《과학혁명 *The Scientific Revolution*》보다 지적인 투쟁을 더 확대한다.

- "뒤 샤틀레 부인의 형이상학과 역학" "Madame du Châtelet's metaphysics and mechanics," Carolyn Iltis, in *Studies in the History and Philosophy of Science*, 8 (1977), pp. 29-48.

"뉴턴의 포스와 로크의 파워: 18세기 사상에서 물질 개념" "Newtonian Forces and Lockean Powers: Concepts of Matter in Eighteenth-Century Thought", P. M. Heimann and J. E. McGuire, *Historical Studies in the Physical Sciences*, 3 (1971), pp. 233-306.

위의 글은 역사적 설정을 더 일반적으로 확장하며, 아래의 매혹적인 글과 잘 어울린다.

- 《자연의 하인: 과학 연구소, 대규모 사업과 감성의 역사》 *Servants of Nature: A History of Scientific Institutions, Enterprises and Sensibilities*, Lewis Pyenson and Susan Sheets-Pyenson (London: HarperCollins, 1999)

연구 기관으로서 시레이의 성을 보여주고 지적인 모험을 좋아하는 이 두 사람이 무엇을 할 수 있었는지 보여주는 최고의 책이다.

아인슈타인과 방정식

나는 아인슈타인에 대한 초기의 전기들이 매우 흥미롭다. 마치 오래된 영화처럼 그 분위기 자체가 아인슈타인이 살았던 시대를 잘 보여주기 때문이고, 이런 면은 최근에 나온 책들이 따라잡기 힘들다.

- 《아인슈타인, 그의 삶과 시대》 *Einstein: His Life and Times*, Philipp Frank (New York: Knopf, 1947)

  아인슈타인이 특별히 좋아했던 그의 전기로 프라하에서 아인슈타인의 교수직을 이어받은 사람이 썼다.

- 《알베르트 아인슈타인, 다큐멘터리 전기》 *Albert Einstein: A Documentary Biography*, Carl Seelig, trans. by Mervyn Savill (London: Staples Press, 1956)

  아인슈타인 가족의 친구로 여러 해 동안 아인슈타인과 편지를 주고받은 언론인이 썼다.

- 《알베르트 아인슈타인, 창조자와 반항》 *Albert Einstein, Creator and Rebel*, Banesh Hoffmann (New York: Viking, 1972)

  비교적 최근에 출간되었으며 전기와 과학적 배경을 섞은 이상적인 책이다.

- 《젊은 아인슈타인: 상대성의 발전》 *The Young Einstein: The Advent of Relativity*, Lewis Pyenson (Boston: Adam Hilger, 1985)

  "특허청의 아인슈타인: 추방, 구원 또는 전술적 후퇴" "Einstein at the Patent Office: Exile, Salvation or Tactical Retreat", Robert Schulmann, special edition of *Science in Context*, vol. 6, number 1 (1993), pp. 17-24.

  《젊은 아인슈타인: 상대성의 발전》은 아인슈타인의 젊은 시절을 다룬 책으로 사려 깊은 학문적 저서가 얼마나 많은 것을 이룰 수 있는지 잘 보여준다. 또한 아인슈타인이 어린 시절을 보낸 가족 공장의 세부적인 면들을 보여주고, 숙부가 발명한 두 개의 독립적인 시계로 신호를 검증하는 장치(특수 상대성의 배후에 있는 핵심적인 부분이 바로 이 문제의 본질과 닿아 있다)도 보여준다. "특허청의 아인슈타인: 추방, 구원 또는 전술적 후퇴"도 뛰어난 탐구가 돋보인다.

- 《아인슈타인의 독일 세계》 *Einstein's German World*, Fritz Stern (Princeton, N.J.:

Princeton University Press, 1999)

"아인슈타인의 독일" "Einstein's Germany" in *Albert Einstein, Historical and Cultural Perspectives*, ed. Gerald Holton and Yehuda Elkana (Princeton: Princeton University Press, 1982), pp. 319-43.

문화적인 배경에 대한 탐구로는 미국의 위대한 역사학자 프리츠 스턴이 쓴《아인슈타인의 독일 세계》의 세 번째 장이나《아인슈타인, 역사적 전망과 문화적 전망》에 수록된 "아인슈타인의 독일"을 따라잡을 만한 것이 없다.

- 《《신은 교묘하지만…": 아인슈타인의 과학과 삶》 *"Subtle Is the Lord…": The Science and the Life of Albert Einstein*, Abraham Pais (New York: Oxford University Press, 1982)

글로써 스턴의 수준에 도달한 사람은 에이브러햄 페이스로, 그의 삶 자체가 20세기라는 시대의 반영이며, 이 책은 아인슈타인을 개인적으로 잘 알았던 연구자가 쓴 마지막 책일 것이다. 이 책은 아인슈타인의 논문을 세밀하게 읽고 썼기 때문에 우리의 책보다 더 전문적이고 더 철저하고 논리적이다.

- 《과학의 발전과 그 부담》 *The Advancement of Science, and its Burdens*, Gerald Holton (Cambridge, Mass.: Harvard University Press, 1986, 1998)

《아인슈타인, 역사, 다른 열정들》 *Einstein, History, and Other Passions*, Gerald Holton (Reading, Mass.: Addison-Wesley, 1996)

또 다른 두드러진 아인슈타인 연구자인 제럴드 홀턴은 40년이 넘게 연구를 진행하면서 신선함과 통찰의 깊이를 유지하고 있다. 그의 책 중에서 특별히 권장할 만한 것은 위의 두 책이다.

- "인종과 역사" "Race and History", in *Structural Anthropology* Vol. 2, Claude Lévi-Strauss (New York: Penguin, 1977)

베블런의 에세이와 함께, 클로드 레비스트로스의 이 작은 팸플릿은 그의 저서《구조 인류학 2권》에서 발췌한 것으로, 문화의 충돌에서 심오한 사상이 나올 수 있다는 것을 보여준다.

- 《순수성과 위험》 *Purity and Danger*, Mary Douglas (New York: Routledge, 1966)

고전이 된 책으로, 개념과 사회의 균열이 가진 강력한 잠재력을 더 깊이 들여다보고 있다.

- 《이디시 콥: 유대인의 학습, 설화, 유머에서 창조적인 문제 해결》 *Yiddishe Kop: Creative Problem Solving in Jewish Learning, Lore and Humor*, Nilton Bonder (Boston: Shambhala Publications, 1999)

  매혹적인 문화적 습관에 대한 기묘하고 거의 신비로운 설명이 담겨 있다.

- "창조자의 패턴" "The Creators' Patterns" in *Dimensions of Creativity*, Howard Gardner, ed. Margaret A. Boden (Cambridge, Mass: A Bradford Book, The MIT Press), pp. 143-58.

  하워드 가드너의 이 에세이는 다시 현실로 돌아와서, 아인슈타인과 베소 두 사람을 프로이트와 플리스, 마사 그레이엄과 루이스 호스트처럼 초기에 여러 해 동안 고립된 시기를 보낸 것처럼 보이지만 친구의 도움으로 나중에 성공을 준비하고 있었던 혁신자들과 같은 맥락에서 다루고 있다.

물리학 설명

이 책의 배경이 되는 물리학을 이해하려면 여름 내내 미분적분학 입문 책을 익혀야 한다. 그러고 나면 대학교 신입생 수준의 물리학 책이 쉽게 읽힐 것이다. 하지만 인생은 짧고, 아무나 여름 한철의 짬을 낼 수는 없으니 비교적 쉬운 책들을 소개한다.

- 《공간, 시간, 양자: 현대 물리학 입문》 *Space, Time and Quanta: An Introduction to Contemporary Physics*, Robert L. Mills (New York: W. H. Freeman and Company, 1994)

  (양 - 밀스의 명성에 빛나는) 로버트 밀스의 이 책은 미분적분학에 대해 아무것도 모르는 사람도 대학교 신입생 수준의 물리학을 이해할 수 있게 해준다.

- 《물리학, 천문학, 수학의 세계 명작집》 *The World Treasury of Physics, Astronomy, and Mathematics*, Timothy Ferris (Boston: Little, Brown, 1991)

  좀 덜 전문적인 수준에서, 뛰어난 선집 중에 이 책이 있다. 이 책에 실린 아름다운 에세이 중에는 핵심적인 업적을 남긴 과학자들이 쓴 것도 있고, 아인슈타인이 $E=mc^2$에 대해 네 쪽에 걸쳐 설명한 글도 실려 있다.

- 《스타트렉의 물리학》로렌스 크라우스 지음, 곽영직, 박병철 옮김, 영림카디널, 2008 *The Physics of Star Trek*, Lawrence Kraus (New York: Basic Books, 1995)

  《물리학의 공포: 어리둥절한 사람들을 위한 안내》*Fear of Physics: A Guide for the Perplexed* (New York: Basic Books, 1994)

  《스타트렉의 물리학》은 물리학을 또 다른 신선한 방식으로 설명한다. 예를 들어 E=mc²에 대해서는, 커크 선장이 "나를 전송해줘"라고 했을 때 스카티가 현실에서 겪을 난점과 연관해서 다룬다. 크라우스가 나중에 쓴 《물리학의 공포》는 물리학의 내용 몇 가지를 더 체계적으로 다룬다.

- 《두 사람의 춤: 에세이 선집》*Dance for Two: Selected Essays*, Alan Lightman (London: Bloomsbury, 1996)

  물리학의 몇 가지 주제를 뛰어나게 설명한다. 예를 들어 표제 에세이는 발레리나 한 사람이 도약할 때 지구 전체가 (살짝!) 오르내리는 것을 이야기하면서 뉴턴 법칙을 다룬다.

- 《허드슨 부인의 고양이의 이상한 사건: 또는 셜록 홈스가 아인슈타인의 수수께끼를 해결하다》*The Strange Case of Mrs. Hudson's Cat: Or Sherlock Holmes Solves the Einstein Mysteries*, Colin Bruce (New York: Vintage, 1998)

  이 책은 다른 저자들이 왜 먼저 이런 생각을 못했는지 자책하게 만들었다. 이 책에서는 홈스와 왓슨이 등장하는 이야기가 여러 편 나오고, 물리학의 기본 원리에 의해 문제가 해결된다. 왓슨은 갈팡질팡하고, 베이커 거리에는 안개가 자욱하고, 챌린저 교수는 믿을 수 없다. 애쓰지 않고도 물리학을 쉽게 배울 수 있다.

특수 상대성 이론 설명

- 《원자와 분자 속으로 Go!》, 러셀 스태나드 지음, 김옥진 엮음, 랜덤하우스코리아, 2006 *The Time and Space of Uncle Albert*, Russell Stannard (London: Faber and Faber, 1989)

  원제는 《알베르트 삼촌의 시간과 공간》으로 알베르트 삼촌과 질녀 게당켄 사이의 재미있는 대화로 풀어간다. 이 책은 10대 초반이면 읽을 수 있다고 홍보하지만, 성인들에게도 입문용으로 매우 훌륭하다.

- 《이상한 나라의 톰킨스 씨》 *Mr. Tompkins in Wonderland*, George Gamow(판본 다양)
《톰킨스, 물리열차를 타다》 러셀 스태나드 지음, 이창희 옮김, 이지북, 2008 *The New World of Mr. Tompkins*, Russell Stannard (New York: Cambridge University, 1999)
《이상한 나라의 톰킨스 씨》는 《원자와 분자 속으로 Go!》와 비슷하게 이야기를 전개한다. 처음부터 방정식을 들이대지 않고, 상대성을 비롯한 물리학의 여러 분야 때문에 생기는 문제들 속에서 혼란에 빠진 가상의 은행원이 등장한다. 《톰킨스, 물리열차를 타다》는 《이상한 나라의 톰킨스 씨》를 러셀 스태나드가 새롭게 쓴 책이다.
- 《아인슈타인의 유산, 시간과 공간의 통일성》 *Einstein's Legacy: The Unity of Space and Time*, Julian Schwinger (Basingstoke, England: Freeman, 1986)
상대성과 방정식에 대해 명확하고 웅변적으로 설명한다. 뒤에서 소개할 《공간, 시간, 중력: 빅뱅과 블랙홀의 이론》과 《로버트 게로치 교수의 물리학 강의》도 마찬가지이다.

뉴턴

- 《아이작 뉴턴: 사상의 모험가》 *Isaac Newton: Adventurer in Thought*, A. Rupert Hall (New York: Cambridge University Press, 1992)
수많은 뉴턴 전기들 중에서 가장 먼저 읽은 책이다.
- 《뉴턴, 문헌, 배경, 논평》 *Newton: Texts, Backgrounds, Commentaries*, ed. I. Bernard Cohen and Richard S. Westfall (New York: Norton, 1995)
비평 선집인 이 책에는 뉴턴에 대한 수많은 발췌문과 함께 케인스, 코이레, 웨스트폴, 샤퍼 같은 사람들이 20세기에 쓴 2차 문헌의 발췌문도 들어있다. 이 책은 더 많은 탐구를 위한 최고의 안내서이다.

원자 속으로 (8, 9장)

- 《인간의 다양성》 *Variety of Men*, C. P. Snow (London: Macmillan, 1968)

  C. P. 스노가 이 책에 러더퍼드에 대해 쓴 14쪽짜리 에세이는 영광의 시절에 캐번디시 연구소 내부 구성원이 실제로 일어났던 일에 대해 속삭여주는 것 같다. 러더퍼드는 떠들썩하게 허풍을 친다. 그는 이야기할 때 언제나 파동의 꼭대기에 있고, 이렇게 외친다. "글쎄, 무엇보다도, 내가 파동을 만들었어. 그렇지 않나?" 그러나 그의 성급함 뒤에는 다른 모습도 있었다. 러더퍼드는 불쑥 어떤 해외 장학기금의 혜택을 계속 받았던 일을 조용히 이야기한다. "그 장학금이 없었다면 나는 해낼 수 없었을 거야."

- 《러더퍼드》 *Rutherford*, A. S. Eve (London: Macmillan, 1939)

  스노의 에세이 다음으로 러더퍼드의 초기 삶에 대해 자세히 알려준다.

- 《러더퍼드》 *Rutherford*, Mark Oliphant (New York: Elsevier, 1972)

  그리 천재적인 제목은 아니지만 독창적이고 집중적인 연구를 담았다. 러더퍼드의 격노(그런 다음에는 쑥스러워하는 반쯤의 사과)를 견디면서, 그가 만든 세계적인 연구소가 자신의 성격 결함도 한 가지 원인이 되어 천천히 무너지는 과정을 보여준다. 올리펀트는 러더퍼드의 마지막 유망한 젊은 제자였고, 미국 원자폭탄 계획에서 브릭스를 쫓아내는 데 앞장선 인물이다. 전쟁이 끝난 뒤에 화려한 경력을 쌓으면서 수십 년 동안 반핵 운동에 참여했고, 99세 생일을 얼마 남겨 두지 않고 책이 출판되기 몇 주일 전에 죽었다.

- 《중성자와 폭탄: 제임스 채드윅 경의 전기》 *The Neutron and the Bomb: A Biography of Sir James Chadwick*, Andrew Brown (New York: Oxford University Press, 1997)

  중성자 발견자에게 걸맞게 중성적이지만, 초기를 철저히 탐구해서 조용한 채드윅이 어떻게 해서 오펜하이머와 그로브스 옆에 나란히 설 수 있는 유일한 인물이 되었는지, 어떻게 해서 그가 맨해튼 프로젝트를 성공시키는 핵심적인 역할을 하게 되었는지 보여준다. 나중에 채드윅과 은사인 러더퍼드가 적이 되어 부인들끼리도 무자비하고 차가운 관계가 된 사연은 올리펀트의 책이 가장 잘 보여준다.

- 《원자 가족》(전 2권) 라우라 페르미 지음, 양희선 옮김, 전파과학사, 1977 *Atoms in the Family*, Laura Fermi (Chicago: University of Chicago Press, 1954)

아내가 본 페르미의 모습으로, 페르미의 아내는 아인슈타인의 여동생처럼 그의 모습을 달콤하게 살짝 비꼬고 있다.

- 《엔리코 페르미: 물리학자》 *Enrico Fermi, Physicist*, Emilio Segré (Chicago: University of Chicago Press, 1970)
  조용하면서도 추진력이 있는 페르미의 과학적 배경을 더 자세히 보여주는 책이다.

- 《과학적 상상력》 *The Scientific Imagination*, Gerald Holton (Cambridge, Mass.: Harvard University Press, 1998)
  제럴드 홀턴이 이 책에 쓴 암시적인 에세이 "페르미 그룹과 물리학에서 이탈리아의 위상의 회상Fermi's group and the recapture of Italy's place in physics"은 로마 연구 그룹을 자세히 살펴보며, 페르미가 막강한 권력을 가진 관료를 보호자로 삼은 일의 중요성에 대해서도 말한다.

- 《중심과 주변: 거시사회학 에세이》 *Center and Periphery: Essays in Macrosociology*, Edward Shils (Chicago: University of Chicago Press, 1975)
  러더퍼드와 페르미는 어떻게 그 정도로 강력한 연구 센터를 유지할 수 있었을까? 이 책은 이 점에 대해 당시의 표준적인 사회학적 배경을 잘 보여준다.

- "풍부함의 공간 변이" "Spatial variation in abundance", J. H. Brown, *Ecology*, 76. (1995), pp. 2028-43.
  경쟁 압력이 낮을 때 새로운 종 분화가 더 잘 일어날 수 있음을 흥미롭게 보여준다.

- 《과학 연구의 경제 법칙》 *The Economic Laws of Scientific Research*, Terence Kealey (New York: St. Martin's Press, 1996)
  특이하고 신선한 접근이 돋보이는 책이다. 예를 들어 제약회사와 같은 연구 그룹들이 독창적인 최고급 과학자라고 인정받지만 사실은 사용 가능한 문헌을 잘 고르는 능력만 갖춘 사람을 고용해서 이익을 얻는 것을 보여준다.

- 《리제 마이트너: 물리학 속의 삶》 *Lise Meitner: A Life In Physics*, Ruth Lewin Sime (Berkeley: University of California Press, 1996)
  시대 배경을 명확하게 그리며, 또한 그만큼 강한 페미니즘의 입장에서 서술한다.

- 《과학에 대한 헌신》 *A Devotion to Their Science*, Sallie Watkins, ed. Marlene F. and Geoffrey W. Rayner-Canham (Toronto: McGill-Queen's University Press, 1997) "뒤돌아보면서" "Looking Back," *Bulletin of the Atomic Scientists*, 20, Lise Meitner (Nov. 1964), pp. 2-7.

  왓킨스가 《과학에 대한 헌신》에 쓴 마이트너에 대한 에세이도 참조하라. 이 글은 마이트너 자신이 쓴 "뒤돌아보면서"를 이상적으로 뒷받침한다.

- 《내가 기억하는 작은 것들》 *What Little I Remember*, Otto Robert Frisch (New York: Cambridge University Press, 1979)

  오토 프리슈의 자서전으로 온화한 사람의 유쾌한 관점을 보여준다.

- 《나이 듦과 노년》 *Aging and Old Age*, Richard Posner (Chicago: Univeristy of Chicago Press, 1995)

  긴 연구 경력에서 매몰 비용의 역할에 대한 신선한 시각을 엿볼 수 있다.

폭탄 만들기 (10–13장)

- 《로스앨러모스 입문》 *The Los Alamos Primer*, Robert Serber (Berkeley: University of California Press, 1992)

  1943년에 미국 육군의 무장 경비병들은 로스앨러모스에 처음 오는 과학자들을 위한 로버트 서버의 강의를 복사하려는 외부 사람을 특별히 주시했다. 이 강의들은 원자폭탄 제조에 대해 그때까지 알려진 모든 것을 담고 있었기 때문이다. 서버의 책 《로스앨러모스 입문》에 이 내용이 나와 있어서 쉽게 찾아볼 수 있다. 이 책은 비밀이 해제된 모든 강의와 함께 서버 자신의 뛰어난 주석과 회고를 담고 있다. 로스앨러모스의 분위기를 알아보기 위해서도 이 책이 가장 좋다.

- 《로버트 오펜하이머: 편지와 회고》 *Robert Oppenheimer: Letters and Recollections*, ed. Alice Kimball Smith and Charles Weiner (Palo Alto, Calif.: Stanford University Press pbk 1995; orig. Harvard University Press, 1980)

  오펜하이머에 대한 가장 좋은 책이다. 이 편지들은 놀라울 정도로 직접적으로 당시의 상황

을 보여준다. 지적인 환희의 짧은 순간이 있었고, 그런 다음에는 자학, 불안, 겹겹의 가식들
이 나온다.

- 《로렌스와 오펜하이머》 *Lawrence and Oppenheimer*, Nuel Phar Davis (London: Jonathan Cape, 1969)

  오펜하이머와 로렌스가 서로 경계심을 풀고 최고의 친구가 되었다가, 나중에 지치고 실망해서 서로 적이 된 이야기를 누엘 파 데이비스의 걸작에서 다룬다.

그 외 오펜하이머에 대한 한국어판 책으로는 다음과 같은 책들이 있다.

- 《아메리칸 프로메테우스: 로버트 오펜하이머 평전》 카이 버드, 마틴 셔윈 지음, 최형섭 옮김, 사이언스북스, 2010
- 《베일 속의 사나이 오펜하이머》 제레미 번스타인 지음, 유인선 옮김, 모티브북, 2005
- 《파인만 씨, 농담도 잘하시네!》 (전 2권) 김희봉 옮김, 사이언스북스, 2000 *Surely You're Joking, Mr. Feynman!*, Richard Feynman, ed. Edward Hutchings (New York: Norton, 1985)

  베스트셀러가 된 리처드 파인만의 회고록으로 생생하고 사적인 이야기를 담고 있다.

- 《원자폭탄 만들기》 (전 2권) 리처드 로즈 지음, 문신행 옮김, 사이언스북스, 2003 *The Making of the Atomic Bomb*, Richard Rhodes (New York: Simon & Schuster, 1986)

  미국과 독일의 원자폭탄 개발을 전반적으로 가장 잘 다룬 책으로 내셔널 북 어워드를 수상할 만한 책이다.

- 《히틀러의 우라늄 클럽》 *Hitler's Uranium Club: The Secret Recordings at Farm Hall*, ed. and annotated by Jeremy Bernstein (Woodbury, N.Y.: American Institute of Physics, 1996)

  엿듣기는 죄의식을 동반한 즐거움이다. 《히틀러의 우라늄 클럽》은 오토 한, 베르너 하이젠베르크 등 연합군에게 체포된 독일 과학자들이 영국에서 6개월 동안 호화로운 억류 생활을 할 때 서로 다투면서 나눈 이야기를 엿들을 수 있다. 과학과 인물에 대한 번스타인의 설명은 대단히 명쾌하다.

비슷한 내용을 다룬 책의 한국어판이 있다.

《히틀러의 과학자들 : 과학, 전쟁 그리고 악마의 계약》 존 콘웰 지음, 김형근 옮김, 크리에
디트, 2008

• 《알소스: 독일 과학의 실패》 *Alsos: The Failure in German Science*, Samuel Goudsmit
(London: Sigma Books, 1947; reissued Woodbury, N.Y: American Institute of
Physics, 1995)
부분적으로 다소 부정확하기는 하지만, 전쟁이 끝나기 전에 유럽으로 가서 독일 쪽의 정보
를 수집하고 과학자를 체포하는 임무를 띤 미국 특공대장의 적나라한 1차 기록이다.

• 《물리학과 그 너머》 *Physics and Beyond: Encounters and Conversations*, Werner
Heisenberg (London: Allen & Unwin, 1971)
하이젠베르크가 자신의 인생과 중요한 지적인 전환점을 설명한 책이다.

• 《불확정성: 베르너 하이젠베르크의 삶과 과학》 *Uncertainty: The Life and Science of
Werner Heisenberg*, David Cassidy (Basingstoke, England: Freeman, 1992)
하이젠베르크의 삶과 학문에 대해 더 풍부한 이야기를 펼치고 있다.

공정성을 위해 다음의 책들도 언급해야 한다.

• 《하이젠베르크의 전쟁: 독일 폭탄의 숨겨진 역사》 *Heisenberg's War: The Secret History
of the German Bomb*, Thomas Powers (London: Jonathan Cape, 1993)
이 책은 나의 관점과 상당히 다르고, 《히틀러의 우라늄 클럽》을 비롯한 아래의 책들 속에 있
는 논평에서도 큰 의문을 제기하고 있다.
《원자의 역사》 *Atomic Histories*, Richard Peierls (New York: Springer-Verlag, 1997),
pp. 108-16
Nature, 363 (May 27, 1993), pp. 311-12에 수록된 논평,
American Historical Review, 99 (1994), pp. 1715-17에 수록된 논평,
《하이젠베르크와 나치 원자폭탄 계획》 *Heisenberg and the Nazi Atomic Bomb Pro-
ject: A Study in German Culture*, Paul Lawrence Rose (Berkeley: University of
California Press, 1998)

• 《원자에 대항한 스키》 *Skis Against the Atom*, Knut Haukelid (London: William Kimber, 1954, reissued)

노르웨이에서 일어난 일에 대해 잘 설명한 책으로 사건의 크누트 헤우켈리드 본인이 썼다.

- 《청산가리와 비단 사이에서: 한 암호 제작자 이야기》 *Between Cyanide and Silk: A Codemaker's Story 1941-1945*, Leo Marks (New York: HarperCollins, 1999)

  읽어볼 만한 가치가 있는 책으로, 노르웨이 사람들이 런던에서 훈련을 받으면서 쌓은 동지애가 짧게 등장하는데 그들의 성공을 이해하는 데 도움을 준다.

- 《작전의 신참: 류칸 중수 공습》 *Operation Freshman: The Rjukan Heavy Water Raid 1942*, Richard Wiggan (London: William Kimber, 1986)

  이 사건에 대한 영국의 노력을 그린 책으로, 이후 노르웨이에서 열린 전범 재판 기록을 많이 사용하고 있으며, 또한 이 치명적인 겨울의 고원에 보내진 런던의 거친 젊은이들의 당혹스러움을 잘 보여준다.

- 《전쟁에 임한 미국인》 *Americans at War*, Stephen E. Ambrose (New York: Berkeley Books, 1998), pp. 125-38.

  《영국과 원자력》 *Britain and Atomic Energy 1939-1945*, by Margaret Gowing (London: Macmillan, 1964)

  《신속하고 완전한 파괴: 트루먼과 일본에 대한 원자폭탄 투하》 *Prompt and Utter Destruction: Truman and the Use of Atomic Bombs Against Japan*, J. Samuel Walker (Chapel Hill, N.C.: University of North Carolina Press, 1997)

  《집단 학살의 심리》 *The Genocidal Mentality: The Nazi Holocaust and Nuclear Threat*, Robert Jay Lifton and Eric Markusen (London: Macmillan 1991)

  원자폭탄을 투하하기로 한 미국의 결정은 《전쟁에 임한 미국인》에서 재래식 군사/전략의 관점에서 조사했고, 《영국과 원자력》은 정부의 관점을 보여준다. 그러나 가장 좋은 자료는 《신속하고 완전한 파괴: 트루먼과 일본에 대한 원자폭탄 투하》이다. 이 책은 준비되지 않은 트루먼이 국내 상황에 얽힌 조언자들의 관료적, 지정학적 이해관계에 의해 얼마나 끌려다녔는지 보여준다. 또한 많은 핵심적인 군사 지도자들이 나중에 원자폭탄 투하가 불가피했다는 의견 일치에 얼마나 놀랐는지도 보여준다.

이 결정이 정당한지와 무관하게, 리처드 로즈의 《원자폭탄 만들기》의 19장은 그해 8월의 두 아침에 일어난 일에 대한 이 결정의 의미를 상기시켜준다. 전쟁이 끝난 뒤에 원자폭탄 연구의 윤리성에 대한 토론에 대해 거의 실어증에 가까운 저항을 한 연구자들에 대해서는 《집단 학살의 심리》가 중심 주제로 다룬다.

우주 (14–16장)

세실리아 페인

• 《세실리아 페인 - 가포슈킨: 자서전과 회고》 *Cecilia Payne-Gaposchkin: An Autobiography and Other Recollections*, ed. Katherine Haramundanis (New York: Cambridge University Press, 2nd ed., 1996)
세실리아 페인에 대한 가장 풍부한 자료다.

• 《발견의 초상》 *Portraits of Discovery*, George Greenstein (New York: Wiley, 1998)
이 책에 수록된 성찰적 에세이 "관측소 언덕의 여인들The Ladies of Observatory Hill" 도 참고하라.

• 《밝은 은하, 암흑 물질》 *Bright Galaxies, Dark Matters*, Vera Rubin (Woodbury, N.Y.: American Institute of Physics, 1997)
다음 세대의 천문학자가 흥미로운 비교의 시선을 보내는 책이다.

• 《태양의 탄생과 죽음: 별의 진화와 아원자 에너지》 *The Birth and Death of the Sun: Stellar Evolution and Subatomic Energy*, George Gamow (London: Macmillan, 1941)
오래되었지만 매우 읽을 만한 책으로 페인의 시대의 태양 물리학의 상황을 잘 알려준다.

프레드 호일과 지구

• 《집은 바람이 부는 곳이다: 우주론 학자의 삶에서 가져온 챕터들》 *Home Is Where the Wind Blows: Chapters from a Cosmologist's Life*, Fred Hoyle (New York: Oxford

University Press, 1997)

프레드 호일은 내가 아는 한 일급 과학자들 중에서 글을 가장 잘 쓰는 사람이다. 그의 자서전인 이 책은 즐겁게 읽을 수 있다. 이 책을 읽으면 호일의 세대의 젊은이들은 요크셔에서 가장 젖은 발로 고통 받아야 했음을 알 수 있다(앞의 세대는 나막신을 신어서 물이 잘 빠졌고, 그 다음 세대는 장화를 신어서 발이 젖지 않았지만, 그의 세대는 값싼 장화밖에 없어서 물이 들면 잘 빠지지 않았다). 또한 디랙의 강의 방식, 에딩턴의 사고 방식, 케임브리지의 시험이 너무 어려워서 생긴 왜곡, 케임브리지의 엄격하고 공정한 장학금 제도로 인한 성취, 핵융합의 비결, 영국 공군과 영국 해군의 연구 방식 차이, 학문 정치, 마분지로 만든 차의 놀라운 내구성에 대해서도 알게 된다. 호일이 연구한 다양한 분야에 대해서는 앞서 소개한 티모시 페리스의 《은하수 시대의 도래》가 가장 좋다.

찬드라세카르

- 《찬드라: S. 찬드라세카르의 전기》 *Chandra: A Biography of S. Chandrasekhar*, Kameshwar C. Wali (Chicago: University of Chicago Press, 1992)
  뛰어난 전기로, 특히 에필로그에 수록된 60쪽의 왈리와 찬드라의 대화록을 읽어볼 만하다. 찬드라가 페르미에 대해서 한 말("사실 페르미는 모든 물리학 문제에 대해… 물리 법칙에 대한 심오한 느낌을 바로 가져올 수 있고… 자기력선 사이에 놓인 성간 구름의 운동에서 결정격자의 진동을 떠올리고, 은하의 나선 팔의 불안정성에서 플라스마의 불안정성을 떠올린 다음에 자기장으로 이것을 안정화시키는 방법을 생각합니다.")은 그 자신에 해당되기도 한다. 이러한 강력하고 모든 관계를 꿰뚫는 정신으로 세계를 본다는 것이 어떤 것인지 알려준다.
- 《진실과 아름다움: 과학에서 미학과 동기》 *Truth and Beauty: Aesthetics and Motivations in Science*, S. Chandrasekhar (Chicago: University of Chicago Press, 1987)
  찬드라의 에세이 모음인 이 책도 꼭 읽어보기 바란다.
- 《우주의 다섯 시대: 영원의 물리학의 내부》 *The Five Ages of the Universe: Inside the Physics of Eternity*, Fred Adams and Greg Laughlin (New York: Free Press, 1999)
  천체물리학에 대해서는 좋은 책이 많이 있지만 그중에서도 좋은 이 책은 우주 최초의 순간부터 아주 먼 미래까지를 설명한다.

- 《블랙홀과 아기 우주》, 스티븐 호킹 지음, 김동광 옮김, 까치, 2005 *Black Holes and Baby Universes*, Stephen Hawking (New York: Bantam, 1993)
  스티븐 호킹의 선집으로 재미있고 깊이도 있다.

- 《역동적인 우주: 천문학 입문》 *The Dynamic Universe: An Introduction to Astronomy*, Theodore P. Snow (St. Paul: West Publishing Company, several editions)
  우주에 대한 대중 과학서를 좋아하지만 뭔가 모호한 느낌이 든다면, 한 발짝 물러나 이 책과 같이 명료한 입문서를 읽기 바란다.

일반 상대성 이론(에필로그)

- 《공간, 시간, 중력: 빅뱅과 블랙홀의 이론》 *Space, Time, and Gravity: The Theory of the Big Bang and Black Holes*, Robert M. Wald (Chicago: University Of Chicago Press, 2nd edition, 1992)
  일반 상대성에 대해 내가 알고 있는 최고의 입문서로 또한 가장 간략한 책이기도 하다.

- 《로버트 게로치 교수의 물리학 강의》 로버트 게로치 지음, 김재영 옮김, 휴머니스트, 2003 *General Relativity From A to B*, Robert Geroch (Chicago: University of Chicago Press, 1987)
  이 책 역시 뛰어난 책이다. 위의 책과 이 책 모두 기하학적으로 알기 쉽게 접근하며, 그림과 도해가 많아서 일반 독자들도 건축 설계에 관한 책처럼 쉽게 읽을 수 있다. 이 책들에서는 건물이 아니라 우주를 설계한다는 점만 다르다.

- 《블랙홀과 시간굴절: 아인슈타인의 엉뚱한 유산》 킵 손 지음, 박일호 옮김, 이지북, 2005 *Black Holes and Time Warps: Einstein's Outrageous Legacy*, Kip Thorne (New York: Norton, 1994)
  앞의 두 책보다 훨씬 길고, 수많은 전기적 배경 때문에 흐름을 놓칠 수도 있지만 많은 부분은 생동감이 있다. 킵 손은 월드, 게로치와 마찬가지로 수십 년 동안 일반 상대성 분야를 주도해온 연구자이다.

- 1919년 일식 탐사(그리고 에딩턴의 진정한 동기)에 대해서 더 깊이 알고 싶으면 앞에서 소개했던 찬드라세카르의 《진실과 아름다움: 과학에서 미학과 동기》 6장을 놓치지 말기 바란다.

감사의 말

나는 이 책을 혼자서는 쓸 수 없었을 것이다. 많은 내용이 옥스퍼드 대학교의 강좌 〈지적인 연장통〉에서 나왔고, 이 강좌를 개설하기 위해 로저 오언과 랠프 대런도르프가 수고해주었다. 애비 슐레임이 여러 해 동안 이 강좌를 지원해주었고, 폴 클램페러는 창의성에 대한 강의 뒤에 적절한 논평을 해주었다. 이 논평은 그 강좌의 물리학에 관련된 아이디어를 확장하는 데 도움이 되었다.

초고를 완성한 다음에는, 여러 친구들이 친절하게도 초고 전부를 읽어주었다. 베티 수 플라워스, 조너던 로슨, 매트 호프먼, 태라 레메이, 에릭 그룬월드, 피터 크래머, 캐럴린 언더우드가 그들이다. 그들은 뛰어난 제안을 했고, 나는 많은 것을 이 책에 반영했다. 워커 & 컴퍼니의 조지 깁슨과 재키 존슨은 더 많은 도움을 주었다. 그들은 수없이 많은 귀중한 조언을 주었다. 스티븐 섀핀, 단 판 더르 팟, 숀 존스, 밥 월드, 톰 세틀, 맬컴 파크스, 이언 코건, 데이비드 나이트는 특정한 장을 정밀하게 읽고 내 질문에 답해주었다. 물론 이 사람들은 책에 남아 있을 오류에 아무런 책임이 없다.

두 사람이 특별히 중요한 도움을 주었다. 더그 보든은 여러 번에 걸쳐 긴 전화 대화로 '에너지'와 '질량'에 관한 장을 가장 잘 쓸 수 있도록 도와주었다. 가장 웅변적인 친구 가브리엘 워커는 책의 모든 면에 대해 조언해주었고, 여러 달 동안 저녁 식사를 함께 하면서 정직한 저작의 세계를 내게 열어주었다. 밤늦게 성 제임스 공원을 함께 산책하면서, 그녀는 내게 방정식의 이야기가 1945년까지 엄격한 연대기로 진행한 다음에 어떻게 빠져나가는지에 대해 마태 수난의 조용히 퍼져가는 합창을 예로 들면서 일깨워주었다. 이 조언이 없었으면 이 책의 13장 뒤부터는 엉망이 되었을 것이다.

오랫동안 나는 어느 정도 수준으로 설명해야 하는지를 두고 고민했다. 특히 피터 크래머는 방정식이 왜 올바른지에 대한 설명을 소홀히 하지 않으면서 방정식의 결과를 이야기해야 한다는 점을 설득력 있게 알려주었다. 이렇게 하기 위해서 나는 본문에서 핵심적인 내용을 설명했고, 마지막의 주석에 더 많은 것을 설명했다.

새로 완성된 영국도서관(British Library)은 이 모든 것을 연구하기에 뛰어난 장소였다. 이곳은 세계 최대의 도서관 중 하나이고, 어쩌면 인터넷 이전 시대의 마지막인 피라미드와 같은 기념물일 것이다. 이 도서관의 과학 학술지들은 여전히 사우샘프턴 가의 도서실에 있다. 그곳의 인테리어 디자인과 커피 설비는 수준이 좀 떨어지지만, 벽에 붙은 발명품들의 사진(휘틀의 제트 엔진, 종이 클립, 진공보온병, 라이트형제의 비틀림날개)은 이런 것들을 보충하고 남는다.

런던의 유니버시티 칼리지 과학 도서관도 좋은 곳이었다. 현재의 시설은 여러 해에 걸친 예산 부족을 보여주지만, 직원들이 뛰어난 일 처리로 이런 틈을 메우려고 노력하고 있다. 성 제임스 광장에 있는 런던 도서관은 이러한 예산 문제로 고통받지 않았고, 이 도시에 살 아야 하는 훌륭한 이유가 되고 있다. 빅토리아 초기에 문을 연 이 기 관은 여전히 운영 중이다. 개가식으로 운영되는 백만 권의 장서에는 오래된 판본들도 많다. 나는 이전의 전기 작가들이 좀처럼 얻지 못했 던 문헌들을 읽었다. 이런 책들이 서가에 바로 팔이 닿는 곳에 먼지 가 조금 쌓인 채 놓여 있어서 쉽게 찾을 수 있었다.

그곳에는 또 다른 이점이 있었다. 패러데이와 맥스웰 같은 사람들 의 저작이나 편지를 한 아름 안고 성 제임스 광장 가운데 있는 참나 무 아래의 벤치로 갈 수 있었다. 이곳은 딱 알맞은 장소였다. 독일의 원자폭탄 위협이 최고조에 달했던 1944년에 아이젠하워의 연합군 최 고 사령부가 있었던 빨간 벽돌 건물이 한쪽에 있고, 뒤에는 에이다 러 블레이스 백작부인에 대한 명판이 있었다. 19세기 컴퓨터 프로그래 머의 원조였던 그녀는 여성이 과학계에서 겪을 만한 수많은 부침을 겪었다. 점심을 먹으러 초밥집에 가는 길에는 저민 가의 뉴턴이 살 았던 집을 지나간다. 점심을 위해 자리를 잡았을 때는 바로 옆에 아 인슈타인의 일반 상대성 이론의 예측이 확인되었다고 소식을 발표한 거대한 홀이 있었다.

대부분의 책은 아내 캐런이 유명한 역사가에서 유명한 사업 자문 가로 변신한 다음에 썼다. 우리는 언제나 아이들과 함께 많은 시간을 보냈지만, 그녀가 제네바, 워싱턴, 베를린 등에 출장을 갔을 때는 (물론 나중에 그녀는 초고를 여러 번 읽고 친절하고도 예리한 조언을 주었지만) 나는 아이들과 훨씬 더 많이 지내야 했다. 그러나 이상하게도 글의 진도는 전보다 더 빨라졌다.

내 생각에 아이들과 시간을 보내면서, 저술가가 스스로에게 허용하지 못하는 휴식을 얻었기 때문일 것이다. 우리는 학교로 걸어가다가 쪼그리고 앉아서 풀밭의 개미를 관찰했고, 길거리에 멈춰 서서 드릴로 도로를 파내는 인부와 이야기를 나누기도 했다. 그들에게는 거의 언제나 어린 동생이나 아이들이 있었고, 그가 하는 일에 매료된 세 살과 다섯 살 꼬마에게 기계가 어떻게 동작하는지 신나게 설명해주었다. 우리는 긴 점심시간과 오후에 벽에 붙어 걷거나 숨바꼭질도 했다. 아이들에게 시달려서 힘들 때도 있었지만(미안하다, 얘들아), 대개 나는 아이들과 함께 하는 시간을 기다렸고, 어리고 호기심에 넘치는 아이들에게서 원기를 회복했다(고맙다, 얘들아).

두 아이가 지쳐서 이층침대에서 잠들면, 나는 아이들 방의 큰 의자에 앉아(내 서재보다 훨씬 더 편안했다) 공책과 책들을 펼쳐놓고 여러 시간 동안 씨름했다. 그러다 보면 하늘은 어두워지고 런던의 거리는 고요해졌다. 글을 써 내려가다 보면 커피는 어느새 식었고, 어느덧 밤을 꼬박 새우기도 했다. 가장 기억에 남는 일은 태양에 대해 쓰고 있을 때였다. 지구 저편에서 $E=mc^2$의 핵폭발로 포효하는 불덩어리가, 우리의 생명을 껴안으면서 템스 강 하구 위로 떠오르고 있었다.

나는 이 책 쓰기를 사랑했다.

옮긴이의 말

잘 꿴 구슬처럼 엮은 과학 이야기

빨려드는 재미가 있는 책이다. 방정식의 전기라는 조금 엉뚱한 형식으로, 저자 데이비드 보더니스는 과학에 대한 많은 것을 솜씨 좋게 알려준다. 과학에 익숙하지 않은 일반 독자에게 재미있게 읽히는 과학책은 흔하지 않다. 그만큼 과학이라는 딱딱한 재료로 맛있는 요리를 만들기는 쉽지 않지만, 저자는 정말로 뛰어난 요리법을 이 책에서 보여준다. 느긋하게 인간의 드라마와 혁명과 전쟁 이야기를 따라가다 보면 어느새 상대성 이론과 $E=mc^2$이 무엇인지, 그 방정식이 어떻게 세계를 지배하는지 알게 된다.

책의 내용을 간략히 살펴보자. 1부인 1장에서는 아인슈타인이 $E=mc^2$을 끌어내는 장면을 보여주고, 2부인 2장부터 6장까지는 이 방정식의 구성요소들에 대한 설명이 이어진다. 2장의 에너지에서는 전기 에너지를 밝힌 패러데이 이야기를 알아보고, 3장에서는 등호 $=$의 사용에 대해 알아본다. 4장에서는 질량 보존 법칙을 확립한 라부아지에 부부에 대해 알아보고, 5장에서는 빛의 속도와 관련해서 갈

370 $E=mc^2$

릴레오, 뢰머, 튀코 브라헤, 맥스웰에 대해 알아본다. 맥스웰은 패러데이의 전자기 이론을 수학적으로 다듬으면서, 아인슈타인이 상대성이론에 도달하는 데 중요한 디딤돌을 놓았다. 이 장에서 상대성 이론에 대해서도 설명한다. 6장에서는 물리학에서 속도의 제곱이 중요해진 경위를 알아보며, 에밀리 뒤 샤틀레와 볼테르의 사랑 이야기와 함께 라이프니츠 등의 관련 인물이 나온다.

3부의 7장에서는 다시 아인슈타인이 등장하고, $E=mc^2$의 의미를 설명하며, 에너지와 질량이 동등하다는 사실을 가장 확실하게 보여주는 방사성 동위원소를 발견한 퀴리에 대해 알아본다. 8장과 9장은 원자핵의 내부 구조를 밝히는 이야기로, 이것은 물질의 궁극에 대한 탐구이기도 하지만 원자폭탄으로 가는 길이기도 하다. 8장에서는 러더퍼드, 채드윅, 페르미가 등장하고, 9장에서는 원자폭탄의 가능성을 확증한 리제 마이트너가 주인공으로 나온다.

4부는 원자폭탄 개발에 얽힌 이야기이다. 원자폭탄은 $E=mc^2$의 위력을 가장 잘 보여주는 사례이다. 미국과 독일이 원자폭탄을 서로 먼저 개발하기 위해 격렬하게 다퉜고, 독일의 원자폭탄 개발을 지연시키기 위한 연합군 측의 특공 작전, 노르망디 상륙 작전을 거쳐 일본 상공의 원자폭탄 폭발로 이야기는 절정을 이룬다. 하이젠베르크와 오펜하이머가 각각 독일과 미국의 연구를 이끈 지도자로 등장한다.

4부의 아슬아슬한 분위기를 뒤로 하고, 5부에서는 이 방정식이 지구와 태양과 우주 전체에 관련된다는 것을 보여준다. 프레드 호일, 세실리아 페인, 수브라마니안 찬드라세카르가 각 장의 주인공으로 등장한다.

위의 간략한 설명만으로도 이 책이 재미있는 이유를 알 수 있을 것
이다. 18세기 유럽 귀족의 연애 이야기(라부아지에 부부, 뒤 샤틀레)에 19세
기 영국 하층민의 출세 이야기(패러데이)가 생생하게 묘사되고, 전쟁
과 특공대가 등장하는가 하면 과학자들의 성공과 실패에 얽힌 이야
기가 이어진다. 게다가 과학적인 내용도 일반 대중을 위해 매우 쉽고
재미있게 설명하고 있다.

구슬이 서 말이어도 꿰어야 보배라는데, 다 옮기고 돌이켜 보아도
드물게 잘 꿴 보배이다. $E=mc^2$에 대해 더 알고 싶은 독자들에게는
저자가 소개하는 읽을거리 외에 같이 읽어보면 좋은 책들을 추천한
다. 이 책 《$E=mc^2$》과의 만남을 통해 과학에 더 많은 흥미를 갖게 되
기를 바란다.

《엘러건트 유니버스》 브라이언 그린 지음, 박병철 옮김, 승산, 2003

초끈 이론에 관한 책이지만, 양자역학과 상대성 이론으로 대표되
는 현대물리학의 입문서로 매우 뛰어나다. 600쪽에 가까운 전체 분
량 중에서 앞부분의 약 200쪽이 현대물리학에 대한 설명이다. 이 부
분만 자세히 읽어도 대단한 가치가 있으며, 그 뒤의 내용은 (전혀!) 쉽
지 않다.

《유클리드의 창》 레오나르드 믈로디노프 지음, 전대호 옮김, 까치, 2002

TV 드라마 〈스타트렉〉의 작가로 참여했던 저자가 쓴 책으로, 4장

'아인슈타인 이야기'는 옮긴이가 읽은 것 중에서 "열차나 로켓이나 섬광 따위의 이상한 그림"을 가지고 상대성 이론을 설명하는 시도 중에서 가장 이해하기 쉬웠다.

《위대한 물리학자》(전 7권) 윌리엄 크로퍼 지음, 김희봉 · 곽주영 옮김, 사이언스북스, 2007

우리의 책에서 다룬 주요 인물들은 3권(패러데이, 맥스웰, 볼츠만), 4권(아인슈타인, 플랑크, 보어, 파울리, 하이젠베르크, 드브로이), 5권(퀴리, 러더퍼드, 마이트너, 페르미)에 집중적으로 나온다. 교양 과학 서적으로는 드물게 수식이 꽤 많이 나오며, 작고 얇은 외형이 풍기는 가벼운 느낌에 비해 그리 쉽지 않다.

《원자폭탄 만들기》(상·하) 리처드 로즈 지음, 문신행 옮김, 사이언스북스, 2003

원자폭탄 개발에 관련된 사건과 인물들을 입체적으로 다루고 있으며, 두 권 합해서 900쪽이 넘는다. 저자도 이 책을 소개했지만, 번역서도 훌륭해서 다시 한 번 언급한다.

ㄱ

가속기 70, 183, 292

가이거 계수기 97, 155, 182, 229, 322

가이거, 한스 117, 119, 182, 263, 322

갈릴레오, 갈릴레이 53-54, 58, 61, 64, 284-287, 295-296, 302, 334-336

공기 29, 43-44, 50, 61, 69, 118, 194, 197, 201, 284, 289, 297-298, 305, 327, 334

공동 자전관 158

광자 198, 239

광파 65, 290

괴벨스, 요제프 147, 313

그로브스, 레슬리 173-174, 180, 191, 193, 222, 264, 268, 273, 323, 356

그로스만, 마르셀 15, 242

ㄴ

나가사키 200, 255, 268, 273

나치 124, 128, 142, 147, 156, 163, 189, 263, 268, 270, 310, 313, 316, 322, 323, 360

내파 180, 183, 189, 220, 223-224, 275

냉전 226

노이만, 존 폰 180, 195, 317

뉴욕 타임스 253, 307

뉴턴, 아이작 16, 39-40, 44, 55, 62, 74, 80, 82, 84, 86, 88, 93, 106-107, 178, 251, 275, 281, 284, 293-294, 296, 300, 302, 304, 308, 328, 346, 350, 354, 358

ㄷ

다윈, 찰스 31, 206

다이슨, 프랭크 247-248, 251

데이비, 험프리 22, 24, 27-28, 258, 282, 341-342

데카르트, 르네 76, 303

덴마크 23, 55-56, 60, 130, 132, 134, 259, 266, 269, 280, 318

독일군 150, 161, 163, 166, 168, 170, 190, 245, 266

동시성 107, 304

되펠, 로베르트 154, 156

뒤 샤틀레, 에밀리 20, 77-88, 260, 296, 328, 339, 348, 350

디랙, 폴 221, 363

디킨스, 찰스 29, 282

ㄹ

라듐 96, 97, 115, 130-131

라부아지에, 마리 안 폴즈 40, 42, 48, 259

라부아지에, 앙투안 로랑 40, 49, 54, 72-73, 80, 93, 101, 211, 258-260, 253-286,

291, 344-345, 370

라이프니츠, 고트프리트 81-82, 84-86, 296,
    328, 350

라이프치히 대학교 13, 148, 151, 154, 156,
    158, 160, 174

러더퍼드, 어니스트 116-119, 122, 126, 133,
    158, 175, 176, 208, 263, 267, 308-309,
    311-312, 356-357

러셀, 버트런드 250, 337

러셀, 헨리 노리스 214-215, 221

레코드, 로버트 36-37, 336

로렌스, 어니스트 159, 172-173, 178, 268-
    270, 317, 319, 359

로스앨러모스, 뉴멕시코 174, 176-179, 181-
    183, 187, 190, 193, 222, 224, 267, 322-
    333, 358

로열 인스티튜션 22, 28, 44, 64, 225, 258

뢰머, 올레 56-62, 64-65, 68, 225, 258

루스벨트 대통령 144-145, 150, 156, 158,
    241, 255, 313

루이 16세 40, 45-46, 261

ㅁ

마라, 장 폴 46-49, 258-259, 344

마이트너, 리제 123-138, 143, 146, 151, 155,
    183, 211, 216, 265-266, 310-312, 357

마찰열 29, 226, 228

만델라, 넬슨 254

만유인력의 법칙 107

맥스웰, 제임스 클러크 62-67, 278, 282, 288-
    289, 290, 304-305, 347-348, 368

맥아더, 더글러스 191

맨체스터 대학교 116, 119

맨해튼 프로젝트 159, 175, 222, 226, 255,
    264, 365

모페르튀, 피에르-루이 77-78

목성 56-60, 68, 205, 245, 246, 260, 287-
    288, 290, 331, 334, 349

미국 국방부 178, 230

민코브스키, 헤르만 242

밀른, 에드워드 208, 215

ㅂ

바륨 131-133

바이러스 하우스 151, 158, 167

반유대주의 143, 254

발전소 70, 98, 272, 318, 329, 334-335

방사능 94-95, 117, 127, 130, 132, 206, 225,
    322, 326, 334

방사선 97, 121, 131, 225, 229, 263, 319,
    325

방사성 120, 154, 182, 206, 226-229, 269,
    273, 309, 322-323, 326, 371

버섯구름 199-201, 330

버클리, 캘리포니아 137, 159, 172, 175-176,
    190, 261, 268, 317, 319

베르모크 중수 공장, 노르웨이 163-169, 183-
    186, 272

베르사유 궁전 76-77, 80, 84, 86

베를린 대학교 114, 128, 143

베를린 아우어 사 120, 156-157, 273, 323

베블런, 소스타인 108, 303, 352

베소, 미셸 17, 98-99, 105, 111, 262, 353

베테, 한스 182, 216, 263, 333

변환 인자 70-72, 90

보어 연구소 132, 138, 183

보어, 닐스 134, 142, 148, 183, 269, 311,
    373

볼테르 75-76, 78-88, 260, 296, 349, 350

분광기 45, 206, 212, 213, 214

불확정성 원리 147, 151, 271, 309, 314-315,
    360

브라헤, 튀코 54-55, 346, 371

브릭스, 라이먼 J. 145-146, 159-161, 192, 252, 267, 326, 356

블랙홀 235, 237-240, 276-277, 292, 355, 364

빅뱅 226, 275, 355, 364

빛의 속도 51-54, 59-62, 67-68, 69-70, 72, 97, 105, 198, 259, 288, 290-291, 302, 304, 306

ㅅ

사이클로트론 183, 317

산소 43-44, 50, 218, 223, 225, 226, 229, 286

삼중수소 228

상대성 71, 101, 106, 107, 143, 150, 230, 243, 245, 262, 277, 278, 283, 292, 296, 301, 314, 351, 354-355, 364

상대성 이론 100, 104, 114, 253, 261, 270, 277-278, 296, 300-302, 304-306, 314, 354, 364

샌디먼 교파 24, 341

새플리, 할로 210

성차별 113, 211, 274

세그레, 에밀리오 172-173, 268

소리의 속도 61

속도의 제곱 88-89, 298, 371

수소 44, 153, 214-219, 221, 223-226, 231, 306, 332, 335

수소폭탄 226, 268, 321

수용소 119, 148, 157, 163, 168, 186, 247-248, 316

슈타르크, 요하네스 147, 149, 208

슈트라스만, 프리츠 128-131, 265-266, 310

스위스연방공과대학 31-32

〈스타워즈〉 30

스톡홀름 123, 129-131, 266, 269

스펙트럼 208, 209, 211-214

스흐라베산더, 빌렘 85, 89, 296-297

시간 53-54, 56-58, 60, 102-107, 195, 230, 237, 244, 296, 300, 304, 306, 314

시공간 235, 237, 242-243, 250, 290

시레이 79, 80, 84-87, 260, 350

시카고 대학교 159, 188, 138, 276

신 29, 31, 33, 34, 39, 44, 64, 75, 81-82, 84, 94-95, 102, 109, 252, 255, 296, 300

실리콘 218, 223, 225

ㅇ

아메리슘 228

아이젠하워 대통령 183, 192, 323, 368

아인슈타인, 마야 16, 109, 256, 262, 306

아인슈타인, 밀레바 15, 111, 113, 261-262, 307

아인슈타인, 알베르트 14-17, 25, 31-33, 38, 50, 53, 62, 65-67, 69, 71-72, 89, 93-114, 119, 122-123, 127, 133, 136, 138, 143-148, 150, 156-158, 168, 189, 206, 210, 217, 229, 230, 235, 237, 240-257, 261-262, 277-280, 283-291, 296, 299-307, 311, 313, 317, 330-331, 337-338, 351-355, 357, 364

아인슈타인, 헤르만 14, 306

안드로메다 은하 238, 291

암 96-97, 229, 264, 319

양성자 70, 119, 122, 133-134, 136-137, 153-154, 1963239, 275, 291-292, 298, 321, 327

양자역학 147, 151, 190, 318, 372

에너지 21, 24, 26-27, 29, 33, 38-39, 44, 49-52, 69-73, 80-85, 88-90, 95, 97-98, 102-114-115, 118-123, 132-133, 136-

139, 144, 153, 156–157, 162, 179, 197–
198, 201, 207, 215–219, 224, 228–229,
232–238, 240, 242, 243, 250, 265, 279,
280–283, 290, 292, 295–298, 315, 321,
324–330, 332–337, 341–344, 347, 348,
362

에너지 보존 법칙 31–32, 88, 280, 283, 342

에너지원 38, 115, 137, 144, 215, 324

에딩턴, 아서 208–210, 221, 237, 246–251,
275–276, 336, 363, 365

FBI 158, 190–191

X선 198, 239, 277, 319, 324

mv^1 81, 85, 89, 298

mv^2 81–82, 84–85, 88–89, 279, 298, 328

연쇄 반응 156, 162, 190, 197–198, 201, 223,
329, 330

연합군 158, 183, 189, 273, 323–324, 368,
371

오펜하이머, J. 로버트 174–183, 187–188,
190–193, 195, 216, 222, 255, 264, 267–
268, 321, 56, 358–359

온도 68, 198, 213–214, 221, 223–224, 231,
243

올리펀트, 마크 158–159, 356

우라늄 98, 115–116, 128–130, 132–134, 136–
138, 144, 151–157, 159–160, 162, 170,
173, 178–179, 187, 195–198, 206–207,
217, 225, 267, 271, 320–324, 327–335,
359, 360

우라늄 폭탄 98

우라니보르크 천문대 54–56

우주 15, 22, 29–30, 33, 38, 44, 49, 52, 67–
68, 75, 81–82, 90, 94–95, 98, 102, 106–
107, 118, 198, 201, 204, 206–207, 209–
210, 216, 218, 221, 224–225, 232, 236,
238, 240, 242, 250, 252, 255, 260, 275,

277, 280, 288, 291–294, 296, 298–299,
306, 320, 335–337

우주선 69–71, 103, 109

우주왕복선 61, 291, 336

원소 127, 129, 178, 188, 206, 213, 218–219,
221, 223–227, 265–268, 276, 309, 311

원자 116–122, 126, 137–139, 152, 155–156,
190, 197–198, 216, 226, 228–229, 284,
308–309, 315, 320, 327

원자로 151, 160, 173, 188–189, 222, 273,
321–323, 329, 335

원자폭탄 98, 139, 142, 145–146, 151, 157–
159, 161–162, 167–165, 172–176, 178,
184, 188–189, 191–193, 195, 199, 220,
223–224, 226, 241, 255, 264, 270–271,
274, 278, 306, 312–313, 315, 317–319,
322–323, 326–330, 333–334, 356, 360–
362

위그너, 유진 160–161, 313, 317

유대인 108–110, 128, 147–148, 150, 161,
172, 211, 254, 263, 265, 310, 345, 353

유럽원자핵연구소 70, 292

은하 136, 198, 205, 217, 229, 237–238, 331,
362–363

이게파르벤 163, 171, 183, 272, 316, 323

$E=mv^2$ 85, 297

$E=mc^2$ 18, 52, 72, 93–97, 107, 114–115,
118–123, 130, 136, 138, 150, 153, 155,
161, 170, 179, 184, 197, 201, 205, 207,
214, 216, 218, 221, 224–226, 228–231,
233, 235–236, 240–241, 243–244, 255,
276, 279, 284, 306, 314–315, 319, 328,
330, 335, 353–354

이오 57–60, 288

일본 187, 191–193, 196, 217, 267, 324–326,
330, 361

일식 244-249, 251-252, 277, 365

ㅈ

자기 23-26, 29, 38, 64-66, 68
자기력선 225, 263
전기 22-26, 29, 33, 62, 64-66, 68, 110, 118-120, 137-138, 147, 195-196
전자 105, 118, 120, 136, 196, 239, 275, 308, 315, 327, 330
전자기 63, 343, 348, 371
전자기파 159, 240, 290
제1차 세계대전 119, 146, 160, 333
제2차 세계대전 265-267, 279
제곱 73, 85, 88-89, 97, 291-292, 294, 296-298, 303, 305, 308
주기율표 127, 265-266
중력 16, 233, 236-237, 241, 243, 248, 251, 281, 292-297, 296, 303, 308
중성자 119-122, 127, 129-131, 133-138, 152-157, 160162, 170, 181, 188, 196, 229, 298, 309-310, 314-315, 321, 324, 329, 356
중수 153-155, 162-164, 197, 169-171, 183-185, 187-189, 271-272, 317-318, 322, 324, 361
중양성자 153-154
지구 30-31, 39, 57-61, 68, 75, 102, 196, 201, 205-207, 210-213, 216-219, 221, 223, 226, 230, 232-233, 238, 243, 252, 277, 284, 293-294, 298, 301, 303, 314, 352, 328-329, 332-333, 335, 349, 354
GPS(위성항법장치) 105-106, 230, 301
질량 39-40, 44, 49-52, 69-72, 80-81, 89-90, 95, 97-98, 102-106, 133, 136-137, 139, 170, 179, 197, 216-217, 224, 228-229, 231, 233-236, 238, 240, 242-243, 245, 250, 267, 279, 283-284, 291-292, 298, 300, 312, 328, 330, 332-337, 344-345
질량 보존 법칙 49, 80

ㅊ

찬드라세카르, 수브라마니안 233-237, 247, 250, 264, 276-277, 332, 336, 363, 365
채드윅, 제임스 119-120, 154, 188, 264, 356, 371
천체물리학 221, 233, 328, 346
철 50, 116, 206-207, 210, 213-215, 219, 225, 286
체코슬로바키아 95, 152, 156
초크 리버, 영국 연구팀 180, 222
추적 물질 122, 269

ㅋ

카시니, 장-도미니크 54, 56-62, 260, 287-288, 346
카오스 이론 99-100
카이저 빌헬름 물리학 연구소 157-158
카이저 빌헬름 화학 연구소 127-128
컴퓨터 26, 107, 187, 211, 286, 310, 318, 368
케임브리지 대학교 22, 63, 65, 116, 207-208, 215, 221-222, 233, 247, 249, 267, 275, 289, 347, 363
케플러, 요하네스 55-56
콩고 95, 97, 156, 248
퀴리, 마리 95-97, 101, 114, 152

ㅌ

탄소 134, 218, 223-224, 226, 229-230, 306
탄소 연대 측정 229
태양 58, 196, 194, 201, 205-219, 221, 230-

233, 238, 240, 243-244, 247-248, 250,
360, 324, 332-333, 335, 362
태양계 58, 65, 152, 231, 233, 308, 335
텔러, 에드워드 180, 181, 267, 321
텔레비전 60, 105, 315
토륨 120, 206, 225, 273
트루먼 대통령 192, 361

ㅍ
파리 46-47, 54, 56, 71, 75-76, 78-79, 95,
97, 101, 258
파울리, 볼프강 148
파인만, 리처드 177-178, 180, 343, 348, 359
패러데이, 마이클 21-32, 39, 44, 49, 62-65,
72, 88, 93, 210, 225, 258, 278, 280-
283, 286, 289, 304, 341-342
페르미, 엔리코 120-122, 127, 152-153, 188-
189, 264-265, 309, 329, 356-357, 363
페인, 세실리아 207-216, 218-219, 221, 226,
237, 274, 332-333, 362
폭발 29-30, 44, 84, 98, 138, 152, 153-156,
162, 170-171, 174, 178-179, 181, 186,
189, 198-201, 205, 210, 216-217, 220-
223, 228, 230-231, 235, 250, 297-298,
321, 325-331, 333, 337
푸앵카레, 앙리 99-101, 108, 261
프랭클린, 벤저민 45-46
프로인틀리히, 에르빈 244-246, 277
프리슈, 로베르트 131-133, 135-138, 146,
183, 216, 266-267, 312, 326
프린스턴 143, 255, 305
플랑크, 막스 127, 301, 307, 310, 314
플루토늄 178-183, 189, 222-224, 268, 274,
306, 329
PET 스캔(양전자 방출 단층촬영) 229
피카르, 장 56

ㅎ
하버드 대학교 175, 208, 210-212, 219, 221,
274, 277, 300
하이젠베르크, ㅎ 베르너 147-157, 160-163,
170, 172, 174, 182-183, 188-190, 270-
272, 313-318, 322-324, 339, 359, 360
한, 오토 124-132, 136, 151
핵 118-123, 127, 129, 133-139, 152-153,
155, 160, 162, 187, 191, 196-197, 200,
207, 216-217, 221, 223-224, 228-229,
263, 267, 308, 312, 314, 321, 327-331
핵물리학 133, 330
핵반응 209, 309, 331
핵분열 132, 135, 190, 311
핵잠수함 227
행성 29, 39, 50, 56, 61, 75, 98, 196, 201,
209, 210, 213, 217-218, 226, 232, 233,
240, 245, 288, 296, 331, 346
헤베시, 게오르크 122, 183, 269, 309, 319
헤스, 쿠르트 128, 310
헤우켈리드, 크누트 169, 184-186, 271-272,
361
헬륨 214, 216-219, 221, 223-224, 231-232
호일, 프레드 219-224, 267, 275, 362-363
히로시마 195, 205, 226, 228, 255, 328-330,
333-334
히믈러, 하인리히 148-149, 157
히틀러, 아돌프 128, 148-149, 254, 263,
310, 359-360
힐베르트, 다비트 99

E=mc²
세상에서 가장 유명한 방정식의 일생

초판 1쇄 발행 2014년 7월 25일
초판 26쇄 발행 2024년 11월 18일

지은이 데이비드 보더니스 **옮긴이** 김희봉

발행인 이봉주 **단행본사업본부장** 신동해 **편집장** 김경림
표지디자인 이기준 **본문디자인** 최보나 **조판** 성인기획
마케팅 최혜진 이은미 **홍보** 반여진 허지호 송임선
국제업무 김은정 김지민 **제작** 정석훈

브랜드 웅진지식하우스
주소 경기도 파주시 회동길 20
문의전화 031-956-7430(편집) 02-3670-1123(마케팅)
홈페이지 www.wjbooks.co.kr
인스타그램 www.instagram.com/woongjin_readers
페이스북 https://www.facebook.com/woongjinreaders
블로그 blog.naver.com/wj_booking

발행처 ㈜웅진씽크빅
출판신고 1980년 3월 29일 제406-2007-000046호

한국어판 출판권 © 웅진씽크빅, 2014
ISBN 978-89-01-16585-1 03400